技工院校计算机类专业教材（中/高级技能层级）

Dreamweaver CC 网页设计与制作

主　编　金永良
副主编　咸晓燕　谢　琳
主　审　郭　煜　钟晓军

中国劳动社会保障出版社

简介

本书全面系统地介绍了使用 Dreamweaver CC 设计和制作网页的基础知识及各种操作过程，主要内容包括网页制作基础知识，多媒体元素的应用，表格的应用，超链接的应用，表单元素的应用，CSS 和 div 的应用，模板、库和浮动框架的应用，行为、Tab 面板和 CSS3 动画的应用，网页制作综合实训等。

本书由金永良担任主编，咸晓燕、谢琳担任副主编，肖晓、糜自超、王立丽、陈洪琪、刘泽宇、李善玲参与编写，郭煜、钟晓军担任主审。

图书在版编目（CIP）数据

Dreamweaver CC 网页设计与制作 / 金永良主编. 北京：中国劳动社会保障出版社，2025. --（技工院校计算机类专业教材：中 / 高级技能层级）. -- ISBN 978-7-5167-6887-7

Ⅰ. TP393.092.2

中国国家版本馆 CIP 数据核字第 2025Q5U798 号

中国劳动社会保障出版社出版发行

（北京市惠新东街 1 号　邮政编码：100029）

*

北京宏伟双华印刷有限公司印刷装订　　新华书店经销

787 毫米 ×1092 毫米　16 开本　19.75 印张　389 千字

2025 年 4 月第 1 版　　2025 年 8月第 2 次印刷

定价：50.00 元

营销中心电话：400-606-6496

出版社网址：https://www.class.com.cn

https://jg.class.com.cn

前　言

为了更好地满足技工院校计算机类专业的教学要求，适应计算机行业的发展现状，全面提升教学质量，我们组织全国有关学校的一线教师和行业、企业专家，在充分调研企业用人需求和学校教学情况、吸收借鉴各地技工院校教学改革的成功经验的基础上，根据人力资源社会保障部颁布的《全国技工院校专业目录》及相关教学文件，对技工院校计算机类专业教材进行了修订和新编。

本次修订（新编）的教材涉及计算机类专业通用基础模块及办公软件、多媒体应用软件、辅助设计软件、计算机应用维修、网络应用、程序设计、操作指导等多个专业模块。

本次修订（新编）工作的重点主要有以下几个方面。

突出技工教育特色

坚持以能力为本位，突出技工教育特色。根据计算机类专业毕业生就业岗位的实际需要和行业发展趋势，合理确定学生应具备的能力和知识结构，对教材内容及其深度、难度进行了调整。同时，进一步突出实际应用能力的培养，以满足社会对技能型人才的需求。

针对计算机软、硬件更新迅速的特点，在教学内容选取上，既注重体现新软件、新知识，又兼顾技工院校教学实际条件。在教学内容组织上，不仅局限于某一计算机软件版本或硬件产品的具体功能，而是更注重学生应用能力的拓展，使学生能够触类旁通，提升综合能力，为后续专业课程的学习和未来工作中解决实际问题打下良好的基础。

创新教材内容形式

在编写模式上，根据技工院校学生认知规律，以完成具体工作任务为主线组织教材内容，将理论知识的讲解与工作任务载体有机结合，激发学生的学习兴趣，提高学生的实践能力。

在表现形式上，通过丰富的操作步骤图片和软件截图详尽地指导学生了解软件功能并完成工作任务，使教材内容更加直观、形象。结合计算机类专业教材的特点，多数教材采用四色印刷，图文并茂，增强了教材内容的表现效果，提高了教材的可读性。

本次修订（新编）工作还针对大部分教材创新开发了配套的实训题集，在教材所学内容基础上提供了丰富的实训练习题目和素材，供学生巩固练习使用，既节省了教材篇幅，又能帮助学生进一步提高所学知识与技能的实际应用能力。

提供丰富教学资源

在教学服务方面，为方便教师教学和学生学习，配套提供了制作素材、电子课件、教案示例等教学资源，可通过技工教育网（https://jg.class.com.cn）下载使用。除此之外，在部分教材中还借助二维码技术，针对教材中的重点、难点内容，开发制作了操作演示微视频，可使用移动设备扫描书中二维码在线观看。

致谢

本次修订（新编）工作得到了河北、山西、黑龙江、江苏、山东、河南、湖北、湖南、广东、重庆等省（直辖市）人力资源社会保障厅（局）及有关学校的大力支持，在此我们表示诚挚的谢意。

编者
2025 年 4 月

目　录

CONTENTS

项目一
网页制作基础知识

网上购物、网上订票、网上学习、网上娱乐、网上办证等都离不开网站，而所有的网站都是由一个个网页组成的。在动手创建网页之前，人们必须先认识网页的实质、网页构成元素和 HTML 文档结构。掌握网页制作工具 Dreamweaver CC，学习用 Dreamweaver CC 制作网页的方法和技巧，是学习网页设计与制作的入门之道。

本项目通过完成“认识网页和 Dreamweaver CC”“管理及应用站点和文件”“制作每日鉴赏的文本网页”等任务，学习 Dreamweaver CC 和网页制作的基础知识，并制作一个简单的文本网页。

任务 1　认识网页和 Dreamweaver CC

1. 了解网页、网站的相关概念及 Dreamweaver CC 的特点。
2. 掌握网页元素、HTML 文档的结构、HTML 文档的实质和相关标签。
3. 能启动 Dreamweaver CC，设置 Dreamweaver CC 的工作界面。
4. 能用 Dreamweaver CC 新建并保存 HTML 文档，并用浏览器预览网页。

本任务是入门篇，通过本任务的学习，可以认识网页的实质、组成元素及 HTML 文档的结构，熟悉 Dreamweaver CC 的工作界面，掌握 HTML 文档的新建、编辑、保存和预览方法，熟悉 HTML 文档的相关标签。

一、网页制作的相关概念

1. 网页

从形式上看，网页是在浏览器中看到的页面；从本质上说，网页是用网页编辑器制作的 HTML 文档。

主页也称首页、默认页，是用浏览器访问网站时看到的第一个页面。

静态网页和动态网页是网页的两种基本类型，主要区别在于内容及交互性。

（1）静态网页

静态网页的内容是固定的，通常以 HTML 文件的形式存在，不包含后台数据库和程序，因此，网页的交互性较差。静态网页适用于展示不经常更新的信息，如公司介绍、产品说明等。其优点是加载速度通常较快，且容易被搜索引擎优化。但静态网页缺乏交互性和实时性，无法根据用户的请求或外部数据动态更新内容。

（2）动态网页

动态网页的内容可以根据用户的需求动态生成，通常通过服务器上的应用程序来实现，具有更强的交互性，能支持用户登录、数据检索等功能。其优点是交互性强，可以实时更新内容，提供更加丰富和个性化的用户体验。由于需要服务器进行额外的处理，动态网页的加载速度可能会比静态网页慢一些，更适合需要频繁更新及与用户互动的应用场景，如用户注册和登录页面、在线调查页面、论坛、聊天室等。

小提示

静态网页中也会呈现出飘动的广告、弹出菜单等动态效果，不同用户在不同时间和不同地点访问时，该动态效果是不变的，因此，不能说有动态效果的网页就是动态网页。

2. 网站

网站是为了方便用户浏览需要，按照相互关系把一个个网页链接起来形成的有组织的网页的集合。

二、Dreamweaver CC 简介

Dreamweaver 简称 DW，其最新版本为 Dreamweaver CC 2024，是由 Adobe 公司推出的集网页制作和网站管理于一身的“所见即所得”的专业软件，是网页制作“三剑客”之一。它支持用代码视图、拆分视图、设计视图、实时视图等多种视图方式创建和修改网页，用户无须编写任何代码就能快速创建网页。目前，网页制作大多使用 Dreamweaver 这类“所见即所得”的窗口化设计工具。

三、HTML 文档的结构

HTML 的英文全称为 hypertext markup language，即超文本标记语言，是一种用于创建网页的标记语言。用 HTML 创建的文档的扩展名一般为 .html、.htm 或 .shtml。

新建的空白 HTML 文档，其基本结构包括 HTML 文档的声明、HTML 文档的开始、HTML 文档的头部、HTML 文档的主体、HTML 文档的结束共 5 个部分，如图 1-1-1 所示。

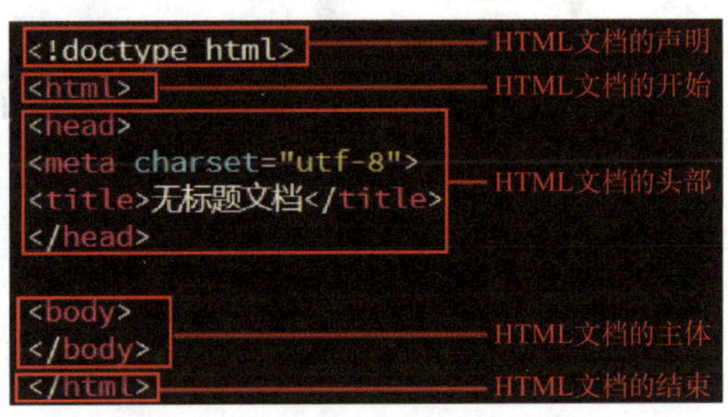

图 1-1-1　HTML 文档的基本结构

小提示

1. 网页代码由标签和被标签控制的内容构成。

2. 放在“<”和“>”之间的部分被称为标签。不同的标签有不同的作用，能产生不同的效果。

一、认识网页的构成元素

启动浏览器，访问淘宝网站，可查看网页的构成元素，如图 1-1-2 所示。

图 1-1-2 网页的构成元素

二、认识 Dreamweaver CC 工作界面

1. 启动 Dreamweaver CC，查看该软件的开始界面，如图 1-1-3 所示。

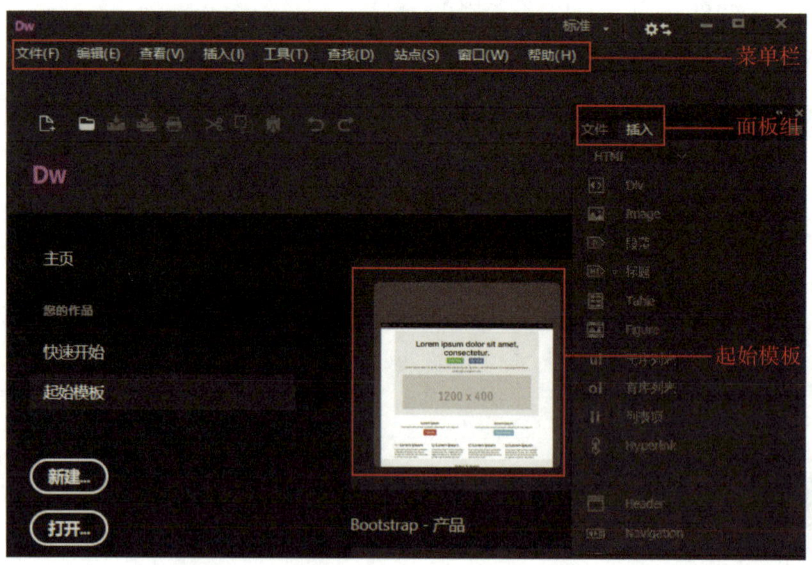

图 1-1-3 Dreamweaver CC 的开始界面

2. 单击“文件”→“新建”命令，将新建一个空白 HTML 文档，在此可以查看 Dreamweaver CC 的工作界面，如图 1-1-4 所示。

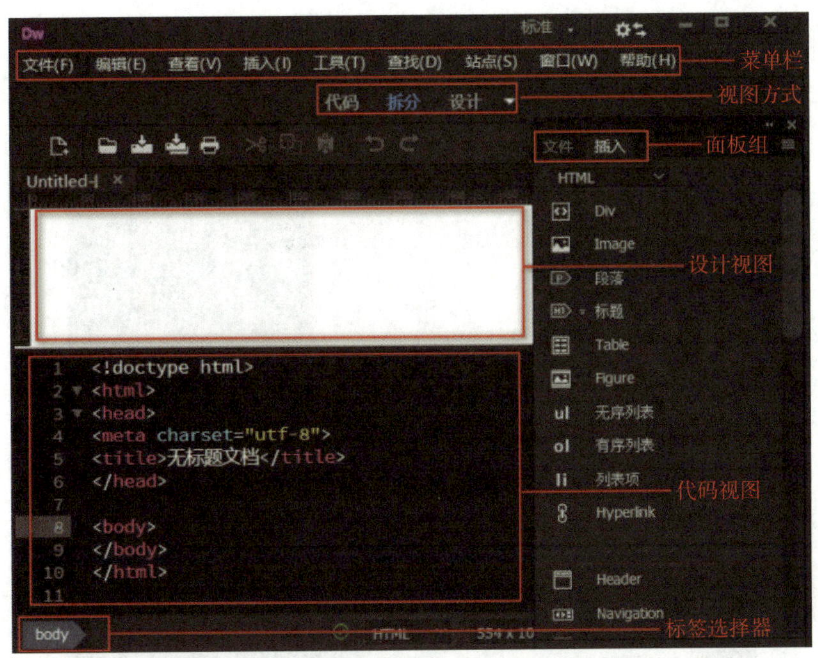

图 1-1-4　Dreamweaver CC 的工作界面

3. 单击“代码”按钮，切换到代码视图，在此可查看并编辑网页的代码。

4. 单击“设计”按钮，切换到设计视图，在此可查看并编辑网页的内容。

5. 单击“实时”按钮，切换到实时视图，在此可查看网页实际效果。

6. 切换到设计视图，单击“窗口”→“属性”命令，可显示或隐藏“属性”面板。选择网页元素后，可在“属性”面板上设置该元素的属性，如图 1–1–5 所示。

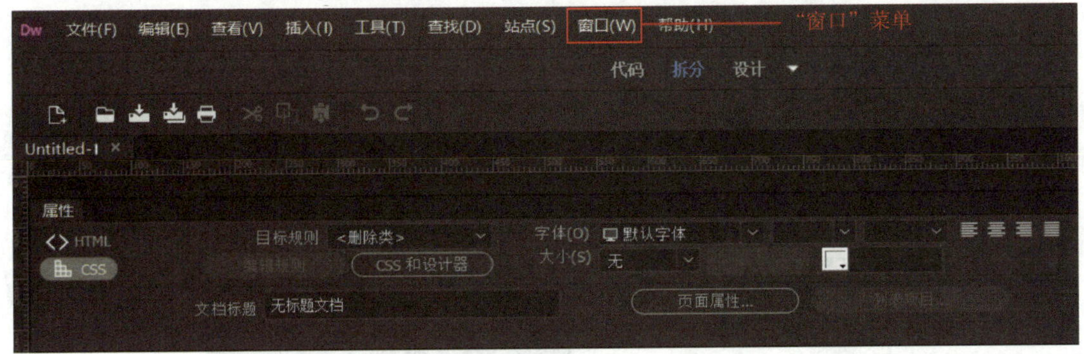

图 1-1-5　显示“属性”面板

7. 单击“窗口”→“插入”命令，可显示或隐藏“插入”面板，如图 1–1–6 所示。

8. 单击“窗口”→“文件”命令，可显示或隐藏“文件”面板，如图 1–1–7 所示。

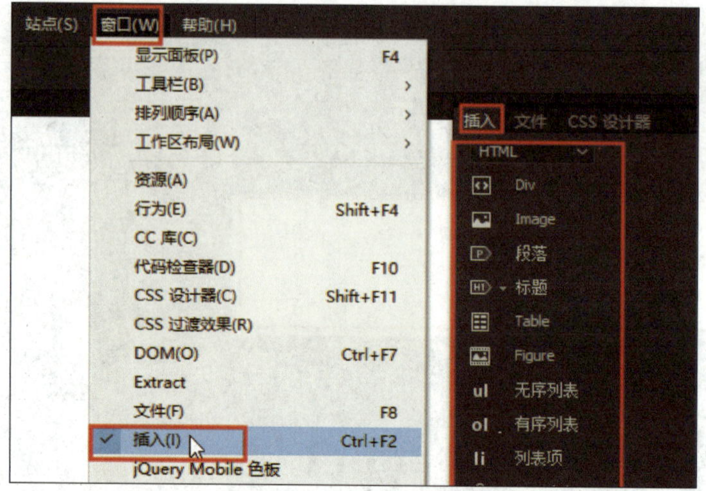

图 1-1-6 显示“插入”面板

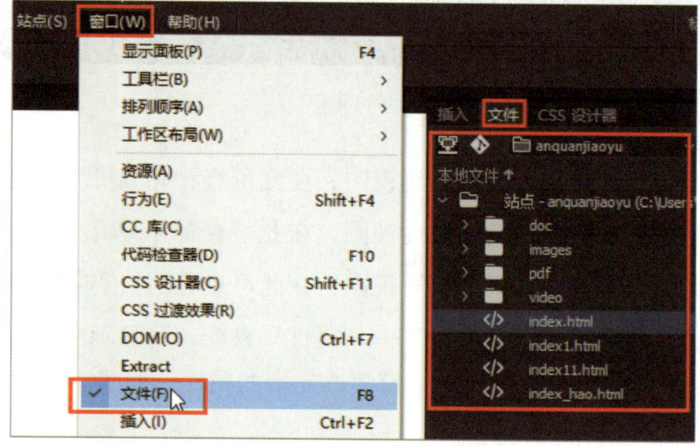

图 1-1-7 显示“文件”面板

9. 单击“窗口”→“CSS 设计器”命令，可显示或隐藏“CSS 设计器”面板，如图 1-1-8 所示。

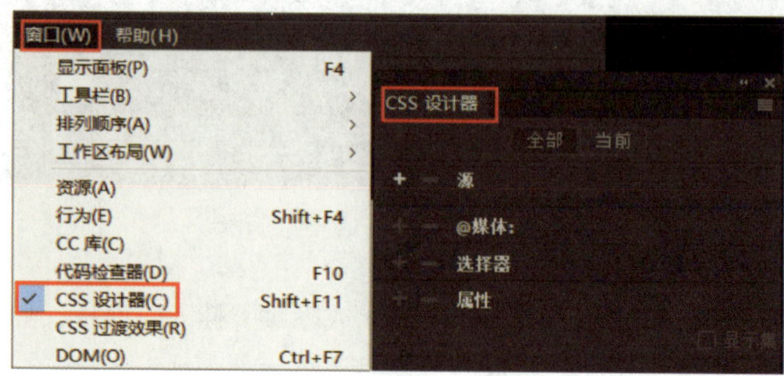

图 1-1-8 显示“CSS 设计器”面板

三、认识 HTML 文档的结构

1. 单击“代码”按钮，切换到代码视图，可查看 HTML 文档的基本结构。

2. 在代码视图中选中代码“<title> 无标题文档 </title>”中的“无标题文档”并删除，输入“每日鉴赏网页”，如图 1-1-9 所示，按组合快捷键 Ctrl+S，将新建的文件保存为名为“index1.html”的网页。

index1.html ×　——HTML文档的文件名

```
<!doctype html>
<html>
<head>
<meta charset="utf-8">
<title>每日鉴赏网页</title>
</head>

<body>
</body>
</html>
```

——网页的标题

图 1-1-9　输入网页的标题

3. 按 F12 键在浏览器中预览网页，可看到输入的“每日鉴赏网页”出现在浏览器的标题栏中，如图 1-1-10 所示。

图 1-1-10　在浏览器中查看网页的标题

4. 切换到 Dreamweaver CC 工作界面的设计视图，可以看到网页内容区为空。查看“属性”面板中“文档标题”后的文本框，可找到输入的文本“每日鉴赏网页”，如图 1-1-11 所示。通过对比，可看出 <title> 标签与 </title> 标签的作用是设置网页在浏览器标题栏中的标题。

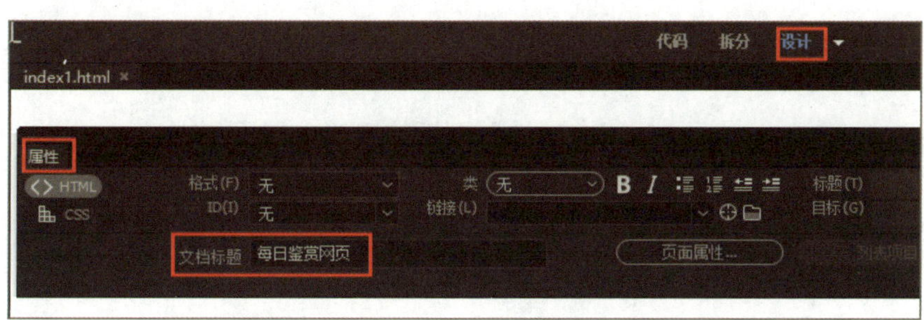

图 1-1-11　“属性”面板中的“文档标题”文本框

5. 在设计视图中输入“欢迎欣赏每日鉴赏网页！”，按组合快捷键 Ctrl+S 保存网页文件，按 F12 键在浏览器中预览网页，可看到输入的“欢迎欣赏每日鉴赏网页！”出现在网页的内容区中，如图 1–1–12 所示。

图 1-1-12　在浏览器中预览网页内容

6. 切换到 Dreamweaver CC 的工作界面，单击“拆分”按钮切换到拆分视图，可查看输入的“欢迎欣赏每日鉴赏网页！”出现在代码视图中的 <body> 标签与 </body> 标签之间，如图 1–1–13 所示，可以看出 <body> 标签与 </body> 标签的作用分别为标记网页内容的开始和结束。

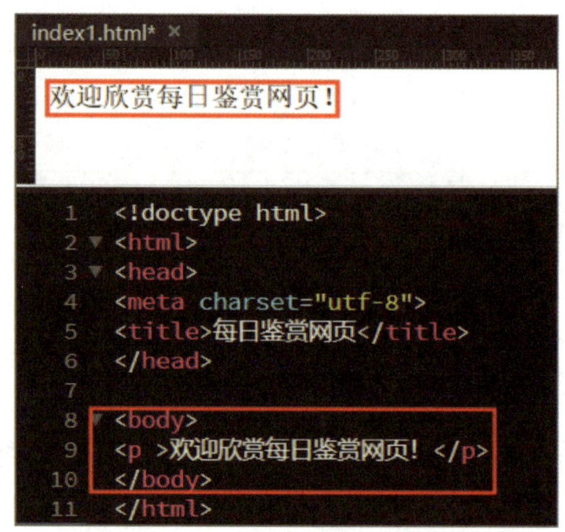

图 1-1-13　用拆分视图查看网页内容

小技巧

用“属性”面板快速输入网页标题

在“属性”面板上“文档标题”后的文本框中单击并输入网页的标题“每日鉴赏网页”，可快速输入网页标题，如图 1–1–14 所示。

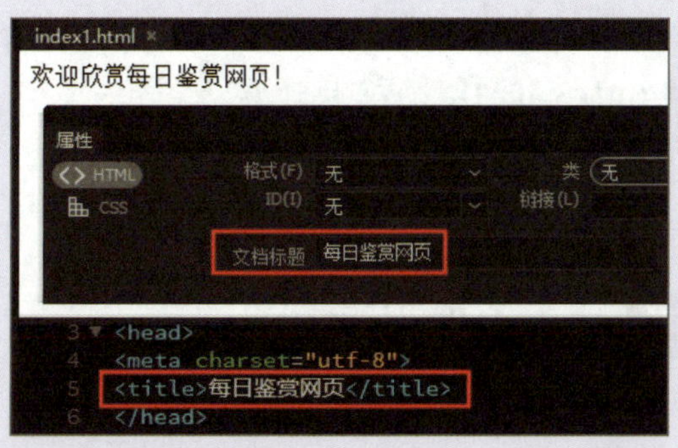

图 1-1-14　用“属性”面板快速输入网页标题

定义启动 Dreamweaver CC 的组合快捷键

用鼠标右键单击计算机桌面上的 Dreamweaver CC 快捷启动方式图标，在弹出的快捷菜单中选择“属性”命令，在弹出的对话框中单击“快捷键”后的文本框，按住想设置的启动 Dreamweaver CC 的组合快捷键 Ctrl+Shift+D，单击“应用”按钮，再单击“确定”按钮，即可定义启动 Dreamweaver CC 的组合快捷键为 Ctrl+Shift+D，如图 1-1-15 所示。

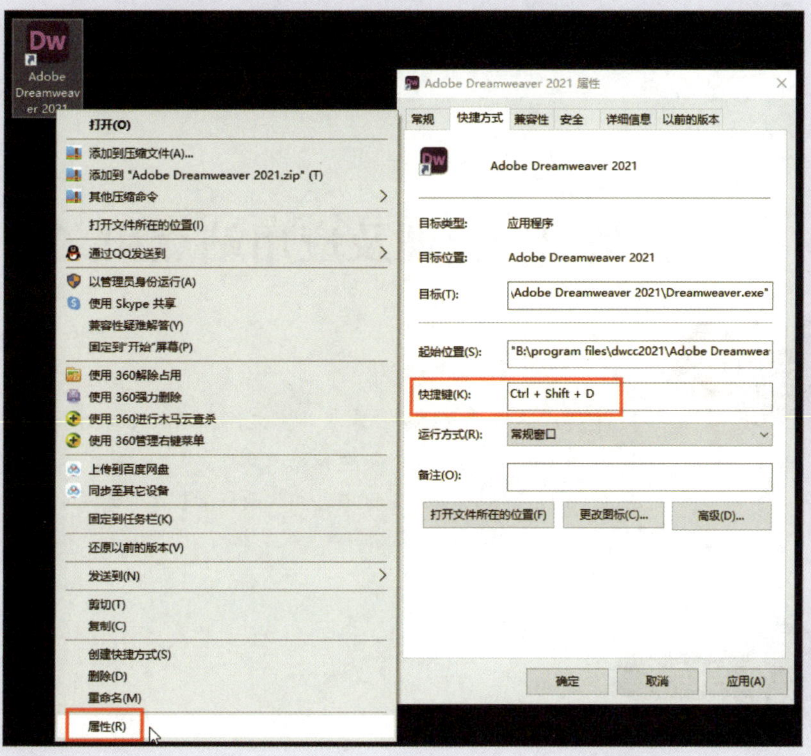

图 1-1-15　设置启动 Dreamweaver CC 的组合快捷键

> 今后需要启动 Dreamweaver CC 时，只需要按下定义好的组合快捷键 Ctrl+Shift+D，即可快速启动。

新建网页文件，输入网页标题为“网页制作学习园地”，并输入网页内容“欢迎光临网页制作学习园地!”，网页效果如图 1-1-16 所示。

图 1-1-16　网页效果

任务 2　管理及应用站点和文件

1. 了解网站的目录结构，掌握网页文件和站点目录的命名规则。
2. 能用 Dreamweaver CC 新建和管理站点。
3. 能用 Dreamweaver CC 的“文件”面板管理文件和文件夹。

本任务主要学习网页文件和文件夹的命名规则，使用 Dreamweaver CC 的菜单新建

和管理站点，使用“文件”面板管理和应用站点、文件、文件夹的方法。

一、网页文件和文件夹的命名规则

为便于日后的管理和维护，网站中所有文件和文件夹的命名最好遵循一定的规则。

1. 文件命名规则

（1）文件名最好用英文字母、数字和下划线的组合构成，不包含汉字、空格和特殊字符，不以数字开头，应以英文、汉语拼音为主，并尽量用大家都能看懂的词汇。

（2）文件的命名要以最少的字母实现顾名知义的效果，在文件夹中按文件名对文件排序时，同类文件能排在一起，以便于快速选取文件。

（3）静态的首页文件一般命名为“index.html”，包含程序代码的动态首页文件名一般为“index.asp”“index.jsp”或“index.php”。总之，扩展名与网页本身所使用的技术是一一对应的。

（4）比较长的文件名可以使用下划线隔开多个单词或关键字。

2. 文件夹命名规则

（1）最好不要使用汉字命名文件夹，因为在使用 UNIX 或 Linux 作为操作系统的主机上，使用汉字命名时运行会出错。

（2）在大型网站中，分支页面的文件应存放在单独的文件夹中，每个分支中的图像也应存放在单独的文件夹中，存放网页图像的文件夹一般命名为“images”或者“img”。

（3）在动态网站中，用来存放数据库的文件夹一般命名为“data”或者“database”。

小提示

Linux 系统、UNIX 系统不支持使用汉字文件名，且 UNIX 系统文件名区分英文字母大小写。因此，为保证网站发布后不出错，文件名最好全部使用小写英文字母，不用汉字。

如果文件和文件夹命名不符合规定，浏览网页时会出现找不到文件的现象。

二、网站的目录结构

1. 站点

在 Dreamweaver CC 中，站点是指属于某个网站的文档的本地或远程存储位置。利用 Dreamweaver CC 站点，可以组织和管理所有 Web 文档，将站点上传到 Web 服务器、跟踪和维护链接以及管理和共享文件。定义一个站点的目的是充分利用 Dreamweaver CC 功能。

2. 网站目录建立的原则

（1）建立目录时，应以最少的层次提供最清晰、简便的访问结构。

（2）目录名应以英文为主，尽量用一些大家都能看懂且意义明确的词汇。

（3）目录结构应清晰，层级关系应明确，以不超过三级为准。

3. 网站目录建立的方法

（1）在本地磁盘上创建文件夹来存放站点的所有资源，该文件夹被称为站点根文件夹。

（2）在站点根文件夹下，根据站点的目录结构创建若干子文件夹，可以分门别类地存放网页和网页元素等资源。

一、新建站点

1. 在本地磁盘上创建站点根文件夹“yl”及若干子文件夹，如图 1-2-1 所示。

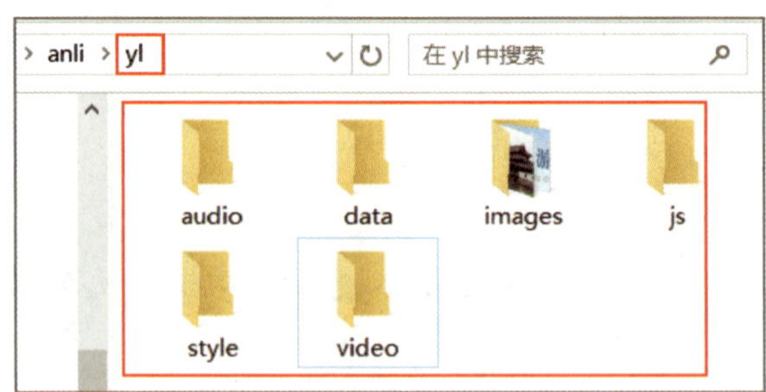

图 1-2-1　创建站点根文件夹“yl”及若干子文件夹

2. 启动 Dreamweaver CC，单击“站点”→“新建站点”命令，在弹出的“站点设置对象”对话框中单击“站点名称”后的文本框，输入站点名称“yongliu”，单击“本地站点文件夹”后的文件夹图标，选择已创建的站点根文件夹“yl”，如图 1-2-2 所示。

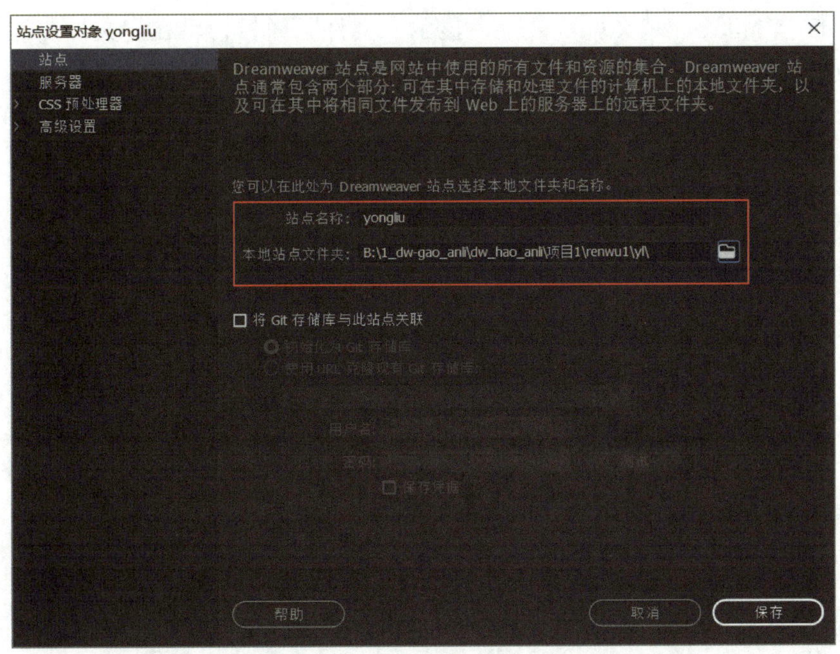

图 1-2-2　输入站点名称并选择本地站点文件夹

3. 单击对话框中的“高级设置”选项卡，然后单击“默认图像文件夹”后的文件夹图标，选择站点根文件夹“yl”下的子文件夹“images”，单击“保存”按钮，如图 1-2-3 所示。

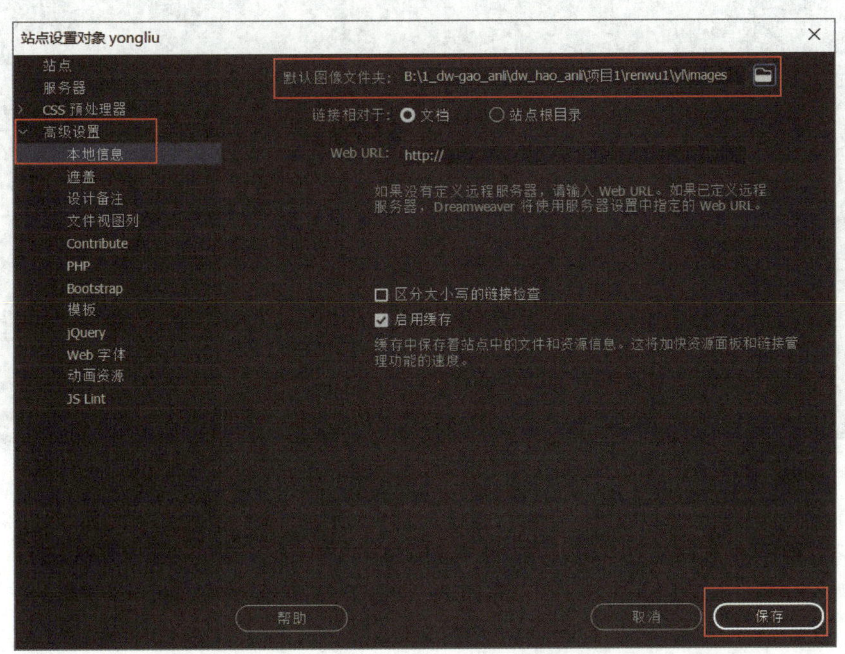

图 1-2-3　设置站点的默认图像文件夹

4. 单击“窗口”→“文件”命令，显示“文件”面板，可在“文件”面板中看到新建的站点“yongliu”及站点目录结构，如图 1-2-4 所示。

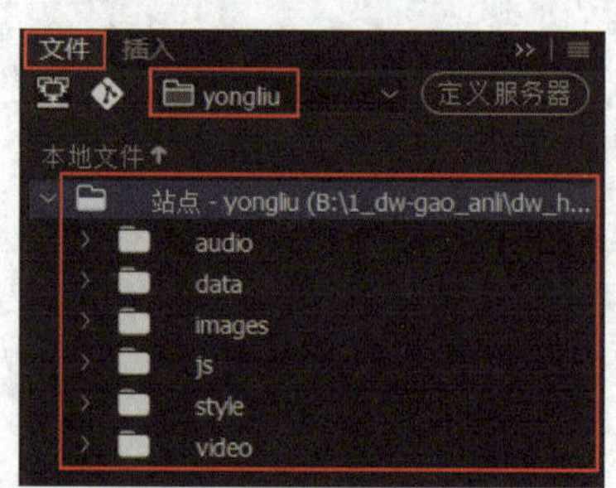

图 1-2-4 站点“yongliu”及站点目录结构

二、管理站点

1. 在 Dreamweaver CC 中单击“站点”→“管理站点”命令，在弹出的“管理站点”对话框中可看到已经建立的站点和左下角的 4 个按钮，如图 1-2-5 所示。

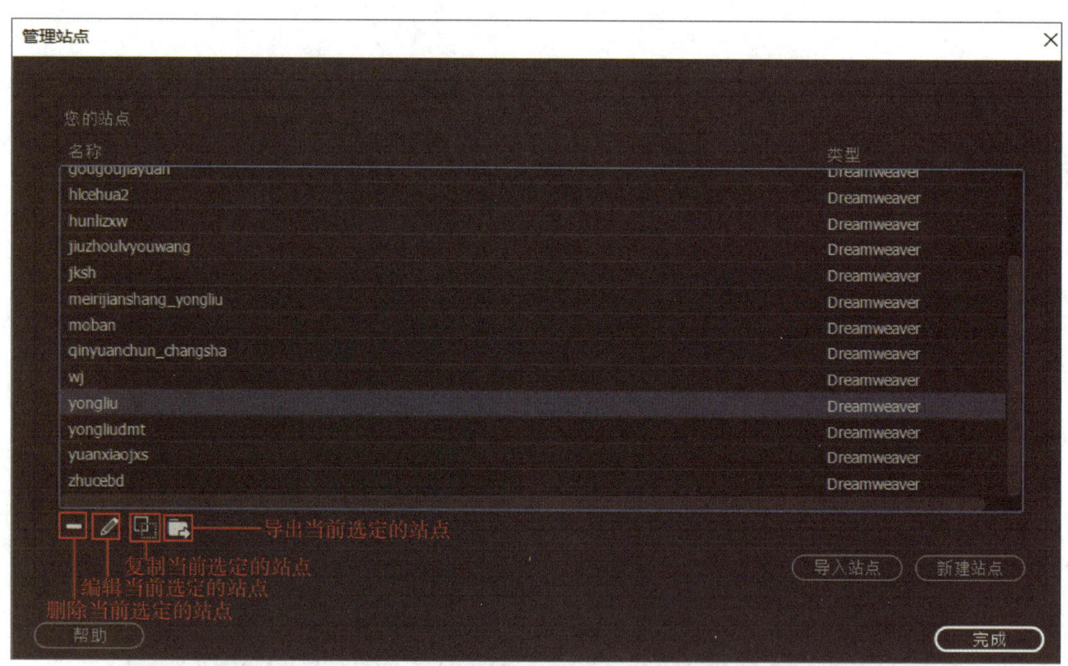

图 1-2-5 “管理站点”对话框

2. 编辑站点。选择要修改的站点名称“yongliu”，单击“编辑当前选定的站点”按钮，在弹出的“站点设置对象”对话框中将“站点名称”修改为“meirijianshang_yongliu”（可根据需要修改“本地站点文件夹”），之后单击“保存”按钮，返回“管理站点”对话框，最后单击“完成”按钮，如图 1-2-6 所示。

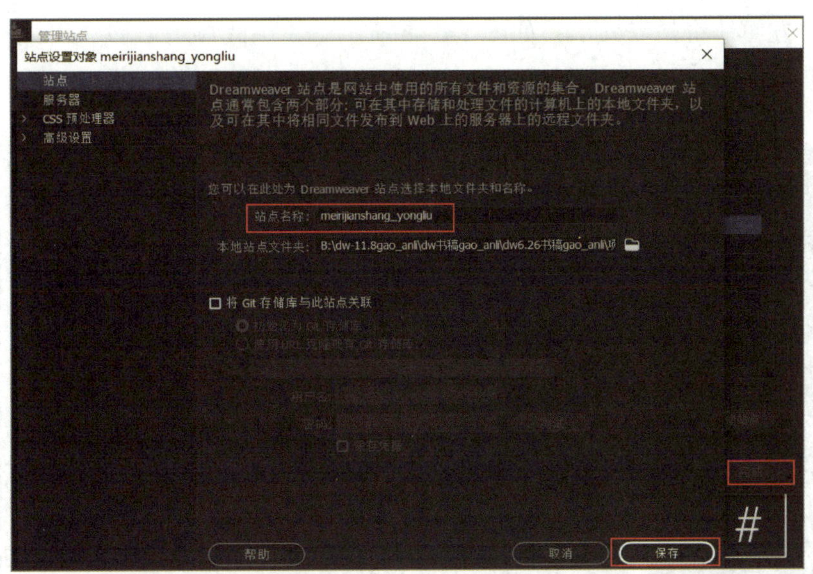

图 1-2-6　修改站点名称

3. 复制和删除站点。选择要复制的站点名称“meirijianshang_yongliu”，单击“复制当前选定的站点”按钮，生成站点“meirijianshang_yongliu 复制”；选中要删除的站点名称“meirijianshang_yongliu 复制”，单击“删除当前选定的站点”按钮，在弹出的对话框中单击“是”按钮，即可删除该站点，如图 1-2-7 所示。

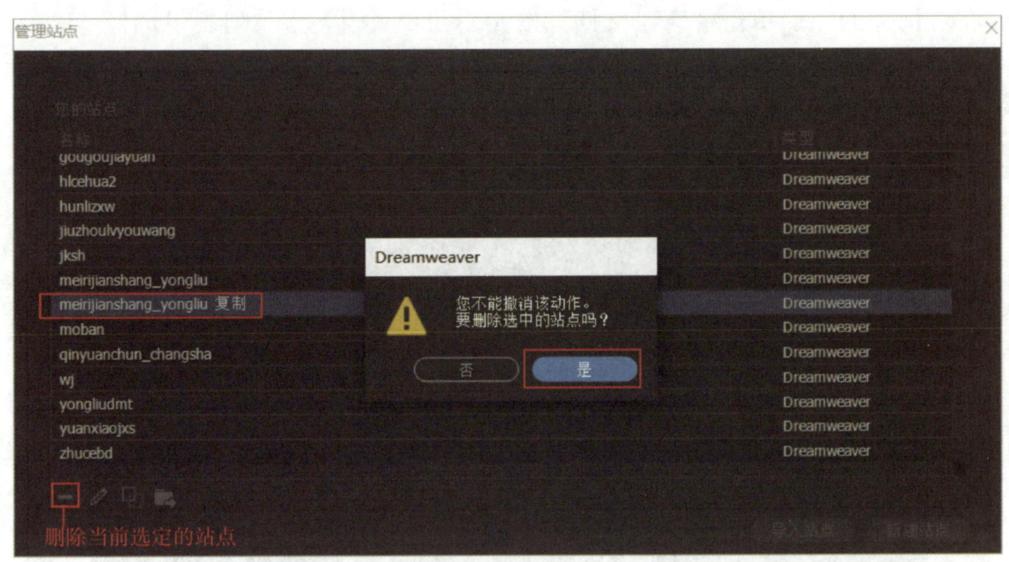

图 1-2-7　删除站点

4. 导出站点。选择要导出的站点名称“meirijianshang_yongliu”，单击“导出当前选定的站点”按钮，在弹出的对话框中选择存储导出站点到移动 U 盘上，单击“保存”

按钮，即可方便地将站点导出，如图 1–2–8 所示。使用此移动 U 盘，可以将站点导入别的计算机。

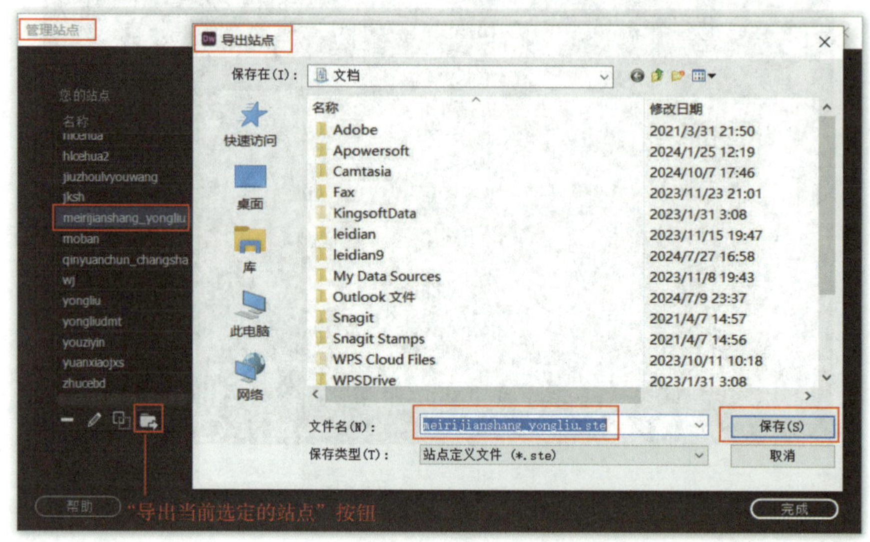

图 1–2–8 "导出站点"对话框

三、利用"文件"菜单新建网页文件

1. 在 Dreamweaver CC 中单击"文件"→"新建"命令，弹出"新建文档"对话框，在对话框的左侧单击"新建文档"按钮，在"文档类型"列表中选择"HTML5"选项，单击"创建"按钮，如图 1–2–9 所示，将新建一个默认文件名为"Untitled–1"的空白网页文档。

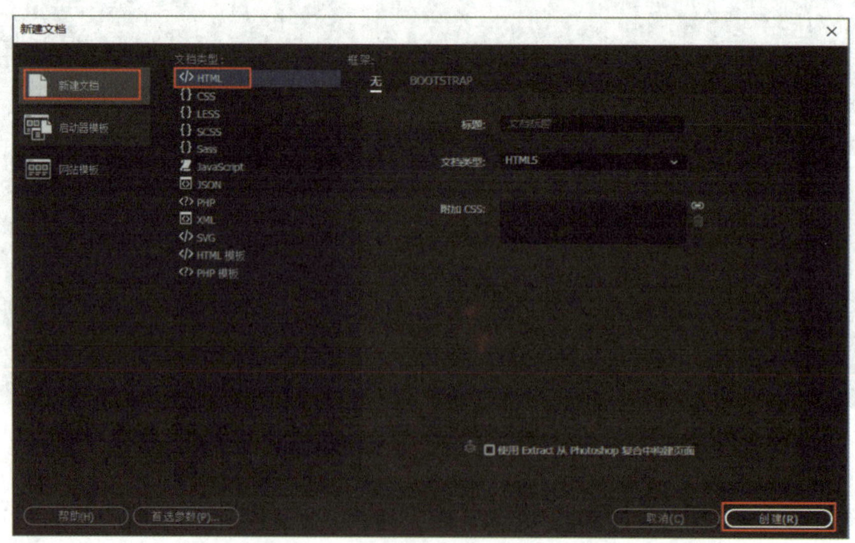

图 1–2–9 "新建文档"对话框

2. 按组合快捷键 Ctrl+S 保存文档，这时弹出“另存为”对话框，选择保存文档的位置后，输入文件名为“index1”，单击“保存”按钮进行保存，如图 1-2-10 所示。

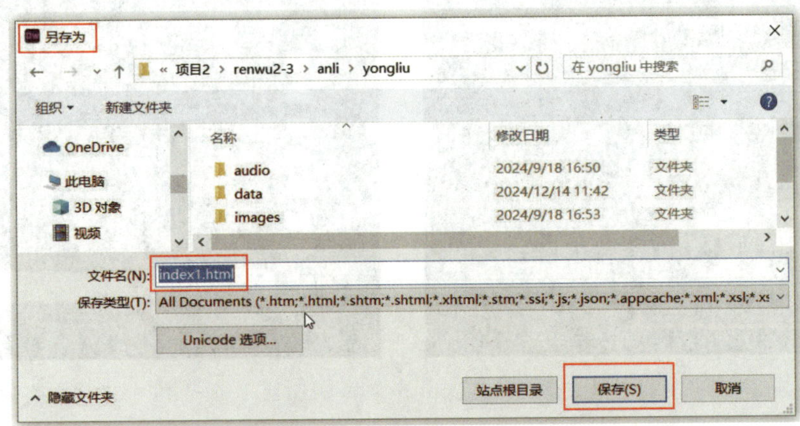

图 1-2-10　“另存为”对话框

可在“文件”面板上看到新建网页文件的文件名为“index1.html”，如图 1-2-11 所示。

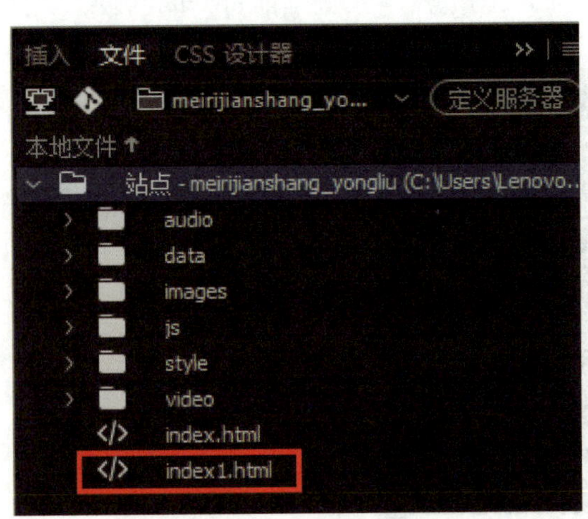

图 1-2-11　新建的网页文件

四、利用“文件”面板管理网页文件

1. 在“文件”面板中选择要复制的网页文件“index1.html”，分别按组合快捷键 Ctrl+C、Ctrl+V 复制选中的网页文件，如图 1-2-12 所示。

2. 在“文件”面板中选择要重命名的网页文件，单击该文件的文件名，输入新的文件名“index2.html”，按 Enter 键后修改生效，如图 1-2-13 所示。

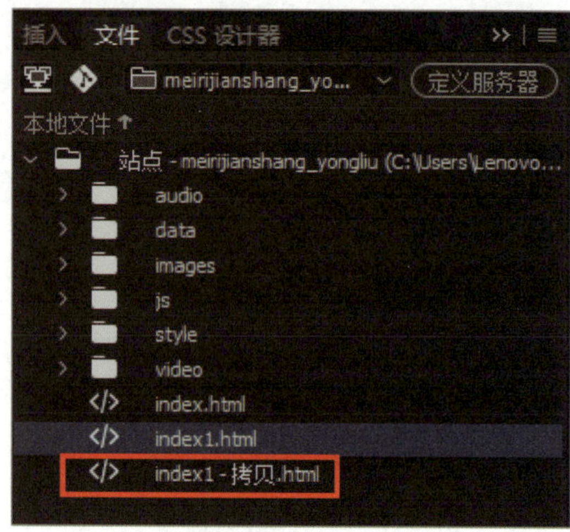

图 1-2-12 复制网页文件

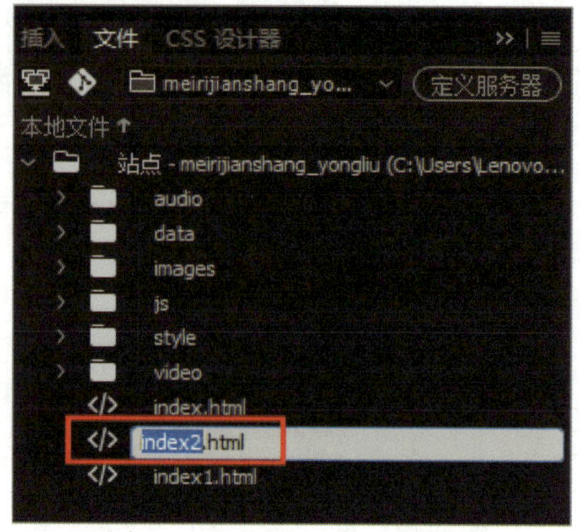

图 1-2-13 修改网页文件名

3. 在“文件”面板中选择要删除的文件，按键盘上的 Delete 键，在弹出的对话框中单击“是”按钮，即可删除选择的文件，如图 1–2–14 所示。

4. 在“文件”面板中双击要打开的网页文件，可方便地打开网页文件。

5. 按 F12 键，可在默认浏览器中预览当前打开的网页，如图 1–2–15 所示。

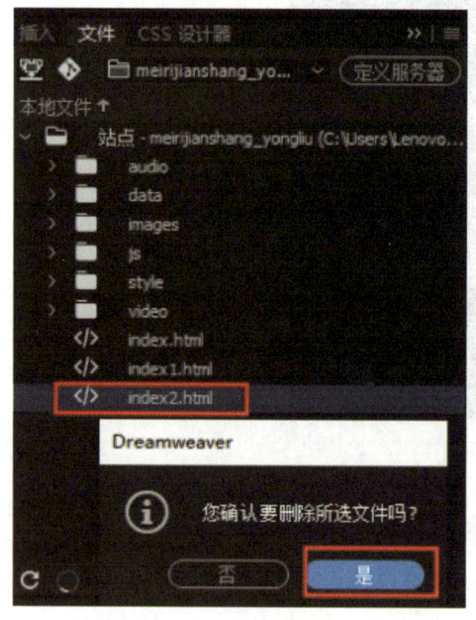

图 1-2-14 删除选择的文件

图 1-2-15 预览当前打开的网页

五、利用“文件”面板管理文件夹

1. 在“文件”面板中选择要新建文件夹的父文件夹（如站点根文件夹）并单击

鼠标右键，在弹出的快捷菜单中选择“新建文件夹”命令，输入新建文件夹的名称“templets”后按 Enter 键，可在选择的站点根文件夹下新建子文件夹“templets”，如图 1–2–16 所示。

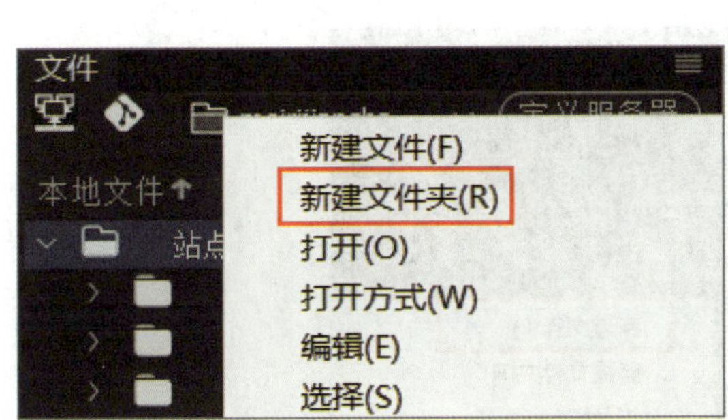

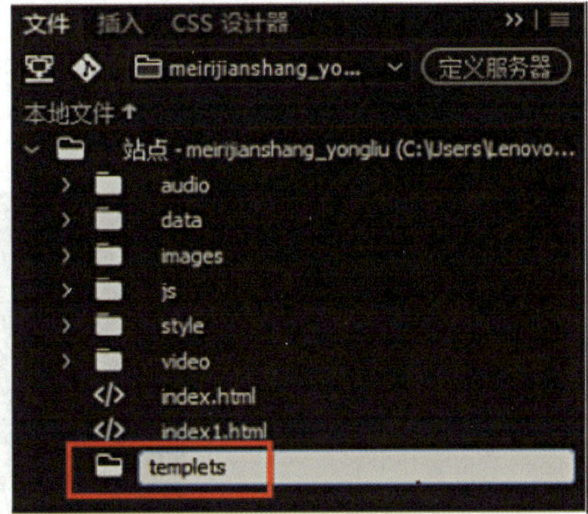

图 1-2-16　新建文件夹

2. 在“文件”面板中选择要删除的文件夹“templets”，按键盘上的 Delete 键，在弹出的对话框中单击“是”按钮，即可删除选中的文件夹，如图 1–2–17 所示。

3. 单击“文件”面板中“文件夹”前面的“>”或“∨”，可展开或折叠文件夹，以便于查找文件，如图 1–2–18 所示。

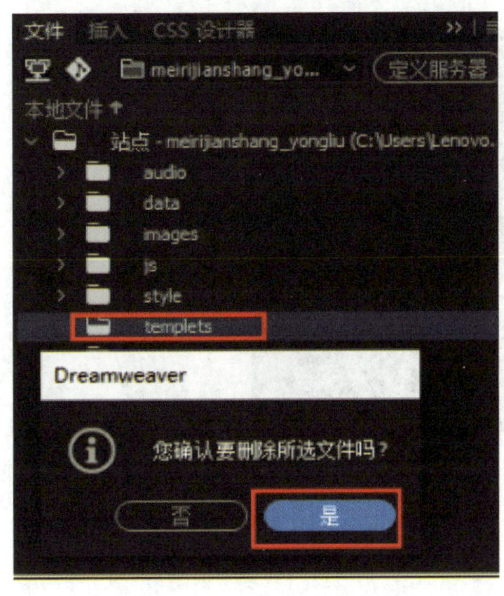

图 1-2-17　删除选中的文件夹

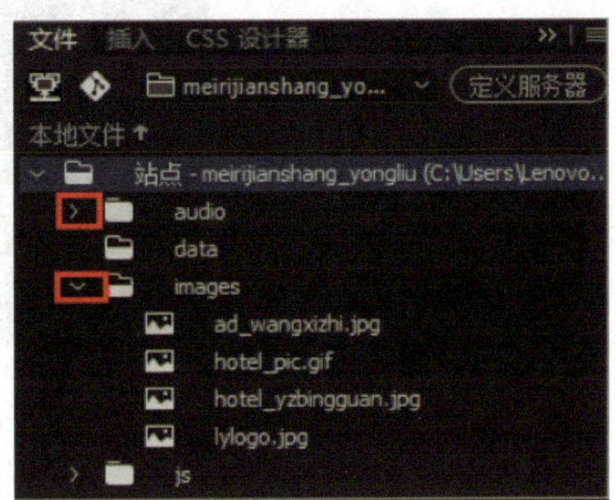

图 1-2-18　展开或折叠文件夹

小技巧

利用“文件”面板快速新建网页文件“index_js. html”

1. 在“文件”面板中，选择存放新建网页文件的文件夹“js”，并单击鼠标右键，在弹出的快捷菜单中选择“新建文件”命令，如图 1–2–19 所示。

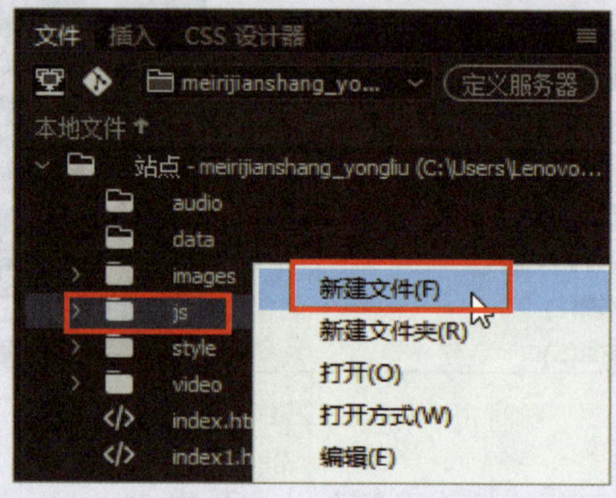

图 1–2–19　新建网页文件

2. 输入新建网页文件的名称“index_js”（注意不要删除文件扩展名），按 Enter 键，即可在选中的文件夹“js”中新建网页文件“index_js.html”，如图 1–2–20 所示。

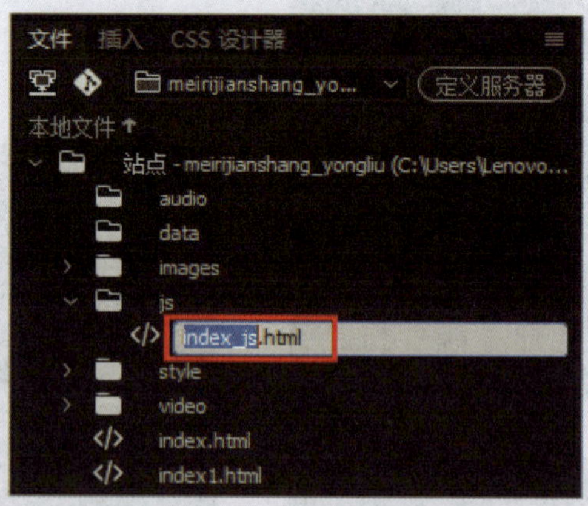

图 1–2–20　输入新建网页文件的名称

利用“文件”面板快速移动网页文件“index_js. html”

1. 在图 1–2–20 所示的“文件”面板中选择要移动的文件“index_js.html”，按组合快捷键 Ctrl+X 剪切文件。

2. 在图 1-2-20 所示的“文件”面板中选择目标文件夹（网站的根目录），按组合快捷键 Ctrl+V 进行粘贴，再单击弹出的“更新文件”对话框中的“更新”按钮更新该文件的链接，可以看到“index_js.html”文件已移动到网站根目录中，如图 1-2-21 所示。

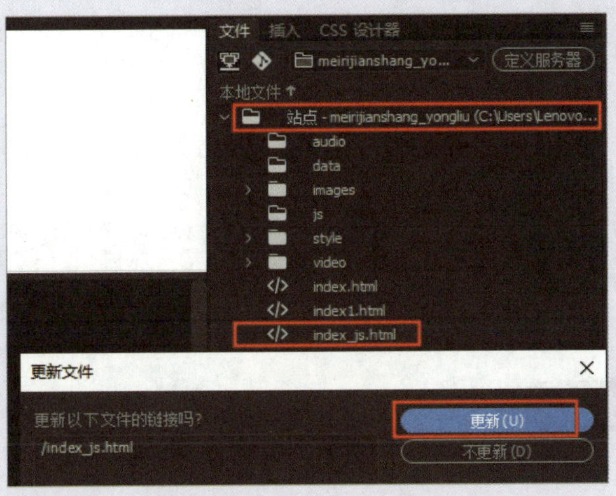

图 1-2-21　利用“文件”面板移动网页文件

创建安全教育站点，站点名称和站点目录结构如图 1-2-22 所示。

图 1-2-22　站点名称和站点目录结构

任务3　制作每日鉴赏的文本网页

学习目标

1. 了解文本的段落标签、换行标签、加粗标签、水平线标签、上标标签、标题标签、列表标签及属性。
2. 掌握在网页中输入文本和符号、插入水平线和给网页内容换行、分段的方法。
3. 能用“属性”面板设置网页的标题、加粗、对齐、编号、列表和下划线等属性。
4. 能编辑段落、编号和列表、上标、水平线标签及属性代码。

任务描述

本任务是一个文本网页制作实例，最终效果如图1-3-1所示。通过本任务的学习，可以掌握输入文本以及用“插入”面板插入符号和水平线、用“属性”面板设置文本属性的方法和技巧，熟悉标题标签、加粗标签、上标标签、列表标签、水平线标签及属性代码。

每日鉴赏|咏柳

咏柳

[唐]贺知章

碧玉[1]妆成一树高，万条垂下绿丝绦[2]。

不知细叶谁裁出，二月春风似剪刀。

注释：

1. 碧玉：碧绿色的玉。这里用以比喻春天嫩绿的柳叶。
2. 绦：用丝编成的绳带。这里指像丝带一样的柳条。

赏析：

首句写柳树像一位梳妆打扮的美人。柳，单单用碧玉来比有两层意思：一是碧玉这名字和柳的颜色有关，“碧”和下句的“绿”是互相生发、互为补充的。二是"碧玉"这个词在人们心目中是年轻美丽的形象。"碧玉妆成一树高"就自然地把眼前这棵柳树和古代质朴美丽的少女联系起来，而且联想到她穿一身嫩绿，楚楚动人，充满青春活力。故第二句就此联想到那垂垂下坠的柳叶就是她身上婀娜多姿的丝织裙带。

第三句由"绿丝绦"继续联想，这些如丝绦的柳条是谁剪裁出来的呢？先用一疑问句来赞美柳叶。最后一句，是二月的春风用她那灵巧的纤纤玉手剪裁出这些嫩绿的叶儿，给大地披上新装，给人们以春的信息。这两句把比喻和设问结合起来，用拟人手法刻画春天的美好，新颖别致，把春风孕育万物形象地表现出来了，烘托无限的美感。

参考：

《唐诗鉴赏辞典（修订本）》，上海辞书出版社，2004年版。

版权所有©注册商标®学习平台2024-02-23

图1-3-1　每日鉴赏文本网页最终效果

一、文本的段落标签与换行标签

1. 段落标签

段落标签的格式为 <p> 段落内容 </p>，其作用为定义一个段落。在 Dreamweaver CC 设计视图中输入一个段落后按 Enter 键，即可插入一个段落标签。

插入段落标签时，常用 align 属性来定义段落中文本的对齐方式，其选项及说明见表 1–3–1。

表 1–3–1 align 属性的选项及说明

选项	说明
left	段落中的文本左对齐
right	段落中的文本右对齐
center	段落中的文本居中对齐
justify	段落中的文本两端对齐

2. 换行标签

换行标签的格式为
 或
，其作用是使标签后面的文本另起一行。在 Dreamweaver CC 设计视图中需要换行的位置单击，然后按 Shift+Enter 键即可插入一个换行标签。

二、加粗标签

加粗标签的格式为 <strong> 加粗内容 </strong>，其作用是使标签限定的内容加粗显示。

在 Dreamweaver CC 设计视图中选择要加粗的文本，按组合快捷键 Ctrl+B 或单击"属性"面板上的"粗体"按钮，即可加粗文本。

三、水平线标签

水平线标签的格式为 <hr> 或 <hr/>，其作用是在文档中插入一条水平线。在 Dreamweaver CC 设计视图中单击"插入"面板上的"水平线"按钮，即可插入一条水平线，如图 1–3–2 所示。

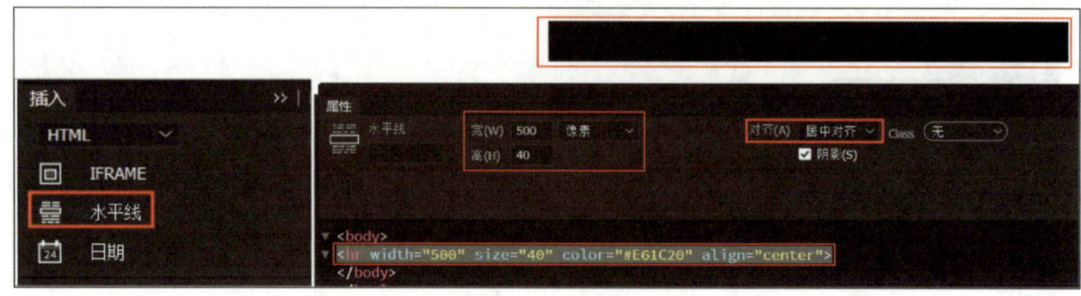

图 1-3-2 插入一条水平线

水平线标签的常用属性及说明见表 1-3-2。

表 1-3-2 水平线标签的常用属性及说明

常用属性	说明
align	定义水平线的对齐方式，选项为 center、left、right
color	定义水平线的颜色
size	定义水平线的高度，默认单位为像素
width	定义水平线的宽度，单位为像素或百分比（相对于页面）

四、上标标签

上标标签的格式为 ^{上标内容}，其作用是设置上标。

在 Dreamweaver CC 设计视图中选择要设置为上标的数字，单击“编辑”→“快速标签编辑器”命令或按组合快捷键 Ctrl+T，均可弹出快速标签编辑器（见图 1-3-3）。在快速标签编辑器中找到所需的标签“sup”（见图 1-3-4）后双击，再按 Enter 键确认，即可将选择的数字设置为上标。

图 1-3-3 快速标签编辑器

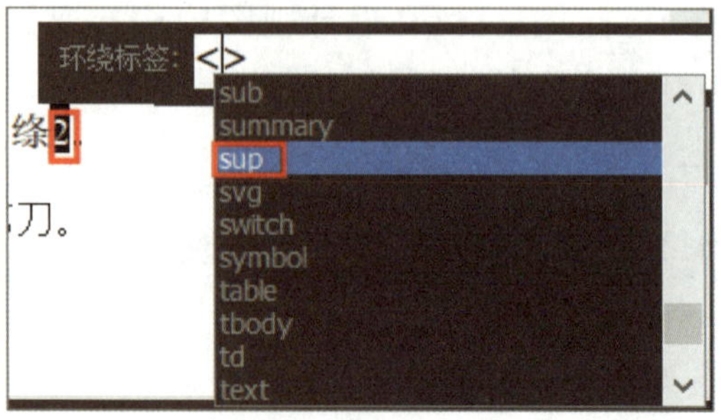

图 1-3-4 用快速标签编辑器插入上标标签

五、标题标签

标题标签的作用是设置文档的各级标题。标题标签示例代码及网页预览效果如图 1–3–5 所示，其中 <h1> 标签的文本字号最大，<h6> 标签的文本字号最小。

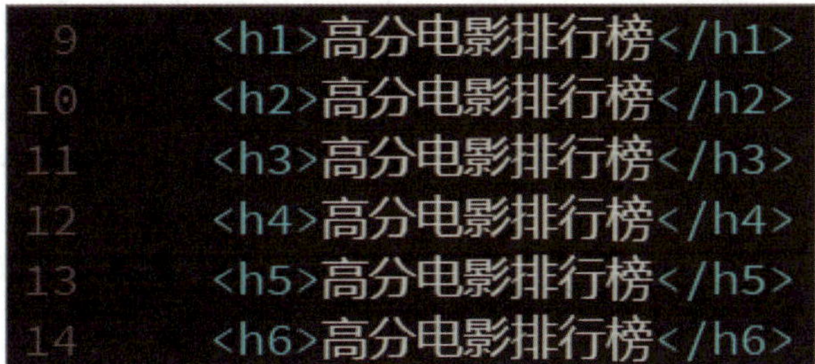

高分电影排行榜

高分电影排行榜

高分电影排行榜

高分电影排行榜

高分电影排行榜

高分电影排行榜

图 1–3–5　标题标签示例代码及网页预览效果

在 Dreamweaver CC 设计视图中选择要设置的文本，单击“属性”面板中“格式”右侧的下拉列表，可以从弹出的下拉列表中选择所需的标题样式。

标题标签的常用属性为 align，用来定义标题的对齐方式，align 属性的选项同段落标签的 align 属性类似，这里不再赘述。

六、列表标签

1. 有序列表标签

有序列表标签的作用为定义有序列表，以便更清晰地表达内容的顺序。

有序列表标签代码示例及网页预览效果如图 1–3–6 所示。

```
<ol >
    <li >碧玉：碧绿色的玉。这里用以比喻春天嫩绿的柳叶。</li>
    <li>绦：用丝编成的绳带。这里指像丝带一样的柳条。</li>
</ol>
```

1. 碧玉：碧绿色的玉。这里用以比喻春天嫩绿的柳叶。
2. 绦：用丝编成的绳带。这里指像丝带一样的柳条。

图 1–3–6　有序列表标签代码示例及网页预览效果

有序列表标签的常用属性及说明见表 1–3–3。

表 1-3-3　有序列表标签的常用属性及说明

常用属性	说明
type	定义有序列表中前缀的类型，1 表示列表项符号为阿拉伯数字，a 表示列表项符号为小写字母，A 表示列表项符号为大写字母，i 表示列表项符号为小写罗马数字，I 表示列表项符号为大写罗马数字
start	定义有序列表的起始值

2. 无序列表标签

无序列表标签的作用是定义无序列表，使内容显得更加有条理。该标签常用于导航栏的制作。

无序列表标签代码示例及网页预览效果如图 1-3-7 所示。

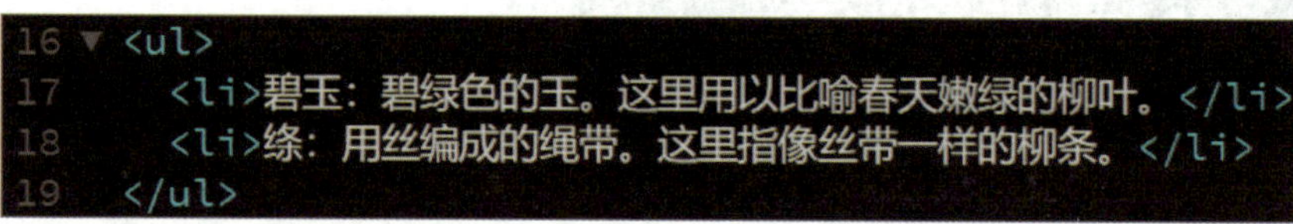

- 碧玉：碧绿色的玉。这里用以比喻春天嫩绿的柳叶。
- 绦：用丝编成的绳带。这里指像丝带一样的柳条。

图 1-3-7　无序列表标签代码示例及网页预览效果

在 Dreamweaver CC 设计视图中选中要设置的文本，单击“属性”面板上的“项目列表”按钮，即可将选中的文本设置为无序列表。

无序列表标签的常用属性为 type，该属性有三个选项，分别表示项目符号的三种不同形状：disc 代表实心圆（默认值），circle 代表空心圆，square 代表实心小方块。

一、输入网页内容标题并设置格式

1. 启动 Dreamweaver CC，新建网页文件后切换到拆分视图，在设计视图中输入网页内容的标题“每日鉴赏 | 咏柳”，如图 1-3-8 所示。

2. 在设计视图中选中标题“每日鉴赏 | 咏柳”，单击“属性”面板中“格式”右侧的下拉列表，从弹出的下拉列表中选择“标题 1”样式，如图 1-3-9 所示。

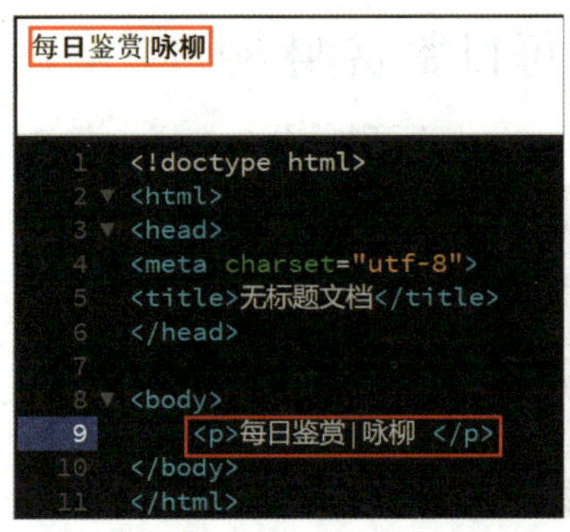

图 1-3-8　输入网页内容的标题

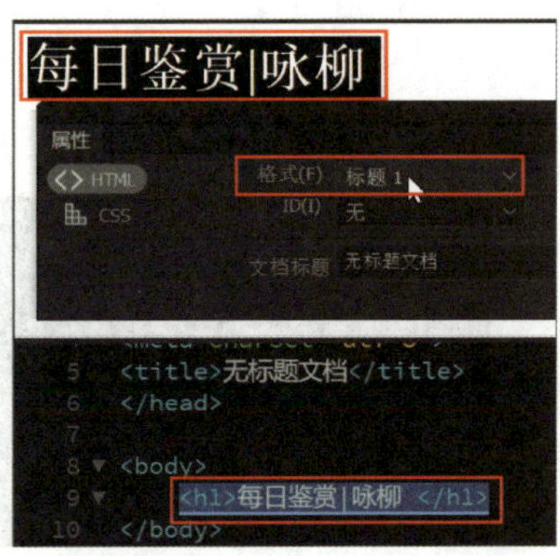

图 1-3-9　设置网页内容标题为“标题 1”样式

3. 在设计视图中选中网页内容标题“每日鉴赏 | 咏柳”，单击“属性”面板（CSS）的“居中对齐”按钮，如图 1–3–10 所示。按组合快捷键 Ctrl+S 保存网页，按 F12 键预览网页效果，如图 1–3–11 所示。

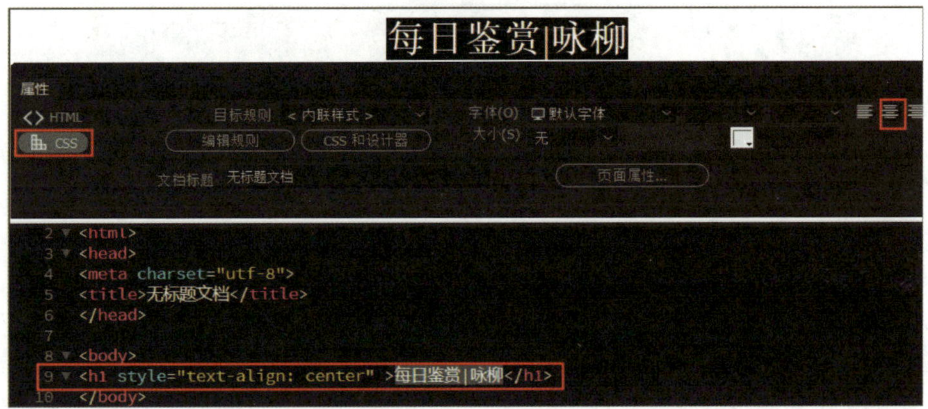

图 1-3-10　设置网页内容标题为居中对齐

图 1-3-11　应用“标题 1”样式和“居中对齐”的网页内容标题预览效果

二、输入学习平台信息和网页内容副标题并设置格式

1. 在设计视图中按 Enter 键，输入学习平台信息，仿照上述内容设置其格式为居中对齐，如图 1–3–12 所示。

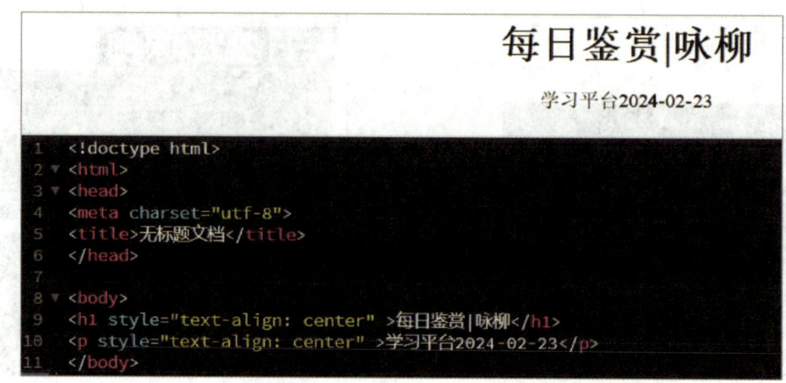

图 1-3-12 输入学习平台信息并设置其格式为居中对齐

2. 在设计视图中按 Enter 键，输入网页内容副标题“咏柳”，选中输入的“咏柳”，依次单击“属性”面板（CSS）上的“居中对齐”和“粗体”按钮，再按组合快捷键 Ctrl+S 保存网页，按 F12 键预览网页效果，如图 1–3–13 所示。

图 1-3-13 网页预览效果

三、输入作者信息和诗句正文内容并设置格式

1. 输入作者信息和诗句正文，并设置其属性为“居中对齐”。按组合快捷键 Ctrl+S 保存网页，按 F12 键预览网页，可看到诗句中的数字“1”和“2”不是上标形式，如图 1–3–14 所示。

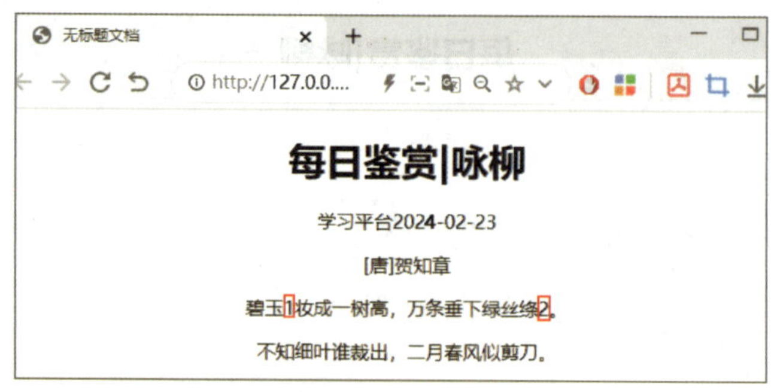

图 1-3-14 诗句正文中数字“1”和“2”未设置上标形式

小提示

要在设计视图中输入“[ ]”，应将输入法状态条切换到英文标点输入状态。

2. 在设计视图中选中诗句中的数字“1”，按组合快捷键 Ctrl+T 打开快速标签编辑器，在快速标签编辑器中找到“sup”并双击，再按 Enter 键确认，给数字“1”插入上标标签，如图 1-3-15 所示。按组合快捷键 Ctrl+S 保存网页，按 F12 键预览网页，如图 1-3-16 所示。

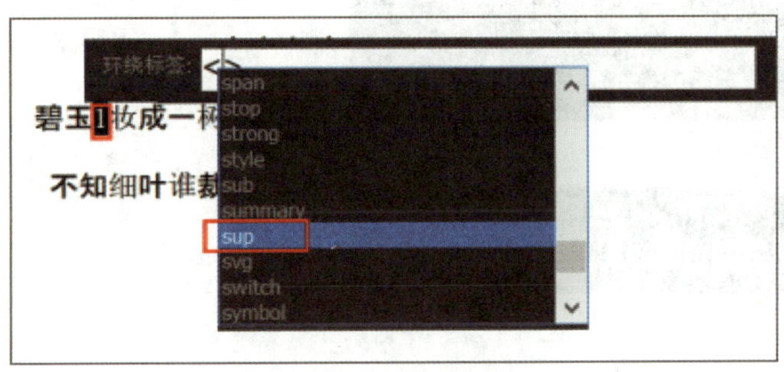

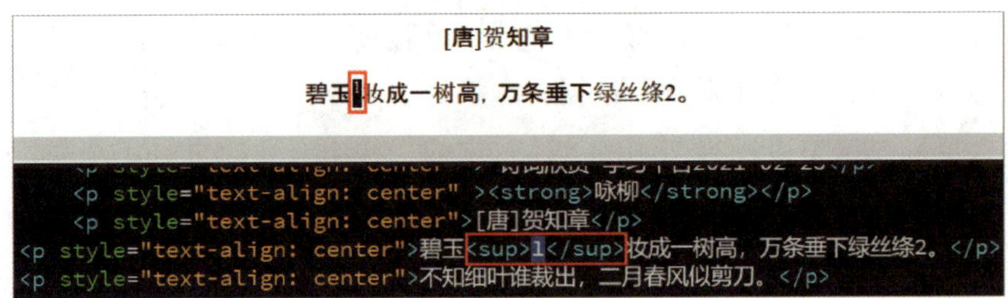

图 1-3-15　用快速标签编辑器插入上标标签

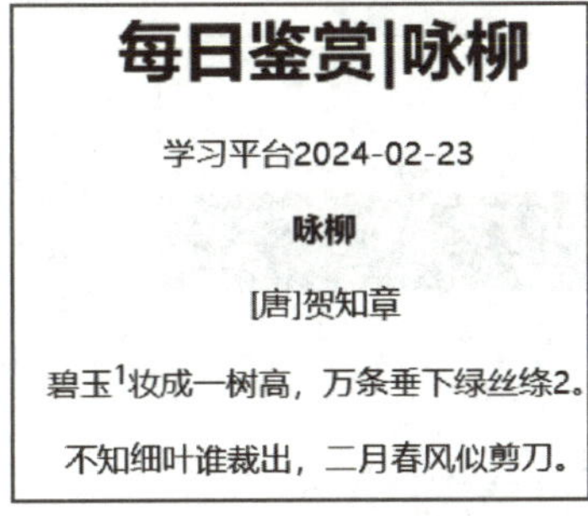

图 1-3-16　上标标签预览效果

3. 采用类似的方法，将诗句中的数字“2”设置为上标。

四、输入注释并设置格式

1. 输入“注释:”并设置“加粗”属性。输入注释的内容，按组合快捷键 Ctrl+S 保存网页，按 F12 键预览网页，可看到诗句中的两行注释内容不是项目列表形式，如图 1-3-17 所示。

2. 在设计视图中选中两行注释内容，单击“属性”面板（HTML）中的“编号列表”图标，按组合快捷键 Ctrl+S 保存网页，按 F12 键预览网页，如图 1-3-18 所示。

每日鉴赏|咏柳
学习平台2024-02-23
咏柳
[唐]贺知章
碧玉[1]妆成一树高，万条垂下绿丝绦[2]。
不知细叶谁裁出，二月春风似剪刀。
注释:
碧玉：碧绿色的玉。这里用以比喻春天嫩绿的柳叶。
绦：用丝编成的绳带。这里指像丝带一样的柳条。

图 1-3-17　注释的预览效果

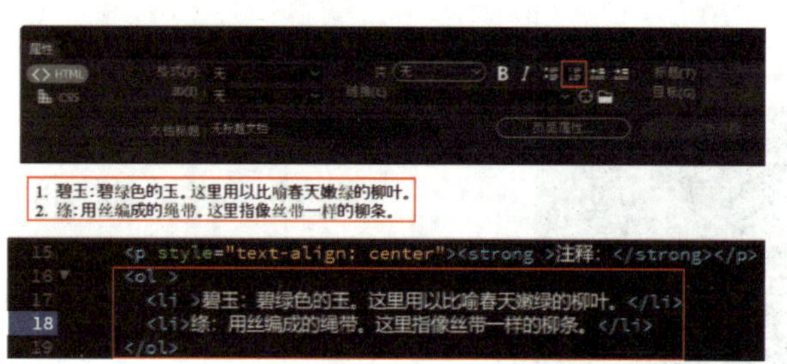

每日鉴赏|咏柳
学习平台2024-02-23
[唐]贺知章
碧玉[1]妆成一树高，万条垂下绿丝绦[2]。
不知细叶谁裁出，二月春风似剪刀。
注释:
1. 碧玉：碧绿色的玉。这里用以比喻春天嫩绿的柳叶。
2. 绦：用丝编成的绳带。这里指像丝带一样的柳条。

图 1-3-18　将注释内容设置为编号列表

3. 若看到“注释:”居中对齐效果不美观，在设计视图中选中“注释:”，单击“属性”面板（CSS）中的“居中对齐”按钮，取消居中对齐。

4. 移动鼠标光标至设计视图中的“注”字前，按组合快捷键 Ctrl+Shift+ 空格键若干次，插入若干个连续的空格，使“注释:”与两行注释内容对齐，网页效果和代码如图 1-3-19 所示。

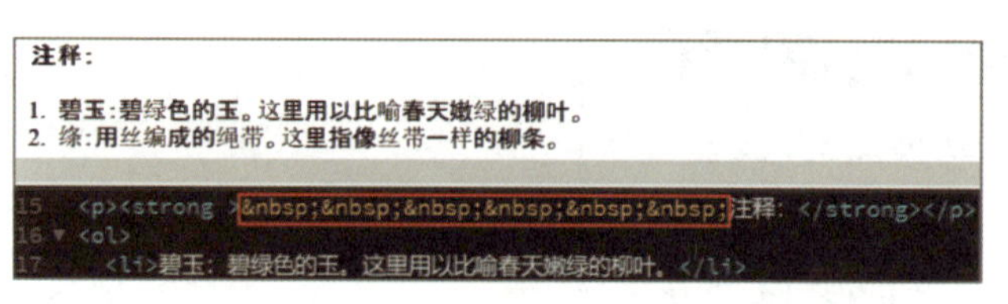

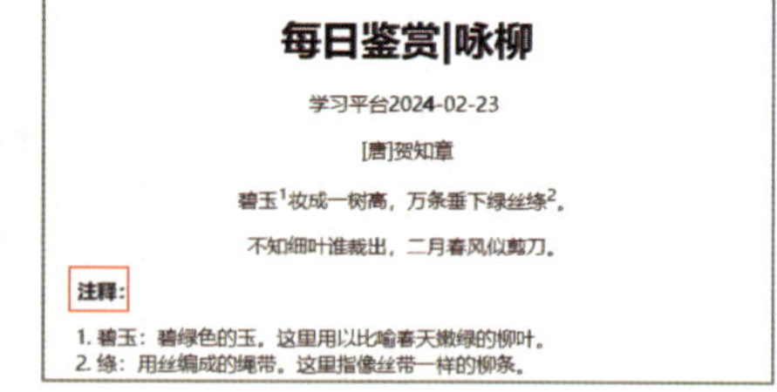

图 1-3-19　网页效果和代码

五、输入赏析、参考并设置格式

1. 输入“赏析:”并设置属性。输入诗句第一句、第二句、第三句和第四句的赏析内容并设置其属性。

2. 输入“参考:”并设置属性。输入参考的具体内容并设置其属性，按组合快捷键 Ctrl+S 保存网页，“赏析”和“参考”具体内容的设置效果及代码如图 1-3-20 所示。

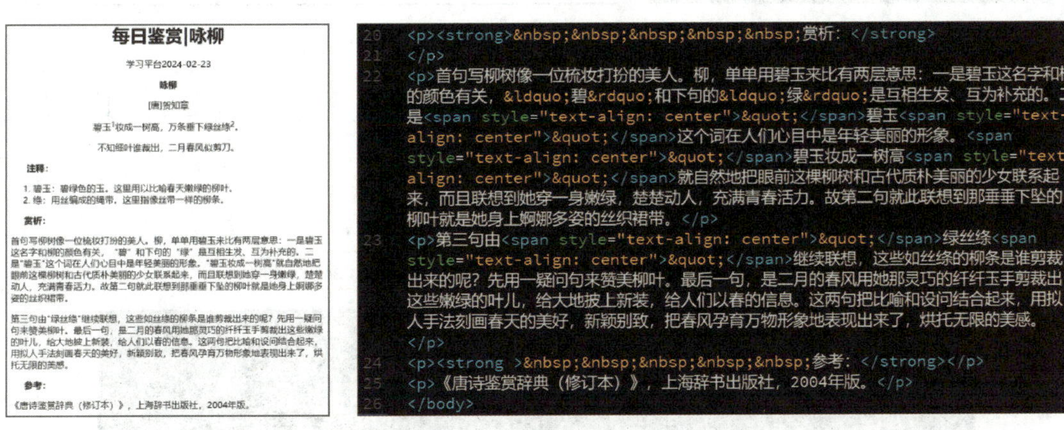

图 1-3-20　“赏析”和“参考”内容的设置效果及代码

六、插入彩色水平线和版权信息并设置格式

1. 在设计视图中移动鼠标光标至文本末尾，按 Enter 键，单击“插入”面板中的“水平线”按钮，插入一条水平线，如图 1-3-21 所示。

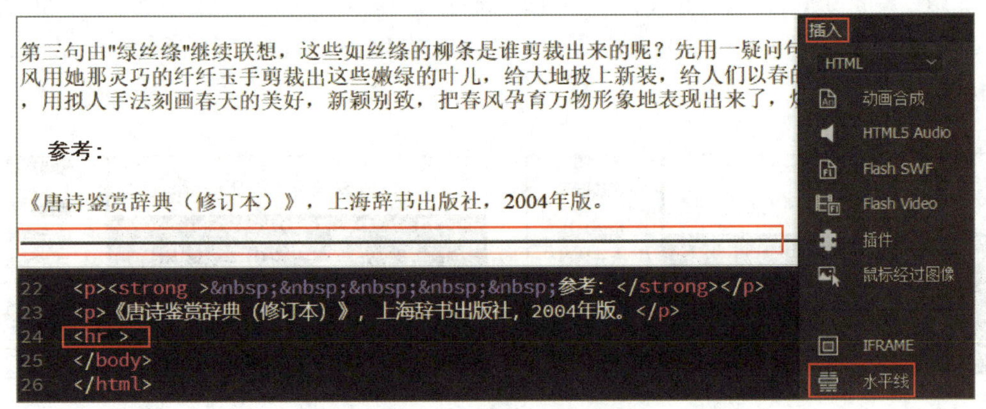

图 1-3-21　插入一条水平线

2. 在代码视图中移动鼠标光标到水平线标签 <hr> 中，按空格键后输入颜色首字母“c”，从弹出的列表中选中“color”选项，并进一步设置水平线颜色为“红色”，如图 1-3-22 所示。

图 1-3-22　设置水平线的颜色为红色

3. 在代码视图中选中“学习平台 2024-02-23”及有关标签，将其剪切并粘贴到水平线之后，如图 1-3-23 所示。

学习平台2024-02-23

```
<p><strong >     参考: </strong></p>
<p>《唐诗鉴赏辞典（修订本）》，上海辞书出版社，2004年版。</p>
<hr  color="#FF0000">
<p style="text-align: center" >学习平台2024-02-23</p>
</body>
```

图 1-3-23　将相关代码移动到水平线代码之后

4. 在“学习平台”前输入文本“版权所有”，单击“插入”面板中“字符”按钮左边的下拉按钮，在弹出的下拉列表中找到“版权”选项并单击，插入“版权”符号，如图 1-3-24 所示。

5. 在“学习平台”前输入文本“注册商标”，用与插入“版权”符号类似的方法插入“注册商标”符号，按组合快捷键 Ctrl+S 保存网页，按 F12 键预览网页效果，如图 1-3-25 所示。

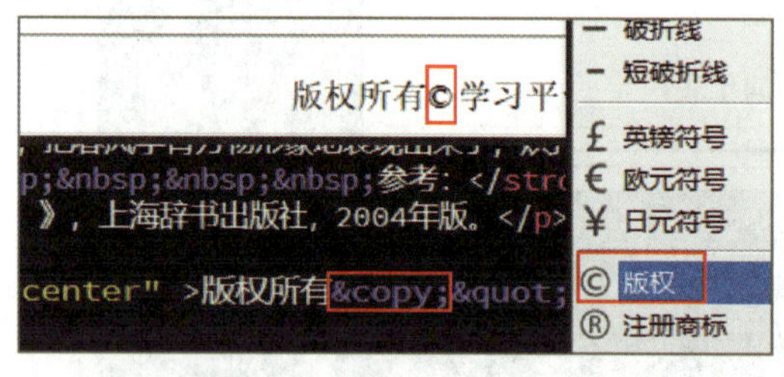

图 1-3-24　插入“版权”符号

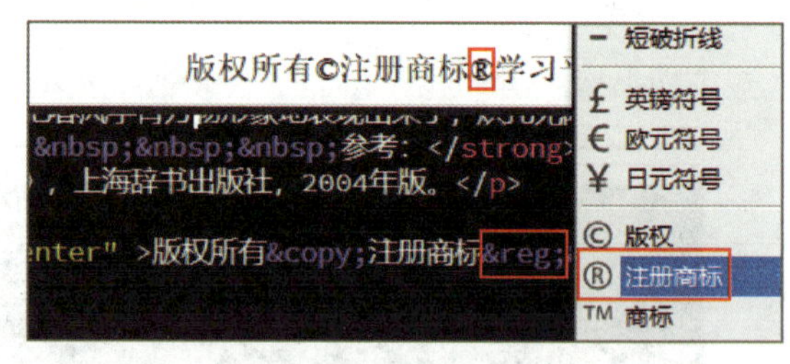

图 1-3-25　插入“注册商标”符号

网页最终效果如图 1-3-1 所示。

巩固练习

制作图 1-3-26 所示效果的网页。

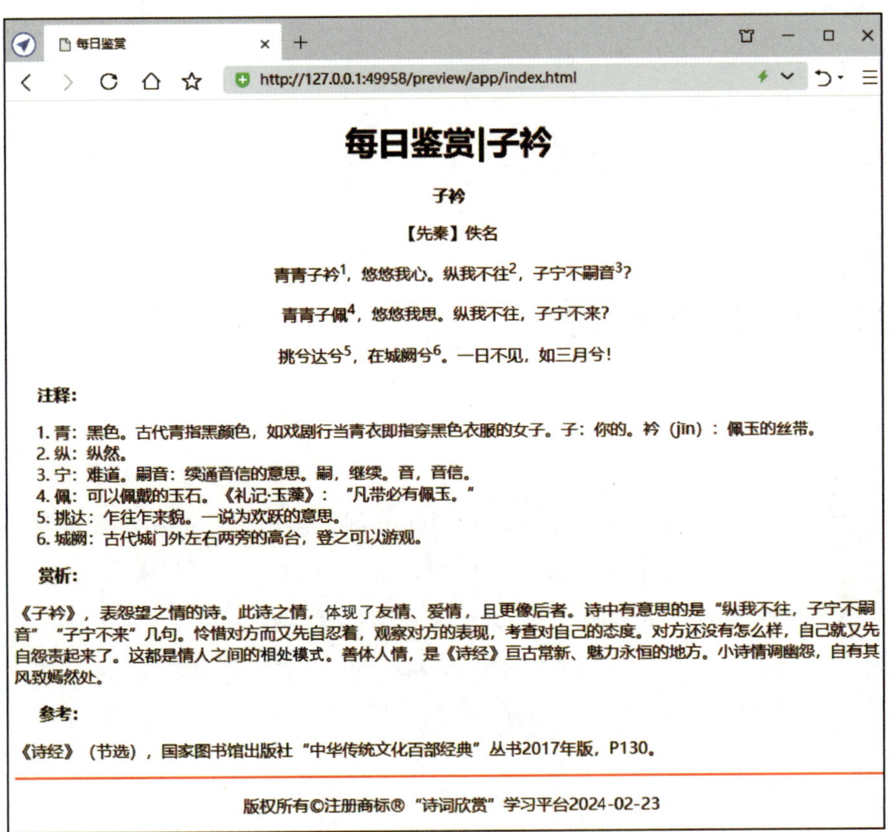

图 1-3-26　网页最终效果

项目二
多媒体元素的应用

网页中用于展示商品和风景等的图像随处可见，短视频、音乐等多媒体元素也屡见不鲜。这些多媒体元素不仅可以丰富网页内容，实现用文本元素实现不了的功能，还可以增强网页的感染力和动感效果，吸引更多的用户浏览。

本项目通过完成“制作元宵节的习俗图文网页”“制作元宵节的习俗多媒体网页”“制作每日鉴赏多媒体网页”等任务，学习图像、视频、音频的应用方法以及图像、文本、视频、音频的混排技巧。

任务 1　制作元宵节的习俗图文网页

1. 了解网页中图像的格式、特点及应用。
2. 能用“插入”面板、“文件”面板插入图像。
3. 能用“属性”面板设置图像的属性，编辑图像的标签及属性代码。

任务描述

本任务是一个图像和文本混排的网页制作实例（见图 2-1-1）。通过本任务的学习，可以掌握使用菜单、组合快捷键、“插入”面板、“文件”面板、“属性”面板、代码视图插入图像并设置图像属性的方法，熟悉网页图文混排的技巧。

元宵节的习俗

元宵节，又称上元节、小正月、元夕或灯节，是中国的传统节日之一，时间为每年农历正月十五。正月是农历的元月，古人称夜为宵，正月十五是一年中第一个月圆之夜，所以称正月十五为元宵节。作为春节的延续和高潮，元宵节承载着人们关于新年的美好期望，是中国人民及海外华人的最具诗情画意和浪漫色彩的传统节日之一，蕴含着丰厚的文化底蕴。

元宵节的形成有一个较长的过程，根源于民间开灯祈福古俗。正月十五元宵节真正作为全国民俗节日是在汉魏之后，正月十五燃灯习俗的兴起也与佛教东传有关，从唐代起，元宵张灯即成为法定之事。

- **吃元宵**

元宵正月十五吃元宵的习俗，在我国由来已久。宋代，民间即流行一种元宵节吃 的新奇食品，这种食品，最早叫浮元子，后称元宵，生意人还美其名曰元宝。元宵以白糖、玫瑰、芝麻、豆沙、黄桂、核桃仁、果仁、枣泥等为馅，用糯米粉包成圆形，可荤可素，风味各异。可汤煮、油炸、蒸食，有团圆美满之意。古时元宵价格比较贵，有一首诗说贵客钩帘看御街，市中珍品一时来。帘前花架无路行，不得金钱不得回。

图 2-1-1　元宵节的习俗图文网页最终效果

相关知识

一、网页中图像的格式

目前，网页中常用的图像格式有 JPEG、GIF、PNG 等，其特点见表 2-1-1。

表 2-1-1　网页中常用的图像格式和特点

图像格式	特点
JPEG	JPEG 是常用的网页文件格式，文件扩展名为 .jpg 或 .jpeg。JPEG 图像格式特别适用于展现色彩丰富、具有连续色调的图像，其缺点是和网页中其他图像格式相比，文件稍大且不支持透明背景

续表

图像格式	特点
GIF	GIF 是一种图像交互格式，可以制作动画，最多可以显示 256 种颜色。GIF 图像格式的特点是文件占用磁盘空间小，支持透明背景、帧动画等。因此，常用于制作小尺寸、色调不连续或具有大面积单一颜色的图像，如 logo、小图标、按钮等
PNG	PNG 图像格式兼具 GIF 和 JPEG 两种图像格式的优点，采用无损压缩的方式，目前已经在网页中广泛使用。PNG 图像格式兼具 GIF 和 JPEG 两种图像格式的色彩模式，支持透明背景，还能把文件大小压缩到极限，以利于网络的传输且图像不失真

二、图像的 HTML 标签和属性

1. 图像的 HTML 标签

图像的 HTML 标签代码示例如下：

```
<img src="images/1-4-hanchuan.jpg" alt="" width="200" height="132">
```

上述示例代码表示插入文件夹“images”中一个名为“1-4-hanchuan.jpg”的图像，图像的宽度和高度分别设为 200 px（像素）和 132 px。其中，src、alt 属性是必需的，src 属性用来规定图像的 URL，alt 属性用来规定图像的替代文本。

2. 图像的属性

图像的属性及说明见表 2-1-2。

表 2-1-2　图像的属性及说明

图像的属性	说明
src	规定插入图像的路径和文件名
alt	规定图像的替代文本
align	HTML5 不支持，用于设置图像相对于周围文本的水平和垂直对齐方式，取值有 top、bottom、middle、left、right
width	规定图像的宽度，单位为 px
height	规定图像的高度，单位为 px
hspace	HTML5 不支持，规定图像左侧和右侧的空白，单位为 px
vspace	HTML5 不支持，规定图像顶部和底部的空白，单位为 px

三、图像的插入方法

要在网页中插入图像，有以下 4 种方法。

1. 单击“插入”面板中的“Image”图标。

2. 单击“插入”→“Image”命令。

3. 按组合快捷键 Ctrl+Alt+I。

4. 在“文件”面板上选择图像文件后，将图像文件拖动到设计视图中图像应放置的位置，如图 2-1-2 所示。

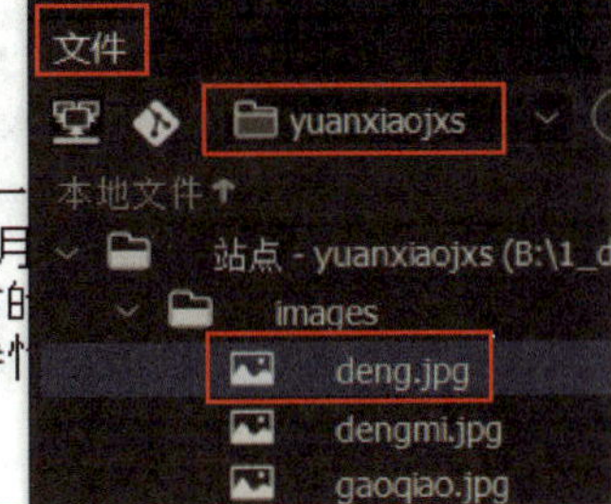

图 2-1-2　从“文件”面板上拖动图像文件到设计视图中

一、新建站点和网页文档

1. 新建站点根文件夹“yxjxs”及子文件夹“images”，将网页中用到的图像存入文件夹“images”中。新建站点，设置名称为“yuanxiaojxs”，设置其本地站点文件夹为“yxjxs”，默认图像文件夹为“images”，如图 2-1-3 所示。

2. 新建名称为“index.html”的网页文件，如图 2-1-3 所示。

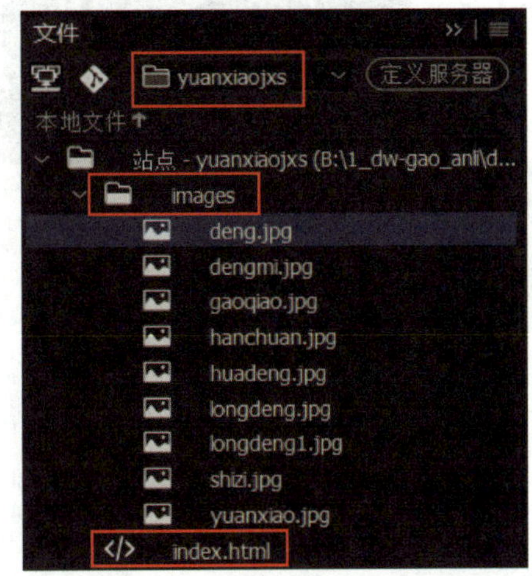

图 2-1-3　新建站点和网页文件

二、输入网页正文并设置格式

1. 在设计视图中输入网页正文标题“元宵节的习俗”，用“属性”（HTML）面板设置其格式为“标题 1”，如图 2-1-4 所示，用“属性”（CSS）面板设置其对齐方式为“居中对齐”。

2. 移动光标到设计视图中的正文标题后，按 Enter 键，输入正文第一段、第二段、第三段内容，在代码视图中将第一段的对齐方式由居中对齐：<p align="center"> 修改为左对齐：<p align="left">，并与第二段比较对齐方式，观察对齐方式的效果与对应的网页代码，如图 2-1-5 所示。

元宵节的习俗
属性
HTML
CSS
格式(F) 标题 1
ID(I) 无
类 无
B
链接(L)
文档标题 无标题文档
<body>
<h1 align="center" >元宵节的习俗 </h1>
</body>

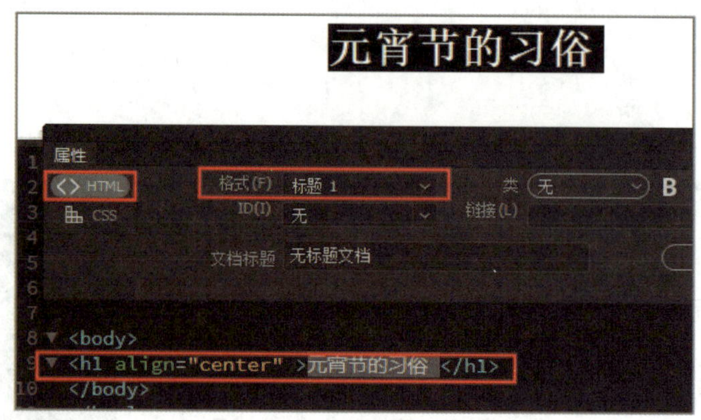

图 2-1-4 输入正文标题并设置其属性

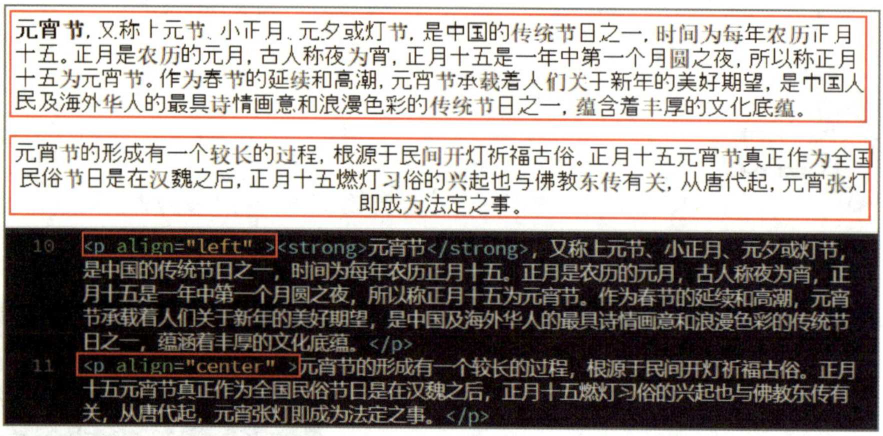

元宵节，又称上元节、小正月、元夕或灯节，是中国的传统节日之一，时间为每年农历正月十五。正月是农历的元月，古人称夜为宵，正月十五是一年中第一个月圆之夜，所以称正月十五为元宵节。作为春节的延续和高潮，元宵节承载着人们关于新年的美好期望，是中国人民及海外华人的最具诗情画意和浪漫色彩的传统节日之一，蕴含着丰厚的文化底蕴。
元宵节的形成有一个较长的过程，根源于民间开灯祈福古俗。正月十五元宵节真正作为全国民俗节日是在汉魏之后，正月十五燃灯习俗的兴起也与佛教东传有关，从唐代起，元宵张灯即成为法定之事。
<p align="left" ><strong>元宵节</strong>，又称上元节、小正月、元夕或灯节，是中国的传统节日之一，时间为每年农历正月十五。正月是农历的元月，古人称夜为宵，正月十五是一年中第一个月圆之夜，所以称正月十五为元宵节。作为春节的延续和高潮，元宵节承载着人们关于新年的美好期望，是中国及海外华人的最具诗情画意和浪漫色彩的传统节日之一，蕴涵着丰厚的文化底蕴。</p>
<p align="center" >元宵节的形成有一个较长的过程，根源于民间开灯祈福古俗。正月十五元宵节真正作为全国民俗节日是在汉魏之后，正月十五燃灯习俗的兴起也与佛教东传有关，从唐代起，元宵张灯即成为法定之事。</p>

图 2-1-5 正文前两段对齐方式效果对比

3. 将第二段、第三段的对齐方式由居中对齐：<p align="center"> 修改为左对齐：<p align="left">。

4. 选择正文第一段开始的三个字“元宵节”，用“属性”面板设置其“加粗”，观察设置效果及对应的网页代码“<strong> 元宵节 </strong>”，如图 2-1-6 所示。

保存网页，按 F12 键预览网页效果，如图 2-1-7 所示。

三、插入图像并设置图像格式

1. 在设计视图中，将光标定位在正文第一段开头，单击“插入”→“Image”命令，在弹出的对话框中选择要插入的图像文件“deng.jpg”，按组合快捷键 Ctrl+S 保存网页，按 F12 键预览网页，如图 2-1-8 所示。

元宵节，又称上元节、小正月、元夕或灯节，是中国的传统节日之一，时间为每年农历正月十五
属性
HTML
CSS
格式(F) 段落
ID(I) 无
类 无
链接(L)
标题(T)
目标(G)
文档标题 无标题文档
页面属性...
<body>
<h1 align="center" >元宵节的习俗 </h1>
<p align="left" ><strong>元宵节</strong>，又称上元节、小正月、元夕或灯节，是中国的传统节日之一，时间为每年农历正月十五。正月是农历的元月，古人称夜为宵，正月十五是一年中第一个月圆之夜，所以称正月十五为元宵节。作为春节的延续和高潮，元宵节承载着人们关于新年的美好期望，是我国最具诗情画意和浪漫色彩的传统节日之一，蕴涵着丰厚的文化底蕴。 </p>

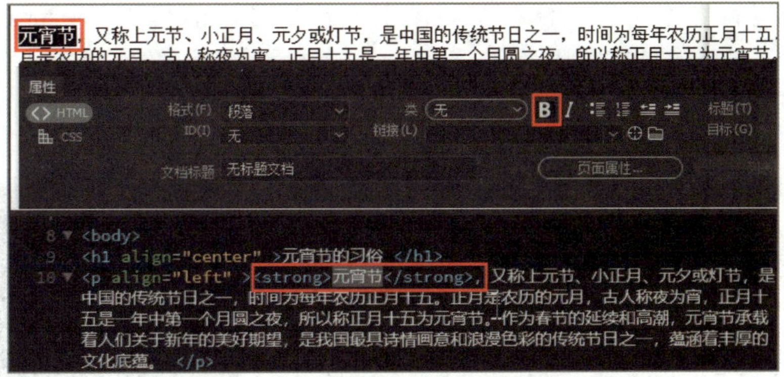

图 2-1-6　设置“元宵节”为“加粗”

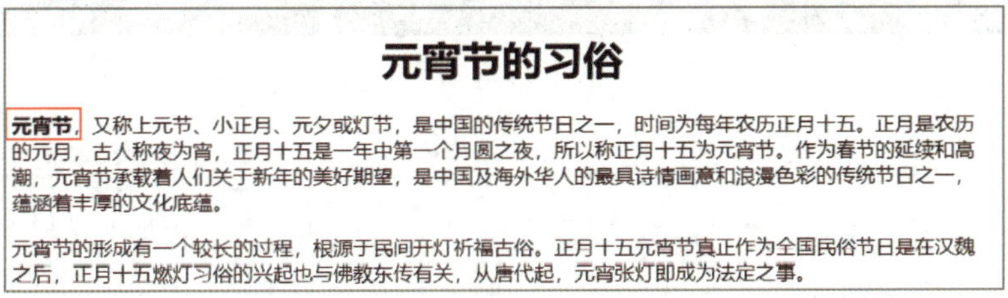

元宵节的习俗
元宵节，又称上元节、小正月、元夕或灯节，是中国的传统节日之一，时间为每年农历正月十五。正月是农历的元月，古人称夜为宵，正月十五是一年中第一个月圆之夜，所以称正月十五为元宵节。作为春节的延续和高潮，元宵节承载着人们关于新年的美好期望，是中国及海外华人的最具诗情画意和浪漫色彩的传统节日之一，蕴涵着丰厚的文化底蕴。
元宵节的形成有一个较长的过程，根源于民间开灯祈福古俗。正月十五元宵节真正作为全国民俗节日是在汉魏之后，正月十五燃灯习俗的兴起也与佛教东传有关，从唐代起，元宵张灯即成为法定之事。

图 2-1-7　在“元宵节”文字上应用“加粗”后的预览效果

2. 从图 2-1-8 中可以看出，该图像文件太大。选择该图像，用“属性”面板设置其“宽”为“200”，则该图像宽度由“width”=“674”改为“width”=“200”；用“属性”面板设置其“高”为“198”，则图像高度由“height”=“670”改为“height”=“198”。确保图像宽、高等比例缩放不变形，如图 2-1-9 所示。

元宵节的习俗

图 2-1-8　插入图像文件“deng.jpg”

属性
Src images/deng.jpg
宽(W) 200 px
高(H) 198 px
<img src="images/deng.jpg" width="200" height="198" alt=""/>

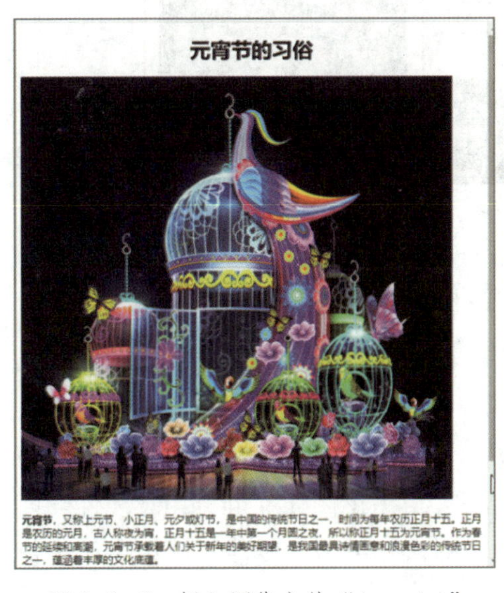

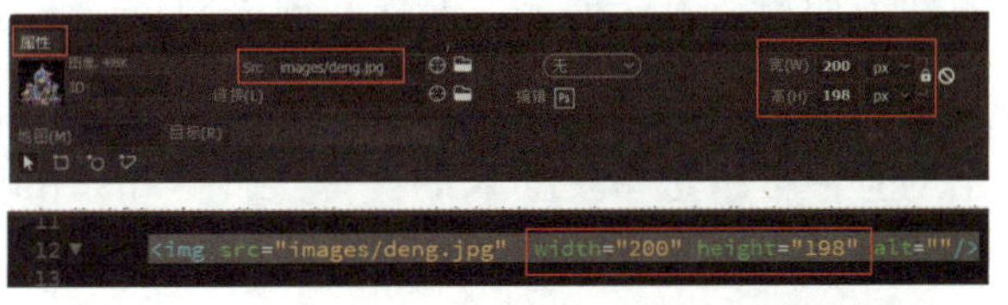

图 2-1-9　用“属性”面板等比例缩放图像效果

3. 在代码视图中，将光标移至该图像文件标签内的代码 src="images/deng.jpg" 之后，输入图像的“对齐”属性代码 align="right"，设置图像位置为“右对齐”，如图 2-1-10 所示。

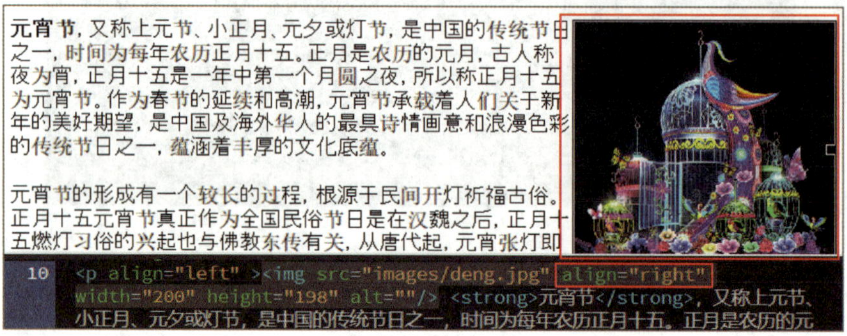

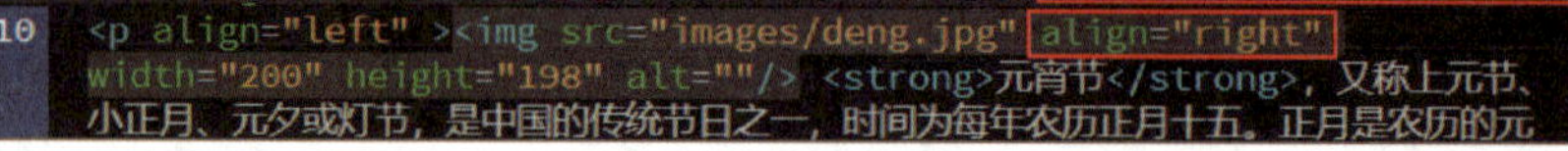

图 2-1-10　设置图像的对齐方式为“右对齐”

4. 从图 2-1-10 中可以看出，该图像文件与周围文本之间的间隔太小。在代码视图中，将光标移至该图像文件的标签内，输入图像“间隔”的属性代码 hspace="10" vspace="10"，设置图像与文本之间的水平间隔和垂直间隔均为 10 px，效果如图 2-1-11 所示。

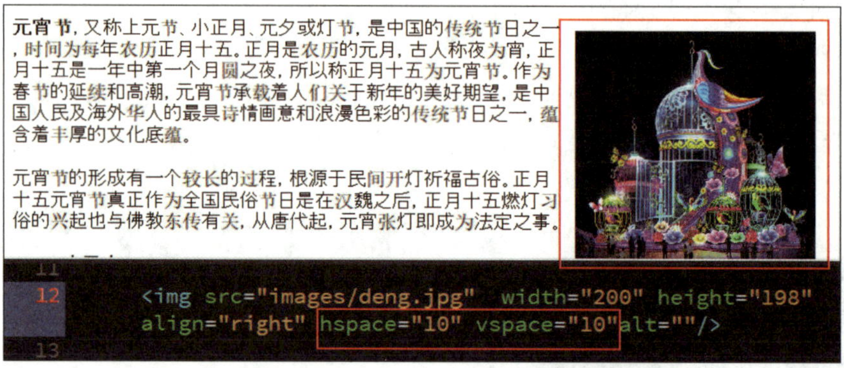

图 2-1-11　设置图像文件与文本之间的水平间隔和垂直间隔

四、输入第四段至第七段内容，设置其格式并插入图像

1. 在输入第四段至第七段的内容后，选中第四段的内容，用“属性”面板设置其属性为加粗、无序列表，保存并预览网页，如图 2-1-12 所示。

2. 在设计视图中，将光标定位在正文第五段开头，按组合快捷键 Ctrl+Alt+I，在弹出的对话框中选择要插入的图像文件“yuanxiao.jpg”，单击该图像文件，用“属性”面板将其图像宽度由 639 px 改为 200 px 并按 Enter 键确认，单击“属性”面板中的“锁定宽高比”按钮，其图像高度由 412 px 自动调整为 128 px，效果如图 2-1-13 所示。

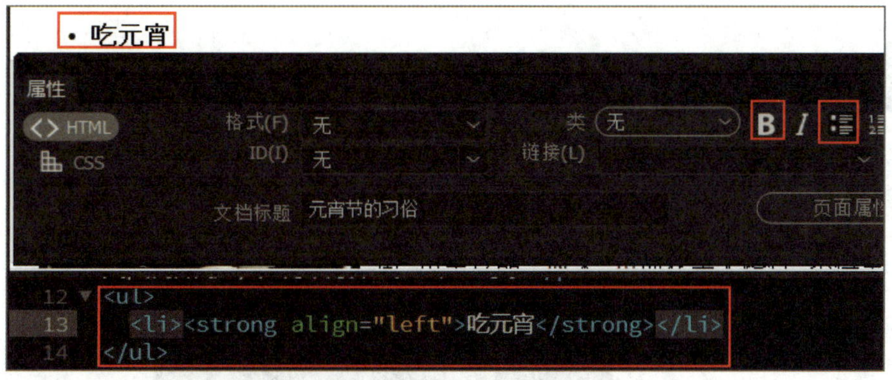

图 2-1-12　设置第四段内容的属性

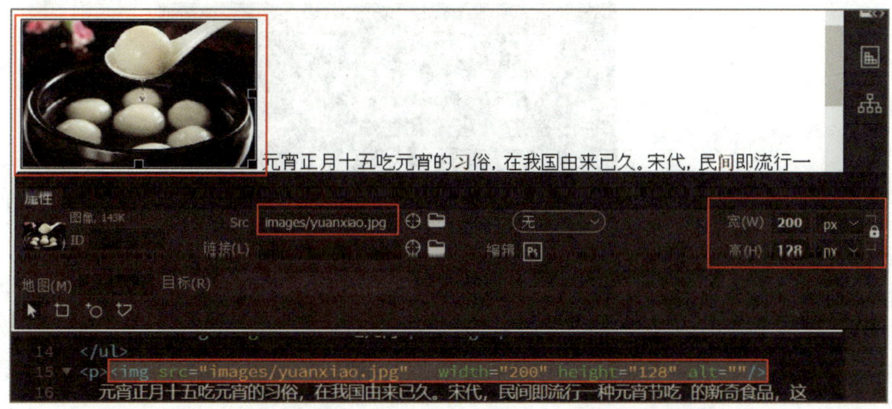

图 2-1-13　用“属性”面板设置图像宽度和高度

3. 在代码视图中输入该图像文件的属性代码 align="left" hspace="10" vspace="10"，设置该图像文件为“左对齐”、该图像文件与文本之间的 hspace 和 vspace 均为 10 px，保存并预览网页，效果如图 2-1-14 所示。

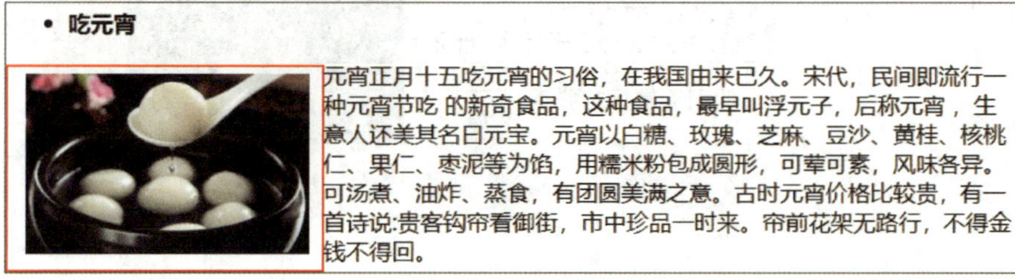

图 2-1-14　设置图像文件属性后的效果

小技巧

利用“文件”面板快速插入图像

1. 在“文件”面板中单击“文件夹”图标左侧的箭头，可展开文件夹，在文件夹中找到所需的图像文件，如图 2–1–15 所示。

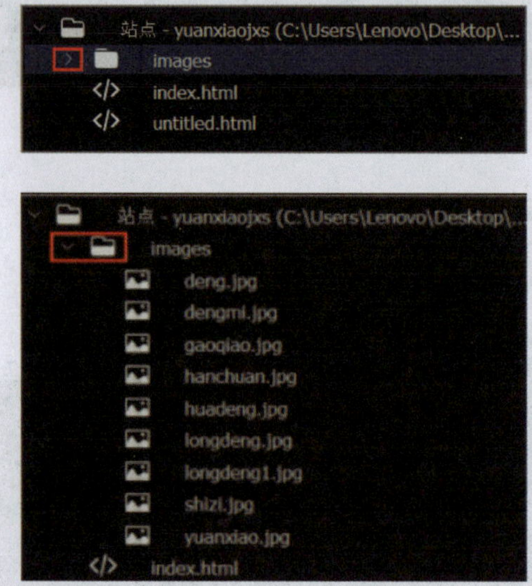

图 2–1–15 在“文件”面板上查找图像文件

2. 移动鼠标指针到“文件”面板中的图像文件上，按住鼠标左键，将图像文件拖动到设计视图中要插入的位置后松开鼠标左键，即可插入图像，如图 2–1–16 所示。

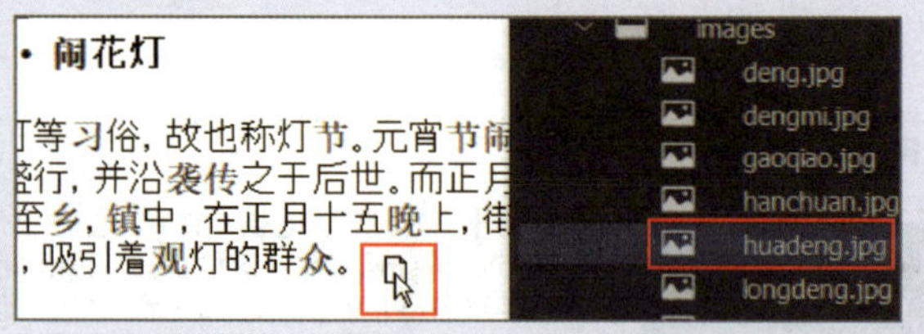

图 2–1–16 从“文件”面板上拖动图像文件到网页中

巩固练习

输入“元宵节的习俗”剩余内容，插入图像文件，用“属性”面板设置其为无序列表，编辑网页代码，设置图像文件的对齐、加粗、hspace 和 vspace 等属性，网页效果如图 2-1-17 所示。

- **闹花灯**

元宵节民间有挂灯、打灯、观灯等习俗，故也称灯节。元宵节闹花灯的习俗，始于西汉，兴盛于隋唐。隋唐以后，历代灯火之风盛行，并沿袭传之于后世。而正月十五，又是一年一度的闹花灯的高潮。在山西的县城一级城廓甚至乡镇中，在正月十五晚上，街头巷尾，红灯高挂，有宫灯、兽头灯、走马灯、花卉灯、鸟禽灯等等，吸引着观灯的群众。

- **猜灯谜**

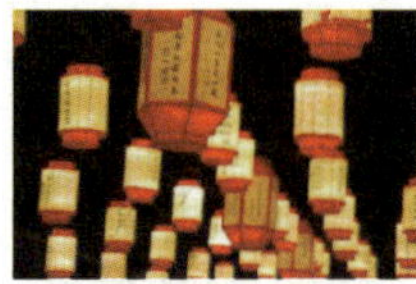

猜灯谜又称打灯谜，是中国独有的富有民族风格的一种传统民俗文娱活动形式，是从古代就开始流传的元宵节特色活动。灯谜最早是由谜语发展而来的，起源于春秋战国时期。它是一种富有讥谏、规戒、诙谐、笑谑的文艺游戏。谜语悬之于灯，供人猜射，开始于南宋。每逢农历正月十五，传统民间都要挂起彩灯，燃放焰火，后来有好事者把谜语写在纸条上，贴在五光十色的彩灯上供人猜。因为谜语能启迪智慧又迎合节日气氛，所以响应的人众多，所以流传过程中深受社会各阶层的欢迎。如今每逢元宵节，成为元宵节不可缺少的节目，各个地方都打出灯谜，希望能喜气洋洋的，平平安安的灯谜增添节日气氛，展现了古代劳动人民的聪明才智和对美好生活的向往。

- **耍龙灯**

耍龙灯，也称舞龙灯或龙舞。它的起源可以追溯上古时代。传说，早在黄帝时期，在一种《清角》的大型歌舞中，就出现过由人扮演的龙头鸟身的形象，其后又编排了六条蛟龙互相穿梭舞蹈场面。见于文字记载的龙舞，是汉代张衡的《西京赋》，作者在百戏的铺叙中对龙舞作了生动的描绘。而据《隋书·音乐志》记载，隋炀帝时类似百戏中龙舞表演的《黄龙变》也非常精彩，龙舞流行于中国很多地方。华夏崇尚龙，把龙作为吉祥的象征。

- **踩高跷**

据古籍中记载，古代的高跷皆属木制，在刨好的木棒中部做一支撑点，以便放脚，然后再用绳索缚于腿部。表演者脚踩高跷，可以作舞剑、劈叉、跳凳、过桌子、扭秧歌等动作。据说踩高跷这种形式，原来是古代人为了生存需要去采集树上的野果为食，给自己的腿上绑两根长棍而发展起来的一种跷技活动。每到农历正月，一队队高跷会，在腰鼓、小锡锣、大小钗的打击乐中穿街而过。一个高跷表演队伍的人数一般十几人。高跷表演者都是传统古代文化中的家喻户晓的人物和戏装打扮。

图 2-1-17　网页效果

任务 2　制作元宵节的习俗多媒体网页

1. 了解网页中视频的格式和特点。
2. 了解视频的标签及属性。
3. 能在网页中插入视频，用“属性”面板设置视频的属性。
4. 能编辑视频的标签和属性代码。

任务描述

本任务是一个视频与文本混排的网页制作实例（见图 2-2-1）。通过本任务的学习，可以掌握利用“插入”面板、“属性”面板、代码视图来插入视频并设置其属性的步骤和技巧。

图 2-2-1　元宵节的习俗多媒体网页最终效果

相关知识

一、网页中常用的视频格式和浏览器支持情况

1. 网页中常用的视频格式

目前，在网页中常用的视频格式有 MP4、Ogg 和 WebM，见表 2-2-1。

表 2-2-1　网页中常用的视频格式及说明

视频格式	说明
MP4	MP4 是一种存储数字音频和数字视频的多媒体文件格式，是高清视频的代表

续表

视频格式	说明
Ogg	Ogg 也是网页所使用的视频格式，采用多通道编码技术，可以在保持编码器的灵活性的同时不损害原本的立体声空间影像
WebM	WebM 的优势在于高度的开放性、免费和压缩效率，使其成为网络视频的选择，由于该视频格式较新，兼容性可能不如一些传统视频格式

2. 浏览器对视频格式的支持情况

目前，主流浏览器对三种视频格式的支持情况见表 2-2-2。

表 2-2-2　主流浏览器对三种视频格式的支持情况

浏览器	视频格式		
	MP4	Ogg	WebM
Internet Explorer 9	是	否	否
Firefox 4.0	否	是	是
Google Chrome 6	是	是	是
Apple Safari 5	是	否	否
Opera 10.6	否	是	是

注："是" 表示浏览器支持该视频格式，"否" 表示浏览器不支持该视频格式。

二、网页中视频的标签和属性

1. 网页中视频的标签

图 2-2-2 所示为网页中视频的标签格式示例。

```
<video width="320" height="240" controls>
        <source src="movie.mp4" type="video/mp4">
        <source src="movie.ogg" type="video/ogg">
        您的浏览器不支持 video 标签。
</video>
```

图 2-2-2　视频的标签格式示例

图 2-2-2 中的代码表示插入一个名为"movie.mp4"的视频，视频的宽度和高度分别设为 320 px 和 240 px，"controls"用于设置 video 标签是否需要显示控制条。其中，"src"和"type"属性是必需的，"src"属性用于指定需要播放的视频地址，"type"属性用于指定视频的类型。

2. 视频的属性

视频的属性及说明见表 2-2-3。

表 2-2-3 视频的属性及说明

视频的属性	说明
autoplay	如果设置了该属性，则视频在就绪后马上播放
controls	如果设置了该属性，则向用户显示控件，如“播放”按钮
height	设置视频播放器的高度
width	设置视频播放器的宽度
loop	如果设置了该属性，则当媒体文件播放完成后，再次开始播放
muted	如果设置了该属性，则视频的音频输出为静音
poster	规定视频正在下载时显示的图像，该图像在用户单击“播放”按钮后消失
src	要播放视频的 URL
preload	如果设置了该属性，则在页面加载时同时加载视频，并预备播放。如果使用 autoplay 属性，则忽略该属性

三、在网页中插入视频的方法

插入视频的方法有以下 4 种。

1. 按组合快捷键 Ctrl+Alt+Shift+V。

2. 单击“插入”面板中的“HTML5 Video”按钮。

3. 单击“插入”→“HTML”→“HTML5 Video”命令。

4. 在代码视图中插入 video 标签。

一、在元宵节的习俗图文网页中插入视频并设置属性

1. 在“我的电脑”中打开本项目任务 1 新建的站点根文件夹“yxjxs”，新建子文件夹“video”，将网页中需用到的视频文件复制到子文件夹“video”中，观察主文件名同为“xisu”但扩展名不同的各视频文件的类型、大小、时长，了解各类型视频文件格式的特点，如图 2-2-3 所示。

2. 打开元宵节的习俗图文网页，在“文件”面板上切换站点名称为“yuanxiaojxs”，展开文件夹“video”，查看视频文件，如图 2-2-4 所示。

« xm2 › rw2 › yxjxs › video　　在 video 中搜索

名称	日期	类型	大小	时长
xisu.webm	2022/2/16 21:39	WEBM 文...	2,884 KB	00:01:23
xisu.Ogg	2022/2/16 21:39	OGG 文件	7,169 KB	00:01:23
xisu.mp4	2022/2/16 21:39	MP4 文件	1,969 KB	00:01:23
wulongdeng.mp4	2022/5/23 10:56	MP4 文件	8,207 KB	00:01:24

图 2-2-3　各类型视频文件格式的比较

文件
yuanxiaojxs　定义服务器
本地文件
站点 - yuanxiaojxs (C:\Users\Lenovo\Desktop\...
images
video
caidengmi.mp4
shanghuadeng.mp4
wulongdeng.mp4
xisu.mp4
xisu.Ogg
xisu.webm
index.html

图 2-2-4　“文件”面板上的视频文件

3. 将光标移至标题“元宵节的习俗”后，按组合快捷键 Ctrl+Alt+Shift+V 插入视频，在拆分视图中查看插入的视频、视频对应的代码、视频的“属性”面板，发现视频标签已插入，但视频文件不存在，如图 2-2-5 所示。

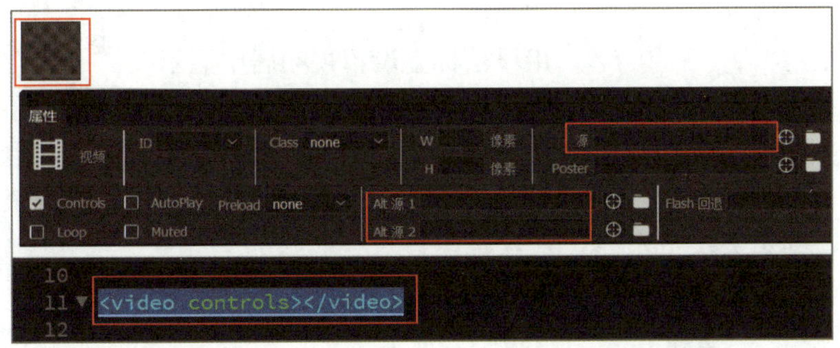

图 2-2-5　插入的视频及 HTML 代码

4. 在设计视图中选中刚插入的视频，单击“属性”面板中“源”文本框后面的“浏览”按钮，在弹出的对话框中选择要插入的视频文件“xisu.mp4”，观察设计视图中视频的变化、“属性”面板的变化以及代码视图中视频标签及属性的变化，如图 2-2-6 所示。

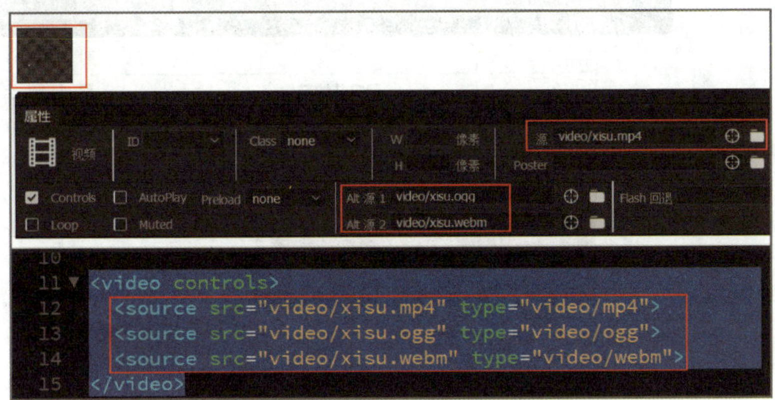

图 2-2-6　用“属性”面板设置视频的“源”属性

5. 按组合快捷键 Ctrl+S 保存网页，按 F12 键在默认浏览器中预览网页中插入的视频，如图 2-2-7 所示，单击视频左下方的“播放”按钮，可观看该视频。

图 2-2-7　在默认浏览器中预览视频

小技巧

用段落标签设置视频居中显示

1. 观察图 2-2-7，可发现视频在网页中未居中显示，在视频的“属性”面板中没有“对齐”按钮，于是在代码视图的视频标签中添加“居中对齐”属性（align="center"），保存并预览网页，效果如图 2-2-8 所示，发现视频仍未居中显示。

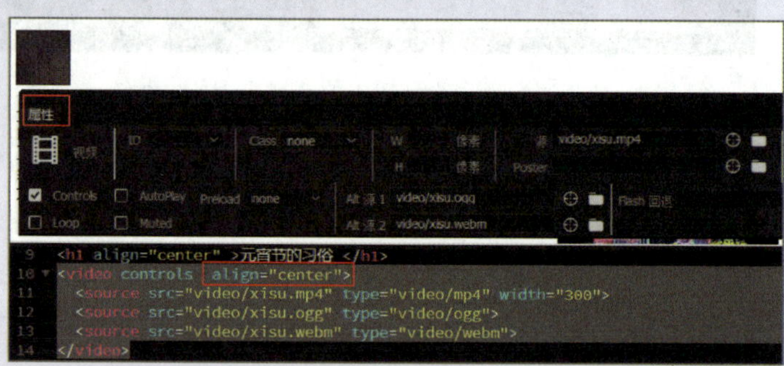

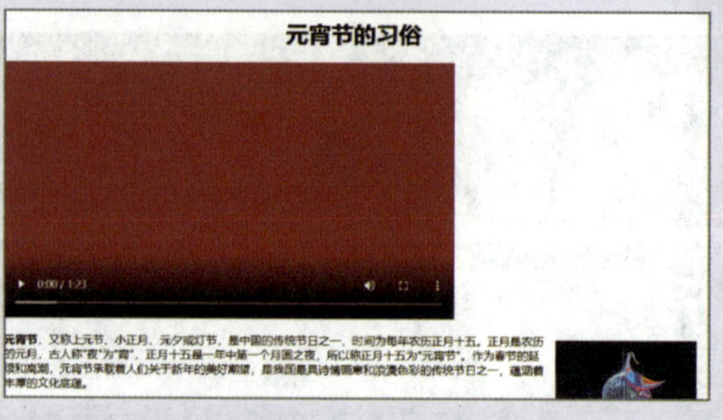

图 2-2-8　为视频标签添加“居中对齐”属性

2. 在代码视图中选中该视频的相关代码，单击“插入”面板中的“段落”按钮，插入段落标签，将光标移至代码视图中刚插入的段落标签内并按空格键，从弹出的下拉列表中选择对齐属性和值（align="center"），添加“居中对齐”属性，保存并预览网页，效果如图 2-2-9 所示，视频已居中显示。

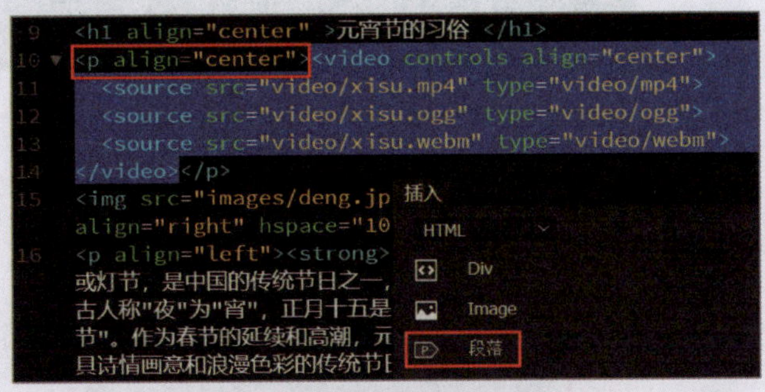

图 2-2-9　为视频添加段落标签并设置“居中对齐”属性

二、设置视频属性并测试各种浏览器对视频的支持情况

1. 在代码视图中将光标定位到“<video”后，按空格键，从弹出的下拉列表中选择“autoplay”属性，设置视频自动播放。然后按空格键，从弹出的下拉列表中选择“loop”属性，设置视频重复播放。预览网页，可发现视频加载后，无须单击“播放”按钮就会自动重复播放。观察“属性”面板，发现“Autoplay”与“Loop”复选框均被选中，如图 2-2-10 所示。

2. 在代码视图中选中代码 <source src="video/xisu.ogg" type="video/ogg"><source src="video/xisu.webm" type="video/webm">，单击左侧工具栏上的“应用注释”下拉列表中的“应用 HTML 注释”，被选中的代码将变为注释而不起作用，仅保留视频代码“video/xisu.mp4”起作用。保存网页后，按 F12 键在 Google Chrome 浏览器中预览网页，可看到 MP4 视频格式能正常播放，如图 2-2-11 所示。

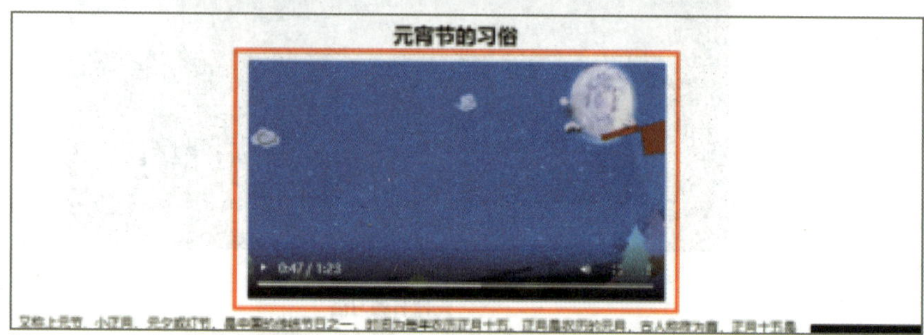

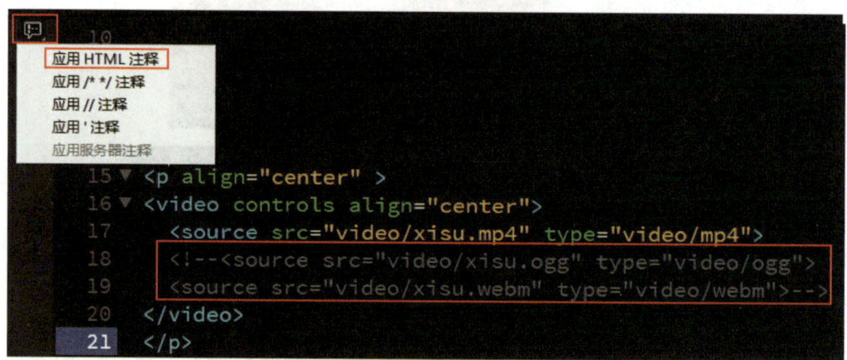

图 2-2-10　用“属性”面板设置视频自动和重复播放

图 2-2-11　测试 Google Chrome 浏览器对 MP4 视频格式的支持情况

3. 采用类似的方法，可分别测试 Google Chrome 浏览器及计算机上安装的其他浏览器对视频“video/xisu.ogg”和“video/xisu.webm”的支持情况。

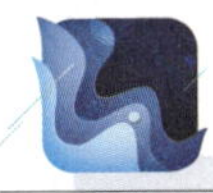

小技巧

复制并修改代码，快速插入视频“shanghuadeng. mp4”

在代码视图中找到并选中已插入视频“xisu.mp4”的有关代码，修改其宽度和高度，按组合快捷键 Ctrl+C 复制代码，移动光标至新插入视频“shanghuadeng.mp4”代码出现的位置并粘贴网页代码，修改粘贴后代码中视频文件的主文件名和扩展名为“shanghuadeng.mp4”，取消自动播放属性，可根据需要修改视频文件的对齐方式、宽度和高度，如图 2-2-12 所示。保存网页并预览效果，如图 2-2-13 所示。

```
<p align="center">
<video width="500" height="290" controls="controls" autoplay="autoplay" loop="loop" >
  <source src="video/xisu.mp4" type="video/mp4" width="300">
  <!--<source src="video/xisu.ogg" type="video/ogg">
  <source src="video/xisu.webm" type="video/webm">-->
</video></p>
<img src="images/deng.jpg" hspace="10" vspace="10" align="right" width="200" height="198" alt=""/>
<p align="left" ><strong>元宵节</strong>，又称上元节、小正月、元夕或灯节，是中国的传统节日之一，时间为每年农历正月十五。正月是农历的元月，古人称夜为宵，正月十五是一年中第一个月圆之夜，所以称正月十五为元宵节。作为春节的延续和高潮，元宵节承载着人们关于新年的美好期望，是我国最具诗情画意和浪漫色彩的传统节日之一，蕴涵着丰厚的文化底蕴。</p>
<p align="left" >元宵节的形成有一个较长的过程，根源于民间开灯祈福古俗。据一般的资料与民俗传说，正月十五在西汉已经受到重视，不过正月十五元宵节真正作为全国民俗节日是在汉魏之后。正月十五燃灯习俗的兴起也与佛教东传有关，唐朝时佛教大兴，仕官百姓普遍在正月十五这一天燃灯供佛，佛家灯火于是遍布民间，从唐代起，元宵张灯即成为法定之事。</p>
<p align="left" >元宵节是中国及海外华人的传统节日之一。元宵节主要有赏花灯、吃汤圆、猜灯谜、放烟花等一系列传统民俗活动。此外，不少地方元宵节还增加了游龙灯、舞狮子、踩高跷、划旱船、扭秧歌、打太平鼓等传统民俗表演。 </p>
<ul>  <li><strong>吃元宵</strong></li></ul>
<p>  <img src="images/yuanxiao.jpg" hspace="10" vspace="10" align="left" width="200" height="128" alt=""/>元宵正月十五吃元宵，元宵作为食品，在我国也由来已久。宋代，民间即流行一种元宵节吃 的新奇食品。这种食品，最早叫浮元子后称元宵 ，生意人还美其名日元宝。元宵即汤圆以白糖、玫瑰、芝麻、豆沙、黄桂、核桃仁、果仁、枣泥等为馅，用糯米粉包成圆形，可荤可素，风味各异。可汤煮、油炸、蒸食，有团圆美满之意。陕西的汤圆不是包的，而是在糯米粉中滚成的，或煮司或油炸，热热火火，团团圆圆。</p>
<p>元宵作为食品，在中国也由来已久。宋代，民间即流行一种元宵节吃的新奇食品。这种食品，最早叫浮元子后称元宵，生意人还美其名日元宝。古时元宵价格比较贵，有一首诗说:贵客钩帘看御街，市中珍品一时来。帘前花架无路行，不得金钱不得回。</p>
<p>北方滚元宵，南方包汤圆，这是两种做法和口感都不同的食品。</p>
<p align="center">
<video width="500" height="290" controls="controls" >
  <source src="video/shanghuadeng.mp4" type="video/mp4">
 <!-- <source src="video/shanghuadeng.ogg" type="video/ogg">-->
</video></p>
```

图 2-2-12　复制视频代码并粘贴后更改视频文件名

图 2-2-13　插入视频后的网页效果

插入猜灯谜、舞龙灯视频，设置属性并修改代码，预览网页效果，如图 2-2-14 所示。

图 2-2-14　插入猜灯谜、舞龙灯视频后的网页预览效果

任务 3　制作每日鉴赏多媒体网页

1. 了解网页中音频的作用、格式、标签及属性。
2. 了解鼠标经过图像的形式和特点，能插入鼠标经过图像。
3. 能插入 HTML Audio 元素，并用“属性”面板设置其属性。
4. 能编辑 HTML Audio 元素的标签和属性代码。

本任务是一个音频和鼠标经过图像的网页制作实例（见图 2-3-1）。通过本任务的学习，可以掌握使用“插入”面板、“属性”面板、代码视图来插入音频并设置其属性的步骤和技巧。

图 2-3-1　每日鉴赏多媒体网页最终效果

一、网页中的音频

1. 网页中常用的音频格式

HTML5 规定了一种通过 audio 元素来包含音频的标准方法，目前，audio 元素支持 Ogg、MP3 和 WAV 三种音频格式，其音频格式及特点见表 2-3-1。

表 2-3-1 网页中常用的音频格式及特点

音频格式	特点
Ogg	Ogg 正式名称为 Ogg Vorbis，其编码格式远比 MP3 格式先进，采用了先进的有损音频压缩格式，可以在相对较低的数据传输速率下实现比 MP3 格式更好的音质
MP3	MP3 格式的音频音质好，对于相同时间长度的音频文件，用 MP3 格式存储文件的大小一般只有 WAV 格式文件的 1/10。MP3 格式的音频音质也仅次于 CD 格式和 WAV 格式，因为它采用了有损压缩技术，只能编码双声道
WAV	WAV 格式的音频质量和 CD 格式相差无几，是目前计算机上广为流行的音频文件格式，几乎所有的音频编辑软件都能识别 WAV 格式，它采用了无损压缩技术，缺点是文件过于庞大

2. 网页音频标签

网页音频标签格式举例如下：

```
<audio controls=controls>
    <source src="Audio/yongliu_du.mp3" type="audio/mp3">
    <source src="Audio/yongliu_du.ogg" type="audio/ogg">
    <source src="Audio/yongliu_du.wav" type="audio/wav">
    您的浏览器不支持 audio 标签。
</audio>
```

上述代码表示插入文件名为“yongliu_du.mp3”“yongliu_du.ogg”“yongliu_du.wav”的三种格式的音频文件。其中“src”和“type”属性是必需的，“src”属性用于指定需要播放的音频文件地址，“type”属性用于指定音频的类型，“controls”用于设置是否需要显示控制条。

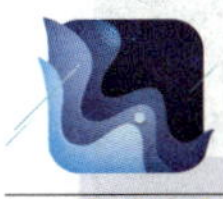

小技巧

不同的浏览器对音频格式的支持是不一致的，为了确保能在尽可能多的浏览器中播放视频，插入了三种格式的音频文件，HTML5 <audio> 元素会尝试以 mp3、ogg 或 wav 格式中的一种来播放音频，如果播放失败，则显示“您的浏览器不支持 audio 标签。”。

3. 网页音频标签的属性

网页音频标签的属性及说明见表 2-3-2。

表 2-3-2　网页音频标签的属性及说明

属性	说明
autoplay	如果设置该属性，则音频在就绪后马上播放
controls	如果设置该属性，则向用户显示控件，如“播放”按钮
loop	如果设置该属性，则当音频文件播放完成后再次开始播放
preload	如果设置该属性，则音频在页面加载时同时加载，并准备播放。如果使用 autoplay 属性，则忽略该属性
src	要播放的视频的 URL

4. 插入音频的方法

（1）单击“插入”面板中的“HTML5 Audio”按钮。

（2）单击“插入”→“HTML”→“HTML5 Audio”命令。

（3）在代码视图中插入 Audio 标签。

二、鼠标经过图像

1. 鼠标经过图像的含义

在预览的网页中，当鼠标指针移到某一图像上时，该图像就变成了另一幅图像；而当鼠标指针移开时，该图像又恢复成原来的图像，这就是所谓的鼠标经过图像。

要制作鼠标经过图像，需要用到两张大小相同而内容不同的图像。

2. “鼠标经过图像”对话框

执行下列方法之一，均可打开“鼠标经过图像”对话框。

（1）单击“插入”→“HTML”→“鼠标经过图像”命令。

（2）单击“插入”面板上的“鼠标经过图像”按钮，如图 2-3-2 所示。

图 2-3-2 “鼠标经过图像”按钮

一、在“每日鉴赏 | 咏柳”网页中插入鼠标经过图像

1. 新建站点根文件夹“yongliudmt”，在其中新建子文件夹“images”和“Audio”，将网页中用到的图像、音频分别存入对应的文件夹中，比较音频文件的格式、大小、时长等信息，体会各音频格式的特点，如图 2-3-3 所示。

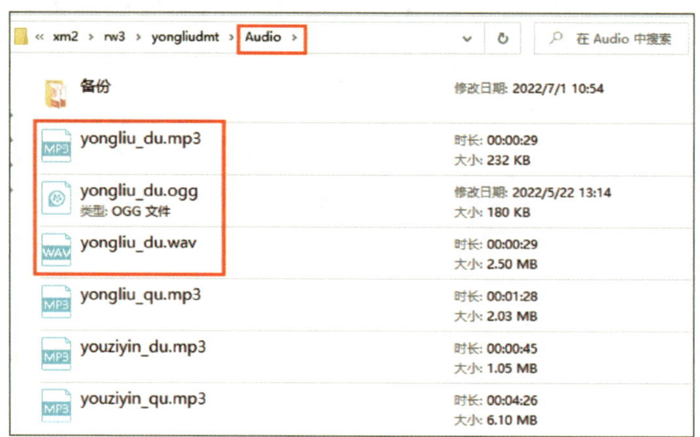

图 2-3-3 音频格式比较

2. 新建站点“yongliudmt”，设置默认图像文件夹为“images”，将项目一任务 3 中创建的网页文件“index.html”复制到该站点根目录中，如图 2-3-4 所示。

3. 打开网页文件“index.html”，在设计视图中移动光标至“贺知章”后，按 Enter 键另起一段，单击“插入”面板上的“鼠标经过图像”按钮，在弹出的“插入鼠标经过图像”对话框中单击“原始图像”文本框后面的“浏览”按钮，在弹出的对话框中选择原始图像文件“yongliu.png”。单击“鼠标经过图像”文本框后面的“浏览”按钮，在弹出的对话框中选择鼠标经过图像文件“yongliu.jpg”，单击“确定”按钮，如图 2-3-5 所示。

保存并预览网页效果，如图 2-3-6 所示。

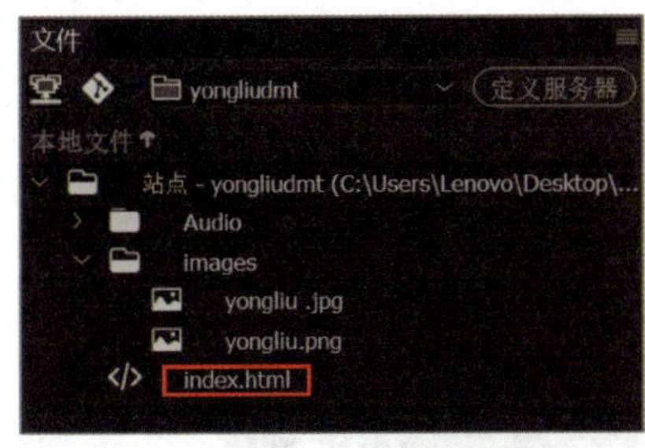

图 2-3-4　新建站点“yongliudmt”并复制文件“index.html”

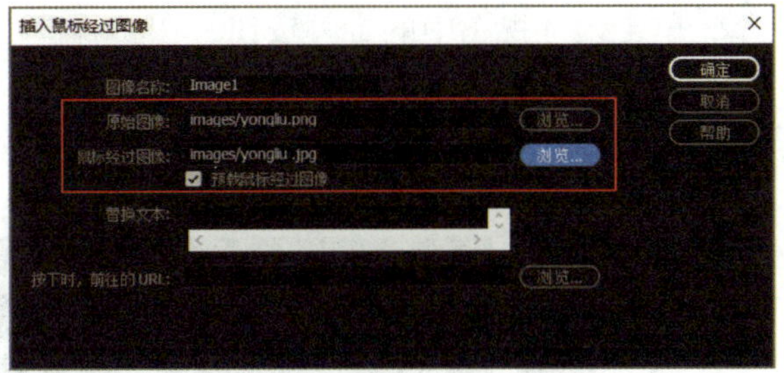

图 2-3-5　“插入鼠标经过图像”对话框

a）

b）

图 2-3-6　网页预览效果

a）原始图像网页　b）鼠标经过图像网页

二、在鼠标经过图像下面插入音频

1. 在设计视图中将光标移至“鼠标经过图像”的下一行，按 Enter 键另起一段，单击“插入”面板上的“HTML5 Audio”图标，音频的“属性”面板及插入的音频和音频代码如图 2-3-7 所示。

图 2-3-7　音频的“属性”面板及插入的音频和音频代码

2. 单击设计视图中的音频按钮，在“属性”面板上“源”文本框后面单击“浏览”按钮，在弹出的对话框中选择所需的音频文件“yongliu_du.mp3”，单击“确定”按钮，查看代码和“属性”面板，如图 2–3–8 所示。

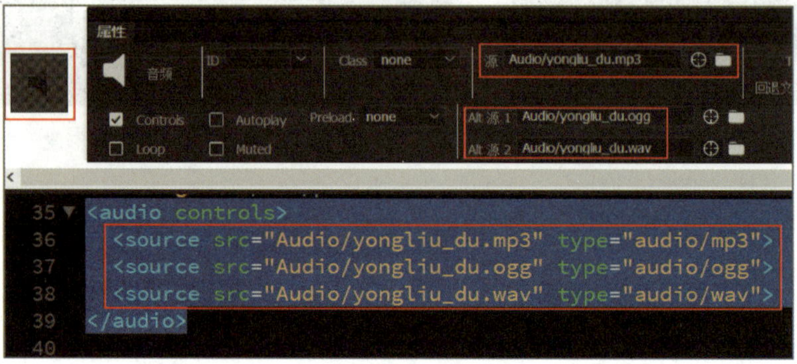

```
<audio controls>
  <source src="Audio/yongliu_du.mp3" type="audio/mp3">
  <source src="Audio/yongliu_du.ogg" type="audio/ogg">
  <source src="Audio/yongliu_du.wav" type="audio/wav">
</audio>
```

图 2–3–8　用“属性”面板设置音频属性

3. 按组合快捷键 Ctrl+S 保存网页，按 F12 键在默认的 Google Chrome 浏览器中预览网页中插入的音频。查看音频播放控件，发现控件未居中放置，如图 2–3–9 所示。

图 2–3–9　预览插入的音频文件

三、设置音频属性并测试浏览器支持情况

1. 在代码视图中将光标定位到“<audio”后按空格键，在弹出的下拉列表中选择属性“autoplay”，输入“=”和属性值“autoplay”，设置音频自动播放；按空格键，在弹出的下拉列表中选择属性“loop”，输入“=”和属性值“loop”，设置音频自动重复播放。观察“属性”面板，发现“Autoplay”与“Loop”复选框均被选中了，如图 2–3–10 所示。

保存网页并按 F12 键，在默认的 360 浏览器中预览网页，可看到音乐控制面板，可听到音频自动重复播放，如图 2–3–11 所示。

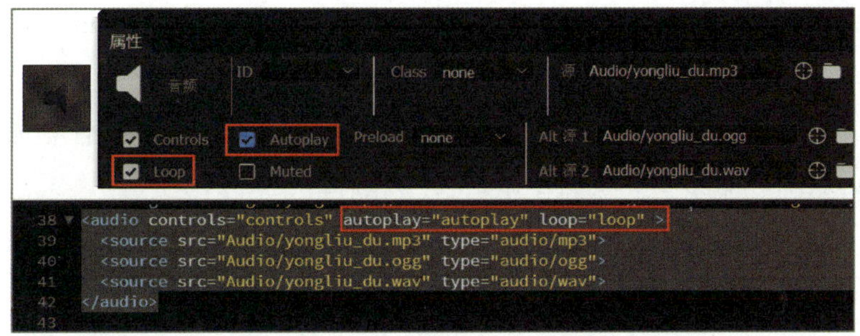

图 2-3-10　设置音频自动和重复播放的“属性”面板和代码

图 2-3-11　预览音频的自动和重复播放效果

2. 在代码视图中选中代码 <source src="Audio/yongliu_du.ogg" type="audio/ogg"> <source src="Audio/yongliu_du.wav" type="audio/wav">，添加“注释标记”使其失去作用，仅保留音频“Audio/yongliu_du.mp3”。保存网页并按 F12 键，在默认的 360 浏览器中预览网页，可看到音频能正常播放，说明 Google Chrome 浏览器支持 MP3 音频格式，如图 2-3-12 所示。

图 2-3-12　测试 Google Chrome 浏览器支持 MP3 音频格式情况

还可测试Google Chrome浏览器对其他两类视频“Audio/yongliu_du.wav”和“Audio/yongliu_du.ogg”的支持情况。

3. 仿照项目二任务2，插入段落标签并设置居中对齐属性，使音频居中对齐，保存网页并预览效果，如图2-3-1所示。

小技巧

利用音频属性设置背景音乐效果

切换到拆分视图，在代码视图中删去上述音频属性代码中的“controls”，保存并预览网页效果，会发现音频控件不见了，但可以听到音频，变成了背景音乐，其网页预览效果如图2-3-13所示。

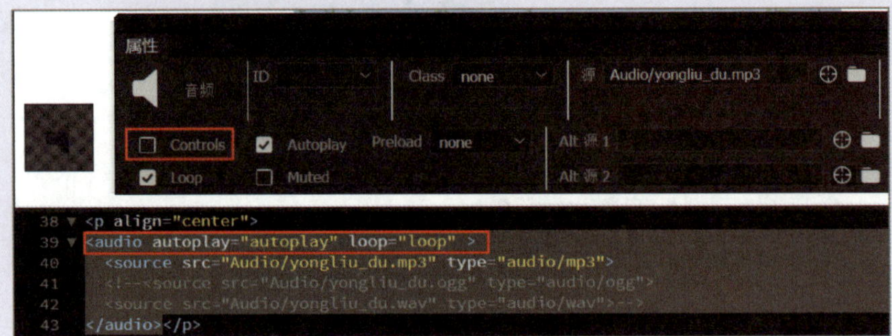

a）

b）

图2-3-13 利用音频属性设置背景音乐

a）删去音频属性代码中的“controls” b）预览网页中无音频控件

仿照上述任务 3 的步骤，在网页中插入音频和鼠标经过图像，制作每日鉴赏 | 游子吟多媒体网页，效果如图 2-3-14 所示。

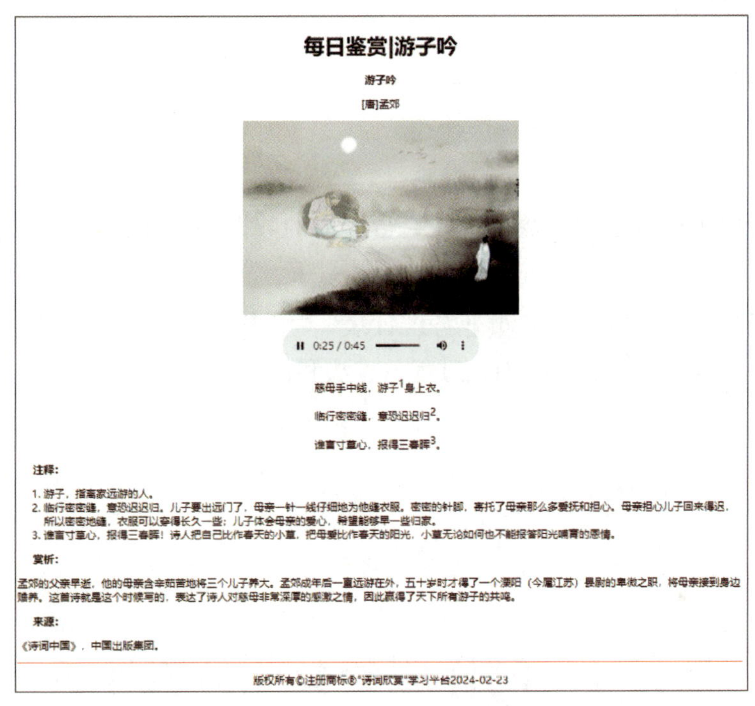

图 2-3-14　每日鉴赏 | 游子吟多媒体网页效果

项目三
表格的应用

网页中常用表格显示列表数据或从后台读取的数据。此外，表格也是初学者学习网页布局最好用的工具。

本项目通过完成“制作服务员业务统计表”“用表格布局个人博客主页”等任务，学习数据表格及网页布局表格的创建过程、方法和技巧。

任务 1　制作服务员业务统计表

1. 了解表格的基本结构、相关标签和属性。
2. 能插入和编辑表格，用“属性”面板设置表格和单元格属性。
3. 能编辑表格相关的标签和属性代码。

本任务是一个服务员业务统计表的制作实例（见图 3-1-1）。通过本任务的学习，可以掌握使用“插入”面板、“属性”面板、代码视图来制作数据表格的过程和技巧，

熟悉表格的构成、相关属性和配色技巧。

服务员业务统计表

姓名		受理数	自办数	解答数	拟办意见		返回修改		工单类型		
					同意	比例	数量	比例	建议件	诉求件	咨询件
受理处	李艳										
	总计										
话务组	张丽										
	总计										

图 3-1-1　服务员业务统计表

一、表格的基本结构、相关标签和属性

1．表格的基本结构

表格中横向的多个单元格构成行，纵向的多个单元格构成列。

2．表格的相关标签和属性

（1）表格的相关标签

表格的相关标签及说明见表 3-1-1。

表 3-1-1　表格的相关标签及说明

表格的相关标签	说明
<table></table>	每张表格从 <table> 开始，到 </table> 结束
<th></th>	用该标签设置的列标题以粗体显示，可根据需要选用
<tr></tr>	设置表格中的一个行，每行从 <tr> 开始，到 </tr> 结束，表格中有多少对 <tr></tr>，就有多少行
<td></td>	设置表格中的一个单元格，每个单元格从 <td> 开始，到 </td> 结束，每行有多少对 <td></td>，该行就有多少个单元格

（2）表格标签的属性

表格标签的属性及说明见表 3-1-2。

表 3-1-2 表格标签的属性及说明

属性	说明
width	定义表格宽度，单位为 px 或百分比
height	定义表格高度，单位为 px 或百分比
align	定义表格的对齐方式，其值为 left、center、right，默认为左对齐
border	定义表格边框线的粗细，单位为 px 或百分比
cellspacing	定义单元格之间的距离，单位为 px
cellpadding	定义单元格内容和单元格边框线之间的距离，单位为 px
bgcolor	定义表格的背景颜色，其值为 rgb（×，×，×）、#×××××× 或颜色名称（如“red”）
background	定义表格的背景图像

（3）单元格标签的属性

单元格标签的属性及说明见表 3-1-3。

表 3-1-3 单元格标签的属性及说明

属性	说明
width	定义单元格宽度，单位为 px 或百分比
height	定义单元格高度，单位为 px 或百分比
align	定义单元格内容的水平对齐方式，其值为 left、center、right、justify，默认为左对齐
valign	定义单元格内容的垂直对齐方式，其值为 top、middle、bottom、baseline，默认为居中对齐
colspan	定义单元格可横跨的列数
rowspan	定义单元格可纵跨的行数
nowrap	定义单元格中的内容是否自动换行
bgcolor	定义单元格的背景颜色，其值为 rgb（×，×，×）、#×××××× 或颜色名称（如“red”）
background	定义单元格的背景图像

二、表格的创建方法

1. 在设计视图中，将光标移动到表格要插入的位置。

2. 使用以下三种方法之一，可打开图 3-1-2 所示的“Table”对话框。

（1）单击“插入”→“Table”命令。

（2）单击“插入”面板中的“Table”按钮（见图 3-1-3）。

（3）按组合快捷键 Ctrl+Alt+T。

3. 在图 3-1-2 所示的“Table”对话框中根据需要输入相关内容并选择相关选项，然后单击“确定”按钮，即可创建表格。

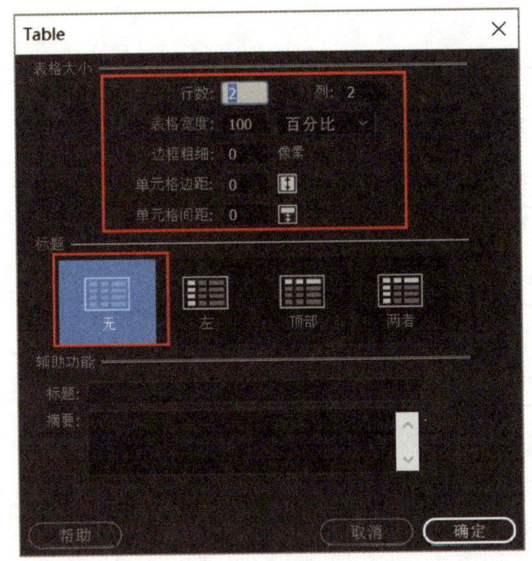

图 3-1-2　“Table”对话框

图 3-1-3　“插入”面板中的“Table”按钮

三、表格及表格元素的选取方法

1. 选取整张表格

使用以下 4 种方法之一，可选取整张表格。

（1）单击表格内的任意单元格，选择“编辑”→“表格”→“选择表格”命令。

（2）在任意单元格中单击鼠标右键，在弹出的快捷菜单中选择“表格”→“选择表格”命令。

（3）将光标置于表格内，然后单击标签选择器中的 table 标签，即可选取整张表格。

（4）将鼠标指针移至表格的左上角、表格的上边缘或下边缘的任何位置、行或列的边框上，当鼠标指针变成图 3-1-4 所示形状时，单击即可选取整张表格。

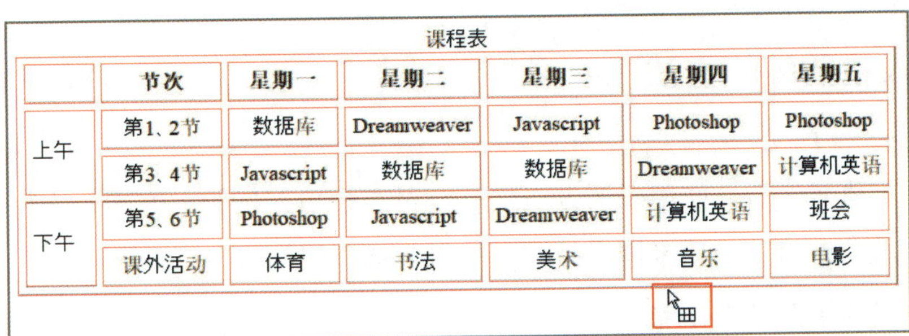

课程表

	节次	星期一	星期二	星期三	星期四	星期五
上午	第1、2节	数据库	Dreamweaver	Javascript	Photoshop	Photoshop
	第3、4节	Javascript	数据库	数据库	Dreamweaver	计算机英语
下午	第5、6节	Photoshop	Javascript	Dreamweaver	计算机英语	班会
	课外活动	体育	书法	美术	音乐	电影

图 3-1-4　选取整张表格

2. 选取整列

使用以下两种方法之一，可选取整列。

（1）将鼠标指针置于要选取的列上边框，当鼠标指针变成图 3-1-5 所示的选定箭头时，单击即可选取整列。

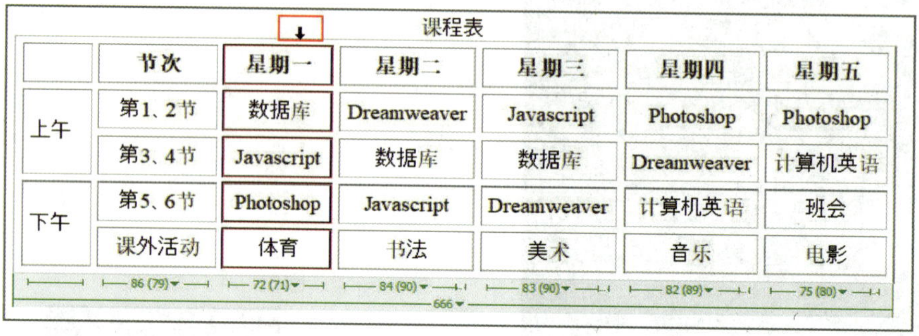

课程表

	节次	星期一	星期二	星期三	星期四	星期五
上午	第1、2节	数据库	Dreamweaver	Javascript	Photoshop	Photoshop
	第3、4节	Javascript	数据库	数据库	Dreamweaver	计算机英语
下午	第5、6节	Photoshop	Javascript	Dreamweaver	计算机英语	班会
	课外活动	体育	书法	美术	音乐	电影

图 3-1-5　选取整列

（2）在要选定列的最上方单元格内按住鼠标左键，然后垂直拖动到最下方的单元格后松开鼠标左键，也可选定整列。

3. 选取连续的多个单元格

使用以下两种方法之一，可选取连续的多个单元格。

（1）将光标置于要选取的单元格区域的左上角单元格中，按住鼠标左键，横向或纵向拖动到右下角单元格后松开鼠标左键，即可选取连续的多个单元格。

（2）单击要选取的单元格区域的左上角单元格，在按住 Shift 键的同时单击要选取的单元格区域中的右下角单元格，即可选取连续的多个单元格。

4. 选取不连续的多个单元格

使用以下两种方法之一，可选取不连续的多个单元格。

（1）按住 Ctrl 键，依次单击要选取的多个单元格，即可选取不连续的多个单元格。

（2）选取多个连续的单元格，在按住 Ctrl 键的同时单击其中不需要选取的单元格，也可选取不连续的多个单元格。

四、表格的编辑方法

1. 插入一行

选择一个单元格后，使用以下方法之一，可在该单元格的上方插入一行。

（1）单击“编辑”→“表格”→“插入行”命令。

（2）按组合快捷键 Ctrl+M。

（3）在选中的单元格中单击鼠标右键，在弹出的快捷菜单中选择“表格”→“插入行”命令，如图 3-1-6 所示。

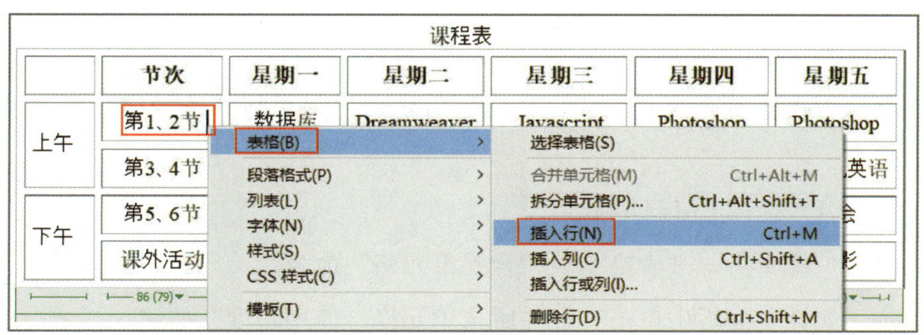

图 3-1-6　插入一行

2. 插入一列

选择一个单元格后，使用以下方法之一，可在单元格的左侧插入一列。

（1）单击“编辑”→“表格”→“插入列”命令。

（2）按组合快捷键 Ctrl+Shift+A。

（3）在选中的单元格中单击鼠标右键，在弹出的快捷菜单中选择“表格”→“插入列”命令。

3. 插入多行或多列

选择一个单元格后，在选取的单元格中单击鼠标右键，在弹出的快捷菜单中选择“表格”→“插入行或列”命令，在弹出的图 3-1-7 所示对话框中选择插入“行”或“列”，输入插入的“行数”或“列数”，选择好行或列的“位置”，单击“确定”按钮，即可在该单元格的上下或左右插入多行或多列。

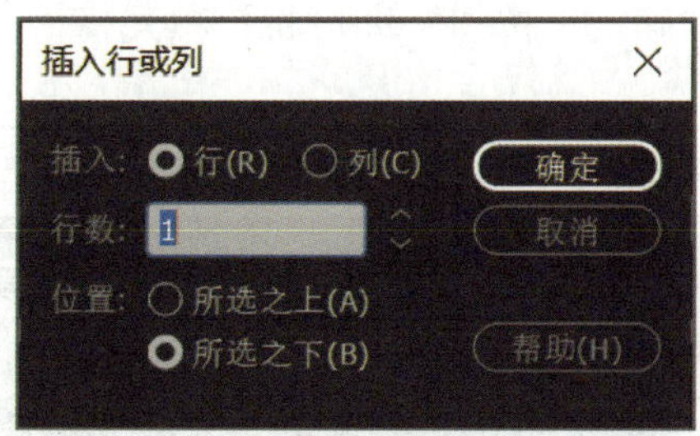

图 3-1-7　“插入行或列”对话框

4. 删除多行或多列

选择要删除的行或列，使用以下方法之一，可删除多行或多列。

（1）单击“编辑”→“表格”→“删除行”命令，或按组合快捷键 Ctrl+Shift+M，可删除选择区域所在的行。

（2）单击“编辑”→“表格”→“删除列”命令，或按组合快捷键 Ctrl+Shift+-，可删除选择区域所在的列。

5. 合并单元格

选择要合并的连续单元格后，使用以下方法之一，可将所选的连续单元格合并为一个单元格。

（1）按组合快捷键 Ctrl+Alt+M。

（2）单击“编辑”→“表格”→“合并单元格”命令。

（3）在“属性”面板中单击“合并所选单元格，使用跨度”按钮。

小提示

合并单元格后，多个单元格的内容将合并显示在同一个单元格中。

6. 拆分单元格

选择一个要拆分的单元格，执行以下方法之一，均可弹出“拆分单元格”对话框，如图 3-1-8 所示。

（1）按组合快捷键 Ctrl+Alt+Shift+T。

（2）单击“编辑”→“表格”→“拆分单元格”命令。

（3）在“属性”面板中单击“拆分单元格为行或列”按钮。

在弹出的“拆分单元格”对话框中选择将该单元格拆分成“行”或“列”，输入“行数”或“列数”，单击“确定”按钮，即可将该单元格拆分。

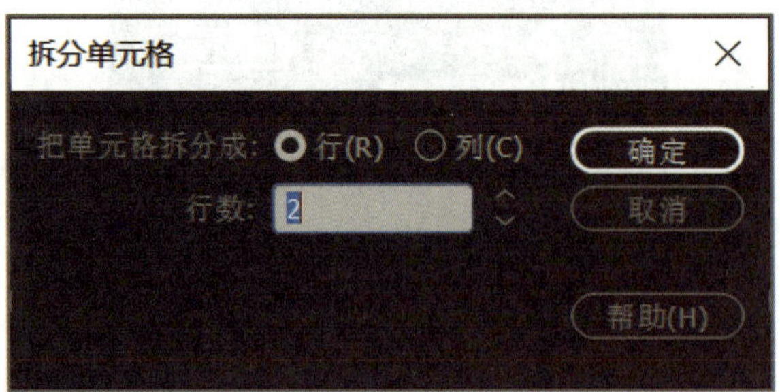

图 3-1-8 “拆分单元格”对话框

五、表格和单元格的“属性”面板

通过选择不同的表格元素，可在“属性”面板上查看或修改该表格元素的属性。

1. 表格的“属性”面板

表格的“属性”面板如图 3-1-9 所示。

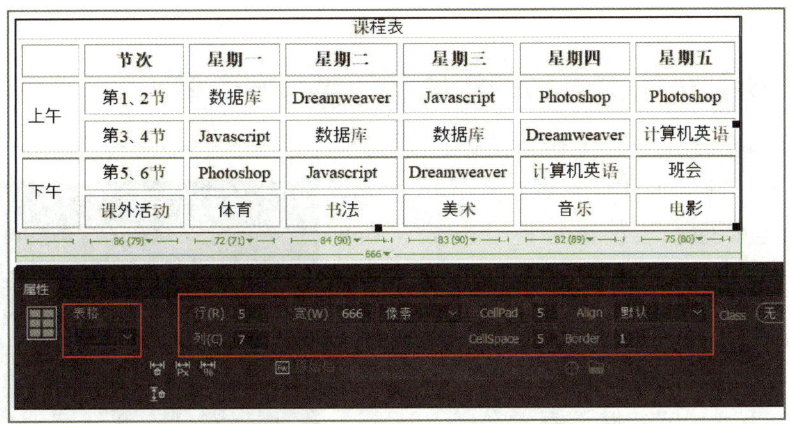

课程表

	节次	星期一	星期二	星期三	星期四	星期五
上午	第1、2节	数据库	Dreamweaver	Javascript	Photoshop	Photoshop
	第3、4节	Javascript	数据库	数据库	Dreamweaver	计算机英语
下午	第5、6节	Photoshop	Javascript	Dreamweaver	计算机英语	班会
	课外活动	体育	书法	美术	音乐	电影

图 3-1-9　表格的“属性”面板

2. 单元格的“属性”面板（HTML）

单元格的“属性”面板（HTML）如图 3-1-10 所示。

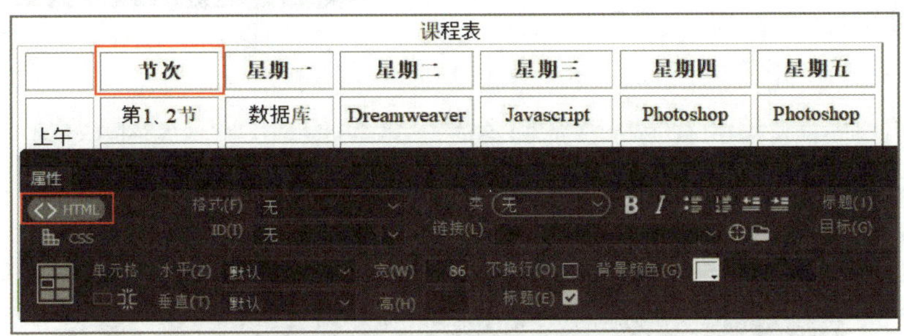

课程表

	节次	星期一	星期二	星期三	星期四	星期五
上午	第1、2节	数据库	Dreamweaver	Javascript	Photoshop	Photoshop

图 3-1-10　单元格的“属性”面板（HTML）

3. 单元格的“属性”面板（CSS）

单元格的“属性”面板（CSS）如图 3-1-11 所示。

图 3-1-11　单元格的“属性”面板（CSS）

一、分析任务实例表格的构成并创建基本表格

1. 在 Dreamweaver CC 中打开存有“服务员业务统计表”的网页文件，观察并分析表格的构成，确定要插入表格的标题、行数和列数，如图 3-1-1 所示。

2. 按组合快捷键 Ctrl+Alt+T，打开“Table”对话框，输入“行数”为“12”、“列”为“11”、“表格宽度”为“100”，并选择单位为“百分比”、“边框粗细”为“1”，将“单元格边距”和“单元格间距”均设为“0”，在“标题”区选择表格列标题的位置为“顶部”，在“辅助功能”区的“标题”文本框中输入表格标题“服务员业务统计表”，单击“确定”按钮，即可创建基本表格，如图 3-1-12 所示。

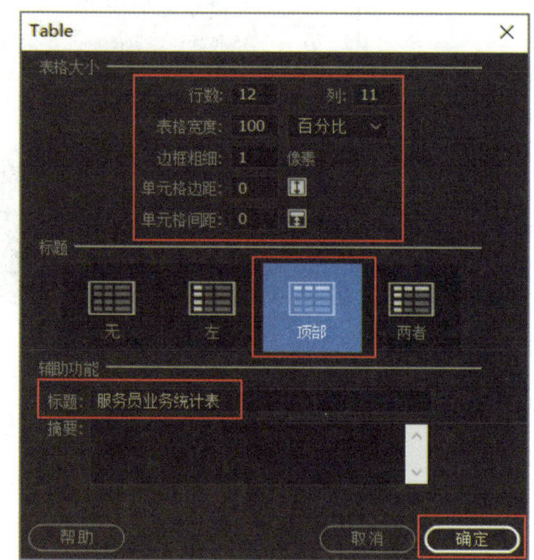

图 3-1-12　创建基本表格

3. 观察代码中表格的有关标签及标签嵌套关系属性设置，如图 3-1-13 所示。

```
<body>
<table width="100%" border="1" cellspacing="0" cellpadding="0">
  <caption>
    服务员业务统计表
  </caption>
  <tbody>
    <tr>
      <th scope="col"> </th>
      <th scope="col"> </th>
      <th scope="col"> </th>
      <th scope="col"> </th>
      <th scope="col"> </th>
      <th scope="col"> </th>
      <th scope="col"> </th>
      <th scope="col"> </th>
      <th scope="col"> </th>
      <th scope="col"> </th>
      <th scope="col"> </th>
    </tr>
    <tr>
      <td> </td>
      <td> </td>
```

图 3-1-13　插入的基本表格相关代码

二、设置表格的标题及属性

1. 在设计视图中选中表格的标题文本，在“属性”面板（HTML）上单击“粗体”

按钮。切换到“属性”面板（CSS），单击“字体”列表框的下拉按钮，选择“管理字体”，在弹出的“管理字体”对话框中选取需要的字体“微软雅黑”，如图 3-1-14 所示。

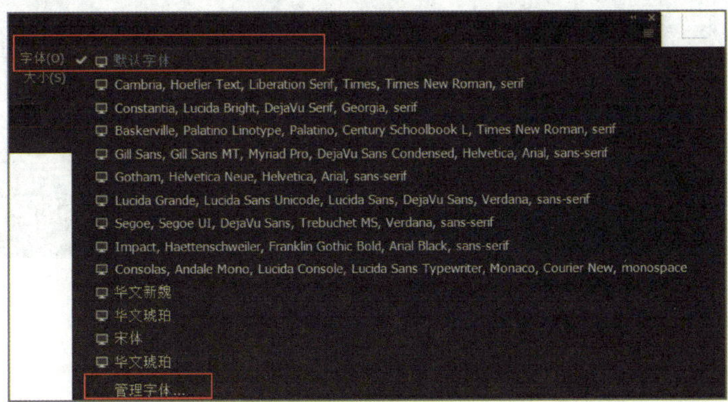

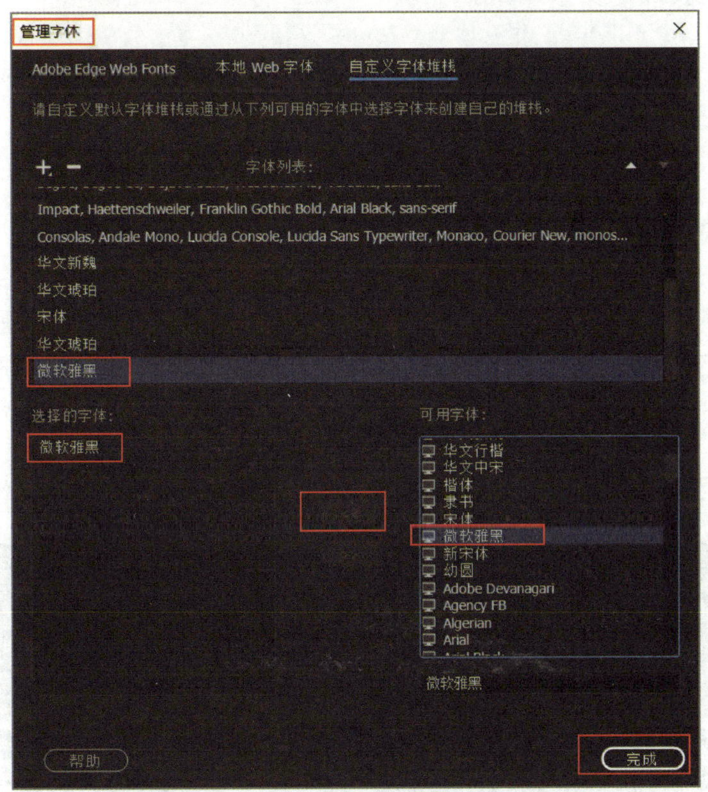

图 3-1-14　用“属性”面板设置标题的字体

2. 单击“属性”面板（CSS）上“大小”后的文本框，在其中输入字号“26”，单击文本“颜色”后的文本框，在其中输入所需的颜色值“#255e95”，查看标题设置效果、对应代码和“属性”面板（CSS）设置，如图 3-1-15 所示。

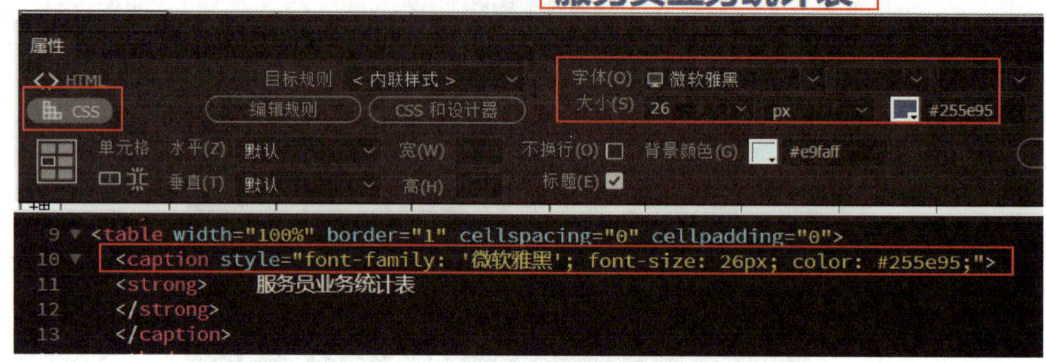

图 3-1-15　设置表格标题的字号和颜色

小提示

要在代码视图中输入双引号“"”，应将输入法状态条切换到英文标点输入状态。

三、输入表格列标题并设置属性

1. 选中左上角的 4 个单元格，单击“属性”面板（CSS）上的“合并所选单元格，使用跨度”按钮，输入列标题“姓名”，用“属性”面板设置该列标题的对齐以及字体、字号、颜色、背景颜色，查看该标题设置效果和对应代码以及“属性”面板的设置情况，如图 3-1-16 所示。

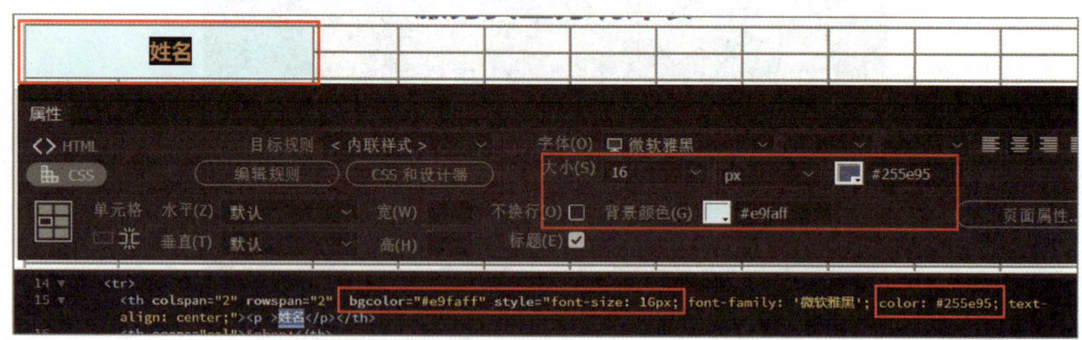

图 3-1-16　用“属性”面板设置列标题“姓名”单元格

2. 合并列标题中其他需要合并的单元格，输入列标题并设置属性后，发现“返回修改”列右侧应有三列（填写“建议件”“诉求件”和“咨询件”），缺少最后一列，应插入一列，如图 3-1-17 所示。

图 3-1-17　输入列标题并设置属性

四、插入一列，输入列标题并设置属性

1. 在表格最后一列的任意一个单元格中单击，按组合快捷键 Ctrl+Shift+A，在该单元格的左侧插入一列，如图 3-1-18 所示。

姓名	受理数	自办数	解答数	拟办意见		返回修改			
				同意	比例	数量	比例		

```
<td  bgcolor="#e9faff" style="font-size: 16px; font-family: '微软雅黑'; text-align: center;">比例</td>
<td> </td>
<td> </td>
<td> </td>
</tr>
```

图 3-1-18　在表格最后一列左侧插入一列

2. 合并单元格，输入列标题并设置属性，如图 3-1-19 所示。

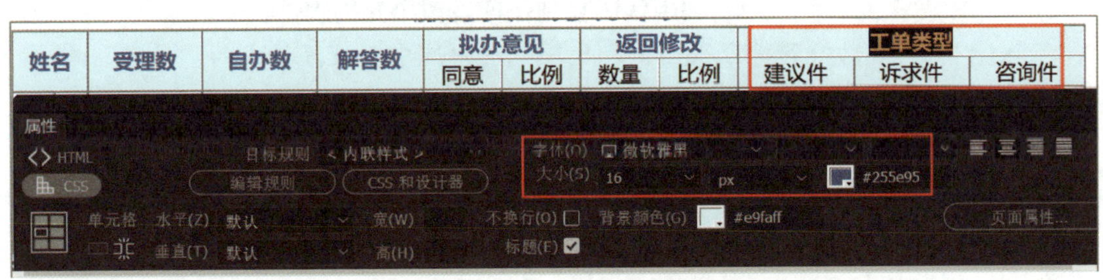

图 3-1-19　输入列标题并设置属性

五、合并单元格，输入表格内容，设置属性并观察其代码

1. 选择表格第一列中 5 个单元格后，单击“属性”面板上的“合并所选单元格，使用跨度”按钮，输入内容“受理处”；用“属性”面板设置该单元格的对齐以及字体、背景颜色，如图 3-1-20 所示，查看该标题设置效果和对应代码。

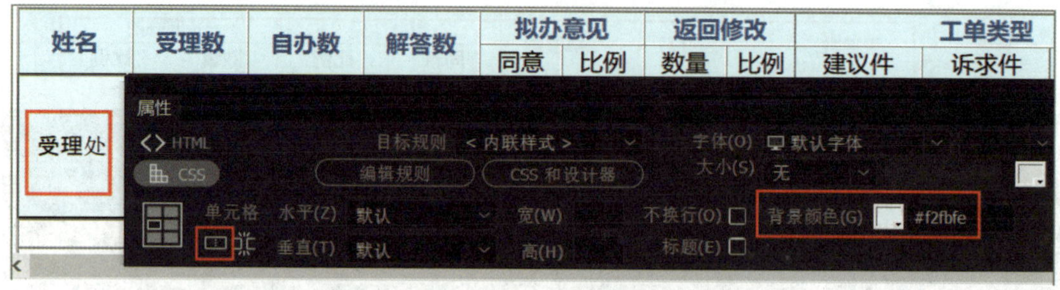

图 3-1-20　输入单元格内容并设置属性

2. 拖动单元格右侧的边框线，调整单元格宽度，效果如图 3-1-21 所示。

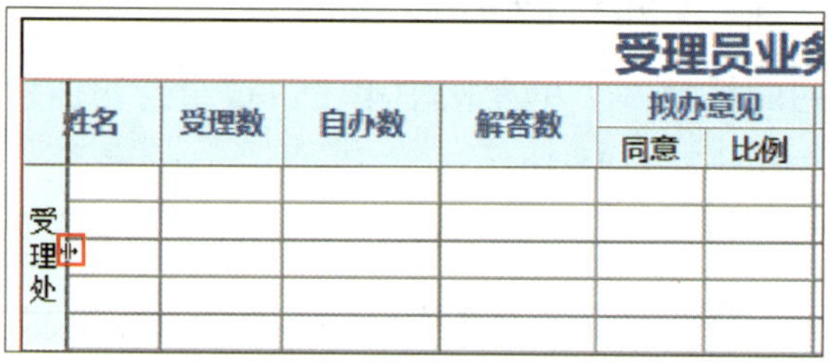

图 3-1-21　拖动边框线，调整单元格宽度

3. 输入表格的其他内容并设置属性，表格最终效果如图 3-1-1 所示。

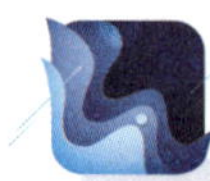

小技巧

利用代码复制快速设置单元格属性

切换到拆分视图，在代码视图中选中已设置格式的“姓名”单元格的属性：bgcolor="#e9faff" style="font-size: 16px; font-family: ' 微软雅黑 '; color: #255e95; text-align: center;" 进行复制，依次粘贴到其他同格式的单元格（如受理数、自办数等）对应的代码中，可快速设置其他同格式的单元格，如图 3-1-22 所示。

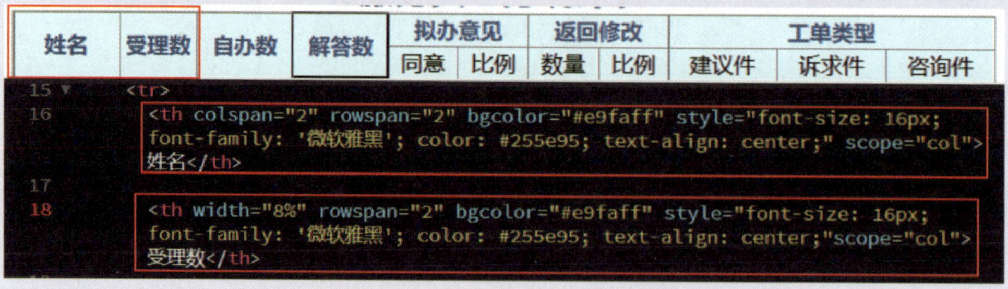

图 3-1-22　利用代码复制快速设置其他同格式的单元格

制作图 3-1-23 所示的个人简历。

个人简历

姓名		性别		出生日期		照片
民族		政治面貌		婚姻状况		
现所在地		籍贯		学历		
毕业学校			专业			
学习经历	起止年月		就读（培训）学校		专业/课程	
工作经历	起止年月		工作单位		职责	
求职意向						

图 3-1-23　个人简历

任务 2　用表格布局个人博客主页

1. 了解网页布局的定义和类型。
2. 掌握用表格布局网页的方法。
3. 能制作嵌套表格来布局网页。

本任务是一个使用嵌套表格来布局个人博客主页的实例（见图 3-2-1）。通过本任

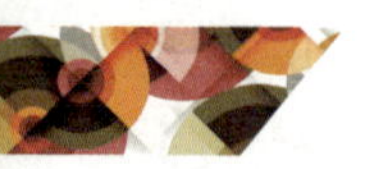

务的学习，可以掌握使用嵌套表格制作整齐有序、美观、易用的网页的过程和方法，熟悉网页布局和配色技巧。

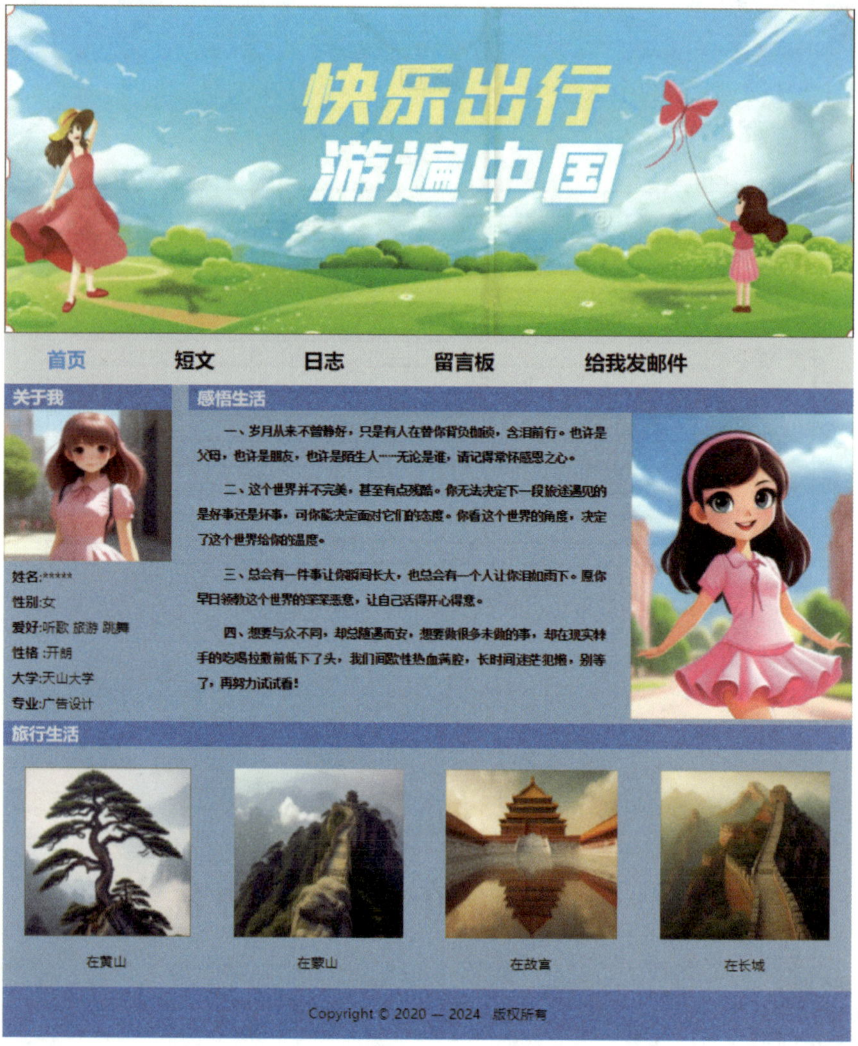

图 3-2-1　个人博客主页最终效果

相关知识

一、网页布局的定义及优点

1. 网页布局的定义

网页布局是网页制作的重要环节，是指以最适合浏览的方式对网页各组成元素

（如 logo、导航栏、banner、图像、文字、表单、视频等）在页面中的位置、大小、间距以及叠加关系等进行规划，将网页元素有机地组织在一起，形成一个整体的过程。

通过表格的合理嵌套，实现对页面的布局称为表格布局。

2. 网页布局的优点

（1）结构清晰，能增强页面的美观度和易读性，让用户更容易理解页面的内容和功能，更容易找到所需要的信息，更愿意停留在网页上。

（2）网页布局能突出品牌的形象和风格，增强用户对品牌的认知和记忆。

（3）良好的网页布局能增强网页的可访问性和可索引性，有利于网站在搜索引擎中的排名和曝光度。

（4）良好的网页布局能使网页的维护和更新更加便捷和高效。

（5）良好的网页布局能适应不同尺寸和分辨率的设备，为用户提供良好的跨平台和跨设备的体验。

二、常见的网页布局类型

根据网页中 logo、导航栏、banner（广告条）、网页正文内容等元素的排版所呈现的大体结构来分，典型的网页布局有国字型、T 字型、标题正文型、框架型、POP 型和 Flash 型共 6 种。

1. 国字型

国字型网页布局是最常见的网页结构，如图 3-2-2 所示。这种类型的网页具有版面平衡、视觉感受沉稳大气、有较强实力感等特点，通常被政府部门、大型公司等所采用。

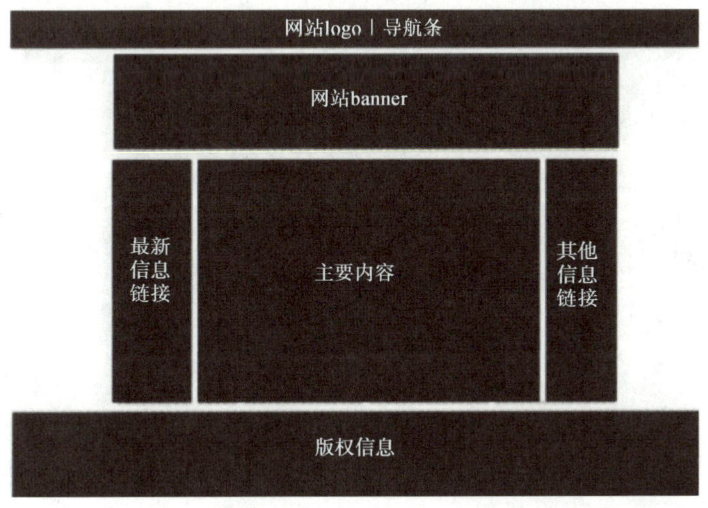

图 3-2-2　国字型网页布局

2. T 字型

T 字型网页布局如图 3-2-3 所示。这种类型的网页在左侧设计一些导航栏，其右侧则是宽大的正文部分，这种布局有利于网页内容的分类，还可以为正文提供辅助信息，具有版面平衡中略显个性、容纳信息量大、有较强实力感等特点，各种社会服务机构、教育机构的网站多采用这种类型。

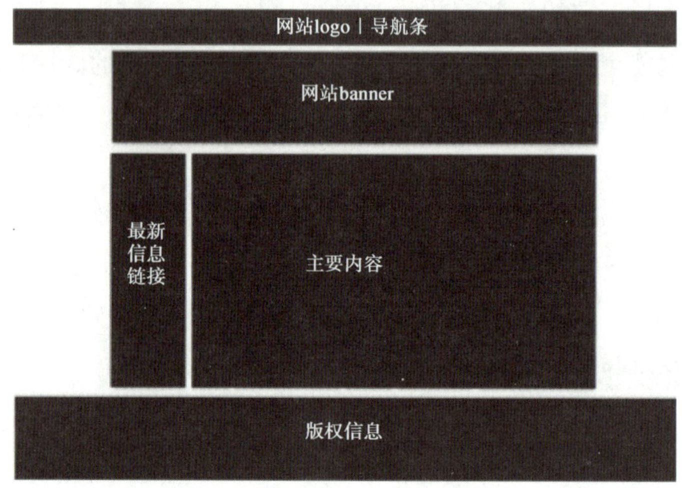

图 3-2-3　T 字型网页布局

3. 标题正文型

标题正文型网页布局是网页布局中最简单的一种，如图 3-2-4 所示。这种类型的网页通常在顶端放置标题，将下方作为正文区。这种布局适用于大部分的新闻报道、产品宣传、作品说明，其特点是简单明了、内容清晰。

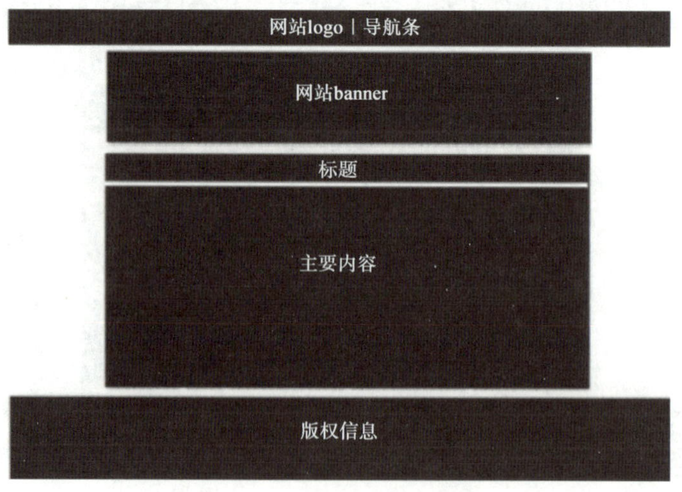

图 3-2-4　标题正文型网页布局

4. 框架型

框架型网页布局如图 3-2-5 所示，这种布局多采用上下或左右结构，一个框架即一个窗口，对应一个网页，以便在同一浏览器窗口中显示多个页面。左右框架型网页布局的左侧一般主要为导航栏，右侧则放置网站的主要内容，一些大型论坛和企业经常使用此种布局。

图 3-2-5　框架型网页布局

a）上下框架型网页布局　b）左右框架型网页布局

5. POP 型

POP 一词源自广告术语，是指页面布局像一张宣传海报。POP 型网页布局是一种颇具艺术感和时尚感的网页布局，页面通常以一张精美的海报画面作为主体，然后布局各网页元素，常用于个性化和艺术类的网站中。其缺点是过于强调色彩和图像的高品质，会使网页的载入速度变慢。

6. Flash 型

Flash 型网页布局是指以一个或多个 Flash 动画为主页页面的布局方式，利用 Flash 动画动感、新鲜和炫目的特点来吸引浏览者。

三、网页布局的方法

1. 用表格布局

有时，仅使用一个表格无法满足网页布局的要求，这时就需要运用嵌套表格。嵌套表格就是在表格的单元格中再插入表格。由外层表格负责整体的排版，由插入外层表格相应单元格中的嵌套表格负责各个子栏目的排版。两者各司其职，互不冲突。

用表格布局网页的步骤如下。

（1）用表格元素将页面空间划分成若干个单元格区域。

（2）根据需要，在相应的单元格中插入嵌套表格。

（3）通过拆分单元格、合并单元格、设置表格和单元格的属性、编辑其代码来控制单元格的位置和大小，隐藏表格的边框，从而实现用表格布局。

（4）将文字或图片等插入单元格中，设置其属性，制作成表格布局网页。

2. 用 div+CSS 布局

用 div+CSS 布局网页的方式是目前主流的布局方式，其布局方法详见项目六。该方法设计难度较大，对于网页设计初学者来说不太友好。

3. 用框架布局

用框架布局网页的方式适合将多个网页组合在一起的场景，其布局方法详见项目七。

观察并分析图 3-2-1 所示的个人博客主页最终效果，确定该网页的布局如图 3-2-6 所示。

一、制作个人博客主页的头部

1. 按组合快捷键 Ctrl+Alt+T 打开“Table”对话框，在“行数”后的文本框中输入“4”，在“列”后的文本框中输入“1”，在“表格宽度”后的文本框中输入“1000”并选择单位为“像素”，分别在“边框粗细”“单元格边距”“单元格间距”后的文本框中输入“0”，如图 3-2-7 所示，然后单击“确定”按钮，建立一个 4 行 1 列的表格。

2. 选中刚插入的表格，在“属性”面板中设置其“Align”为“居中对齐”，如图 3-2-8 所示。

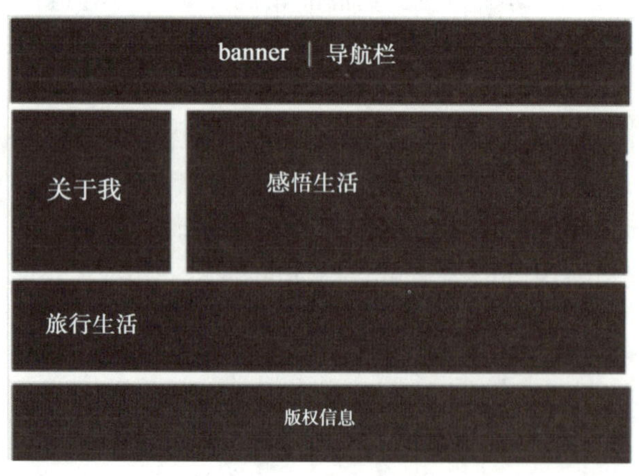

图 3-2-6　个人博客主页布局

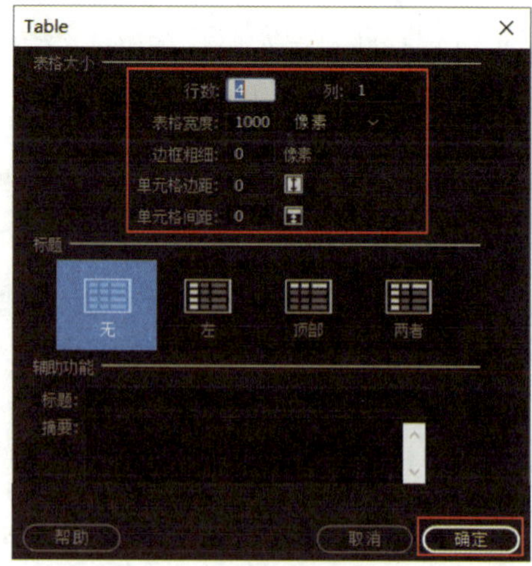

图 3-2-7　插入布局用的表格

图 3-2-8　设置表格的“Align”为“居中对齐”

3. 在表格的第一个单元格中单击，按组合快捷键 Ctrl+Alt+T 打开“Table”对话框，在“行数”后的文本框中输入“2”，在“列”后的文本框中输入“6”，在“表格宽度”后的文本框中输入“100”并选择单位为“百分比”，分别在“边框粗细”“单元格边距”和“单元格间距”后的文本框中输入“0”，如图 3-2-9 所示，然后单击“确定”按钮，建立一张嵌套表格。

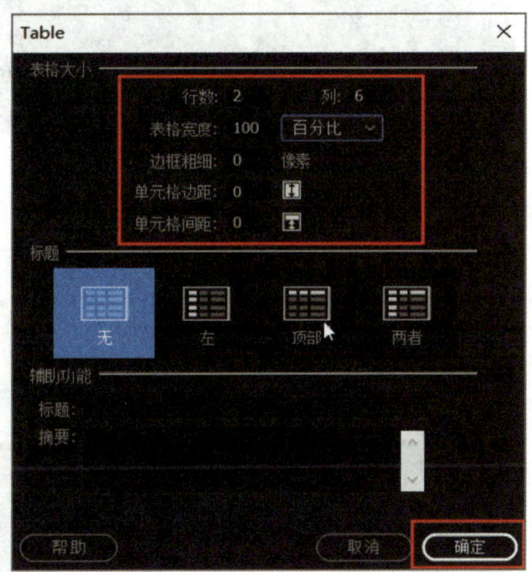

图 3-2-9　插入布局用的嵌套表格

4. 选中插入的嵌套表格的第一行的 6 个单元格，单击“属性”面板上的“合并所选单元格，使用跨度”按钮，将其合并为一个单元格，如图 3-2-10 所示。

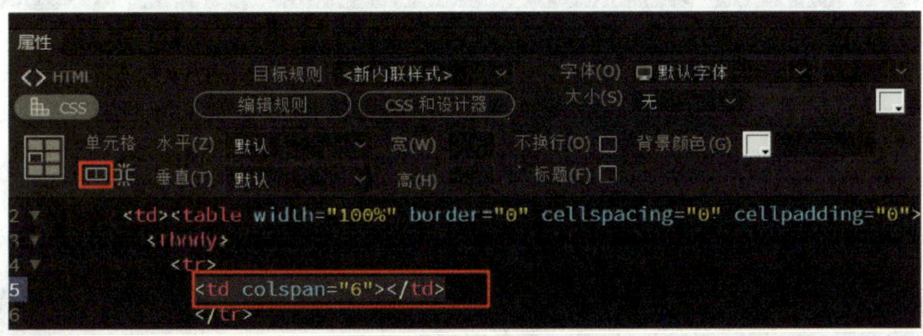

图 3-2-10　合并单元格

5. 在合并后的单元格中单击，按组合快捷键 Ctrl+Alt+I，在打开的“选择图像源文件”对话框中选择图像文件“banner.jpg”，单击“确定”按钮，插入网页的 banner，如图 3-2-11 所示。

6. 选中插入的图像“banner.jpg”，单击“属性”面板上的“宽”后的文本框，输入“1000”后按 Enter 键，将 banner 放大到与所在单元格等宽，如图 3-2-12 所示。

7. 在嵌套表格的第二行的前 5 个单元格中依次输入导航栏的内容“首页”“短文”“日志”“留言板”“给我发邮件”。

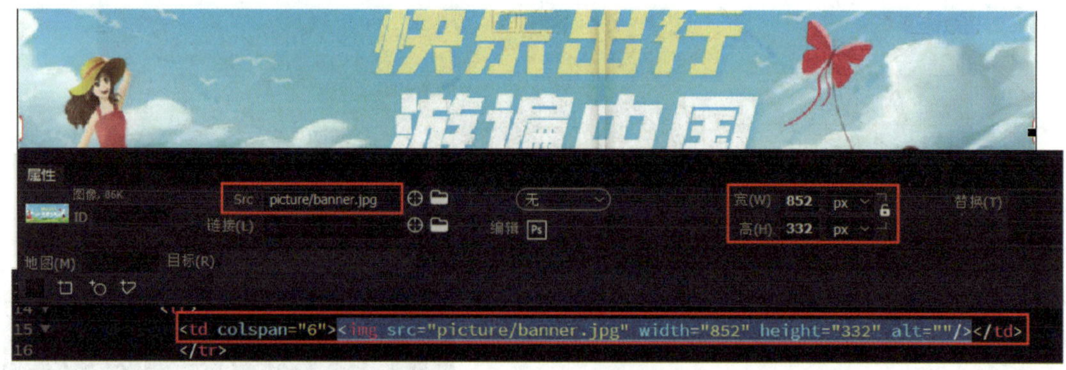

图 3-2-11　插入 banner

图 3-2-12　在“属性”面板中修改 banner 的宽和高

同时选中这 5 个单元格，在“属性”面板中设置其“水平”为“居中对齐”、“大小”为“24”、“宽”为“16%”、“背景颜色”为“#CCD0D9”，如图 3-2-13 所示。

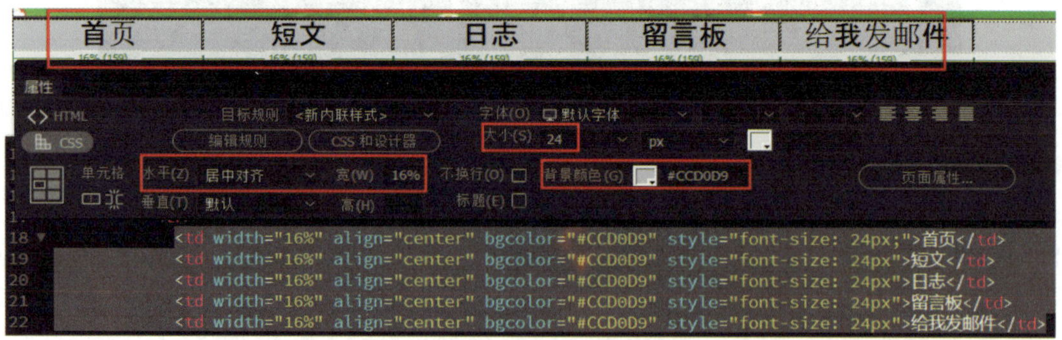

图 3-2-13　在“属性”面板中设置导航栏的属性

8. 选中导航栏中的文本“首页”，在“属性”面板中设置其“背景颜色”为“#1a9be6”，以标注当前页为“首页”，如图 3-2-14 所示。

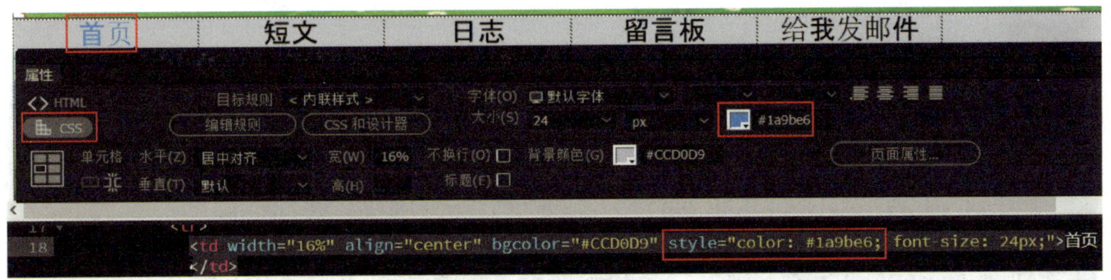

图 3-2-14　在"属性"面板中设置"首页"的颜色

保存并预览网页，个人博客主页的 banner 和导航栏效果如图 3-2-15 所示。

图 3-2-15　个人博客主页的 banner 和导航栏效果

二、制作个人博客主页的"关于我"栏目

1. 在最外层表格的第二行单元格中单击，按组合键 Ctrl+Alt+T 打开"Table"对话框，在"行数"后的文本框中输入"2"，在"列"后的文本框中输入"3"，在"表格宽度"后的文本框中输入"100"并选择单位为"百分比"，分别在"边框粗细""单元格边距"和"单元格间距"后的文本框中输入"0"，然后单击"确定"按钮，建立一张嵌套表格。

单击该嵌套表格左上角的单元格，在"属性"面板中设置其"宽"为"200"、"背景颜色"为"#86aacb"。在该单元格中插入两个空格，输入文本"关于我"，在"属性"面板中设置该文本的"颜色"为"#CCD0D9"、"大小"为"20"、"粗细"为"bold"，如图 3-2-16 所示。

2. 单击该嵌套表格第二行的第一个单元格，按组合快捷键 Ctrl+Alt+I，在打开的"选择图像源文件"对话框中选择图像文件"me.jpg"，单击"确定"按钮。

选中插入的图像"me.jpg"，在"属性"面板中设置其"宽"为"200"，将该图像缩小到与其所在单元格同宽，如图 3-2-17 所示。

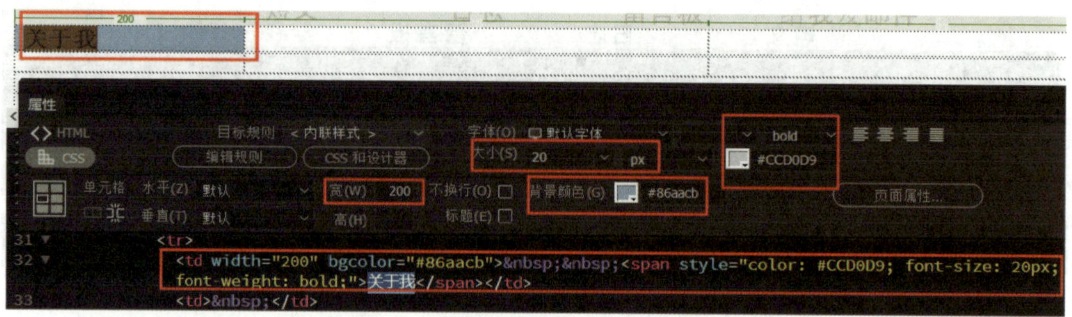

图 3-2-16　插入布局用的嵌套表格并设置其属性

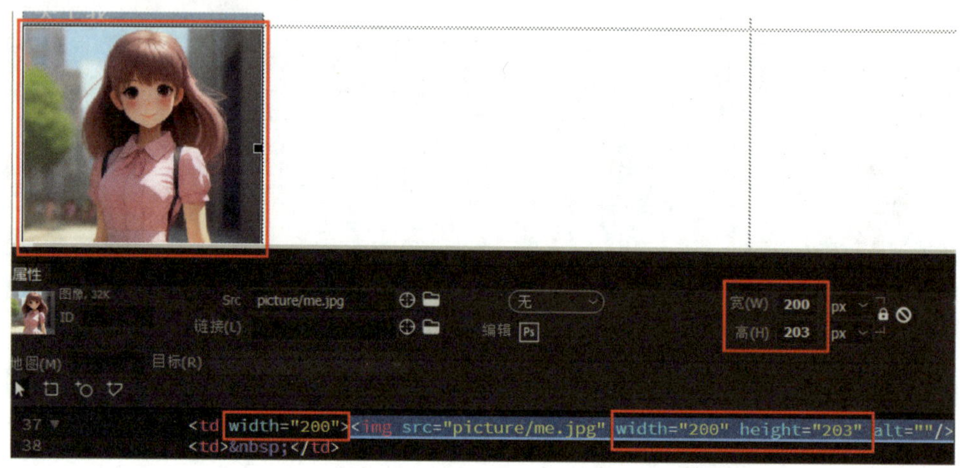

图 3-2-17　设置图像的“宽”

3. 单击该嵌套表格第二行的第一个单元格，在“属性”面板中设置其“水平”为“左对齐”、“垂直”为“顶端”。移动光标到该单元格中的图像“me.jpg”后按 Enter 键，输入图 3-2-18 所示的文本。

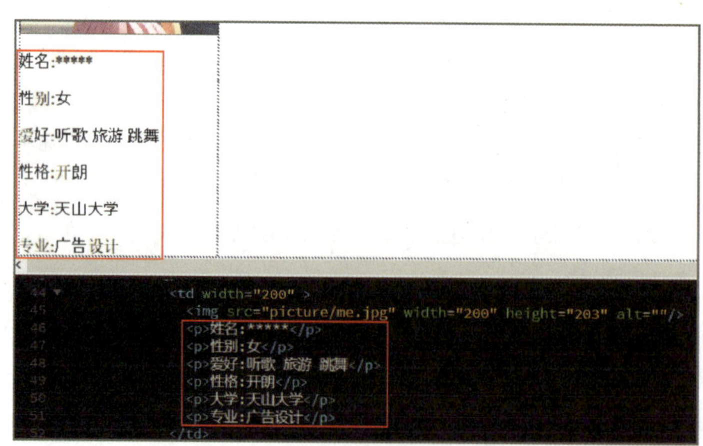

图 3-2-18　设置单元格属性并输入文本

4. 依次选中图 3-2-18 所示文本的“姓名”“性别”“爱好”“性格”和“大学”，在“属性”面板中设置其“粗细”为“bolder”，如图 3-2-19 所示。

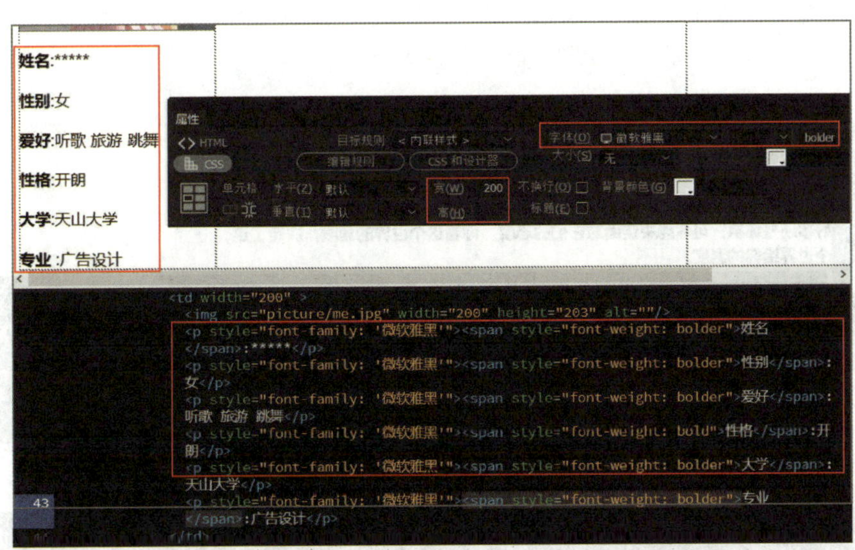

图 3-2-19　在“属性”面板中设置其“粗细”为“bolder”

三、制作个人博客主页的“感悟生活”栏目

1. 选中“感悟生活”栏目所在的嵌套表格中第一行的第二个和第三个单元格，单击“属性”面板上的“合并所选单元格，使用跨度”按钮，将其合并为一个单元格，在“属性”面板中设置其“背景颜色”为“#86aacb”。

在该单元格中插入两个空格，输入文本“感悟生活”，在“属性”面板中设置该文本的“颜色”为“#CCD0D9”、“大小”为“20”、“粗细”为“bold”，如图 3-2-20 所示。

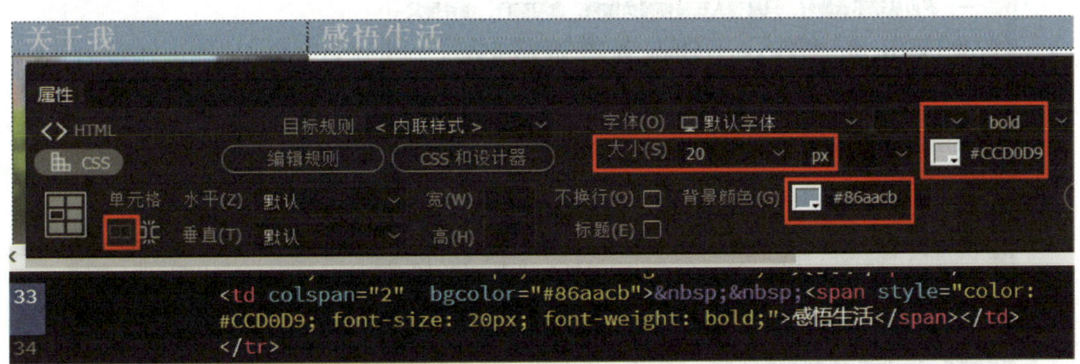

图 3-2-20　合并单元格、输入文本并设置其属性

2. 单击“感悟生活”栏目所在的嵌套表格中第二行的第二个单元格，在“属性”面板中设置其“水平”为“左对齐”、“垂直”为“顶端”、“宽”为“480”。

在该单元格中输入图 3-2-1 所示的 4 个段落，在每个段落开始插入 6 个空格，在每个段落结束时按 Enter 键分段。

在“属性”面板中设置每个段落文本字体的“大小”为“14”、“粗细”为“bold”，其中单元格、第一段、第二段设置如图 3-2-21 所示。

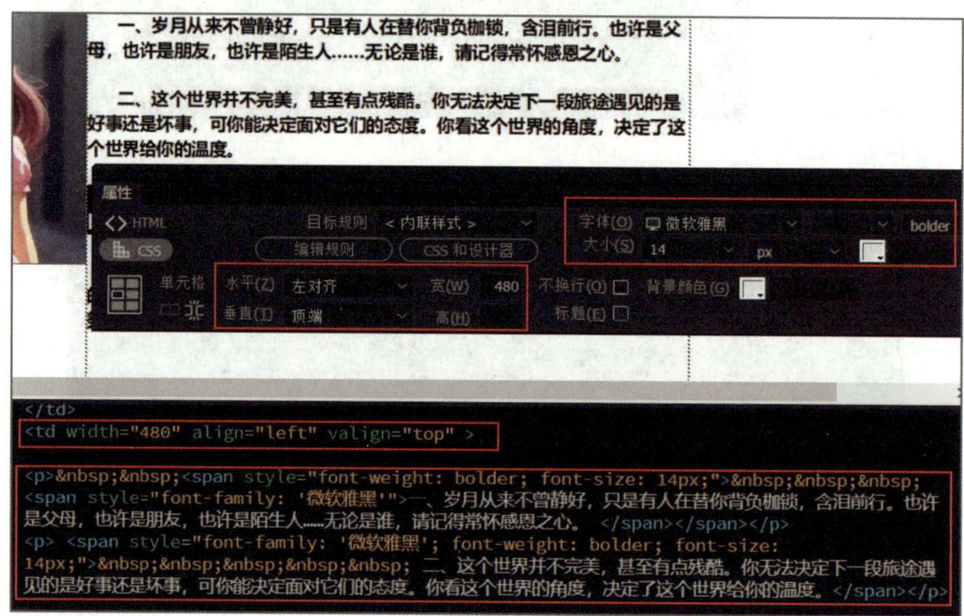

图 3-2-21　在单元格中输入段落文本并设置属性

3. 观察设置属性后的文本，发现每个段落的行间距较小，在代码视图中插入代码“line-height: 30px;”设置其行高，其效果和代码如图 3-2-22 所示。

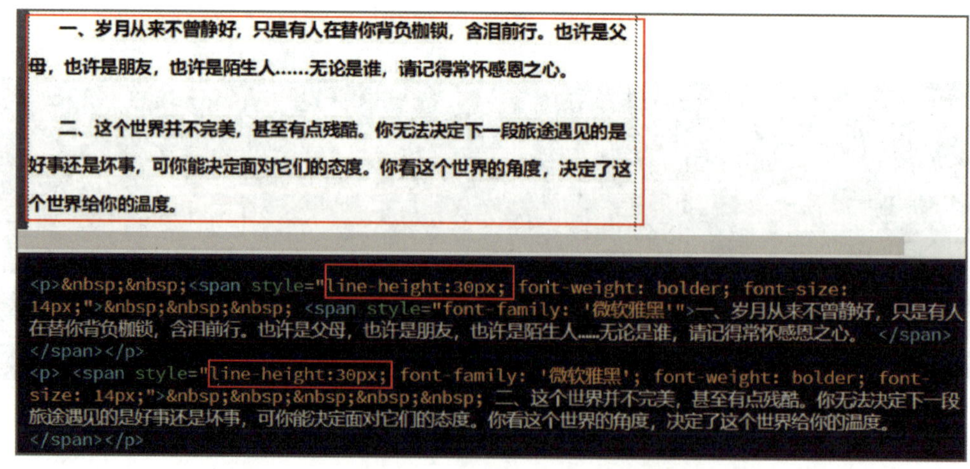

图 3-2-22　在代码视图中插入设置行高的代码

4. 单击“感悟生活”栏目所在的嵌套表格中第二行的第三个单元格，在“属性”面板中设置其“水平”为“左对齐”、“垂直”为“顶端”。

按组合快捷键 Ctrl+Alt+I，在打开的“选择图像源文件”对话框中选择图像文件“life.jpg”，单击“确定”按钮。选中插入的图像“life.jpg”，在“属性”面板中设置其“宽”为“320”，将该图像缩小到与其所在单元格同宽，如图 3-2-23 所示。

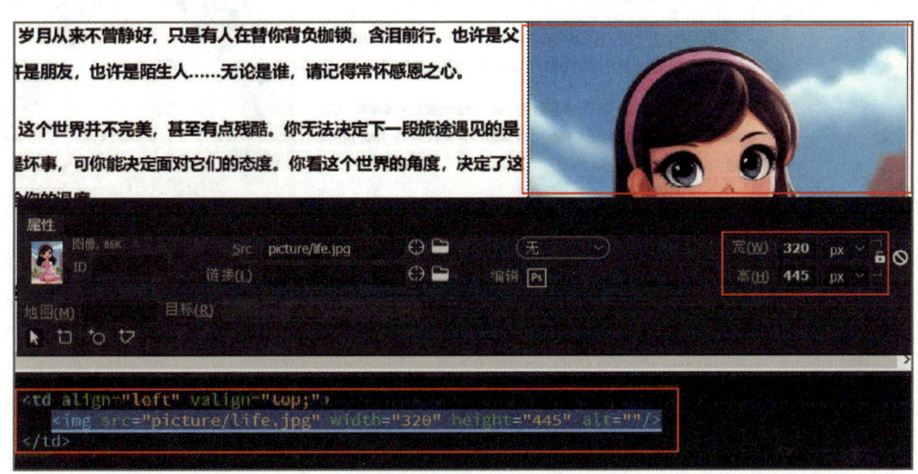

图 3-2-23　在单元格中插入图像并设置其属性

5. 观察设置属性后的文本和插入的图像“life.jpg”，发现文本和图像间距较小，在代码视图中插入代码：style="margin-left: 20px; margin-right: 20px;"，设置每个段落的左外边距和右外边距，效果和代码如图 3-2-24 所示。

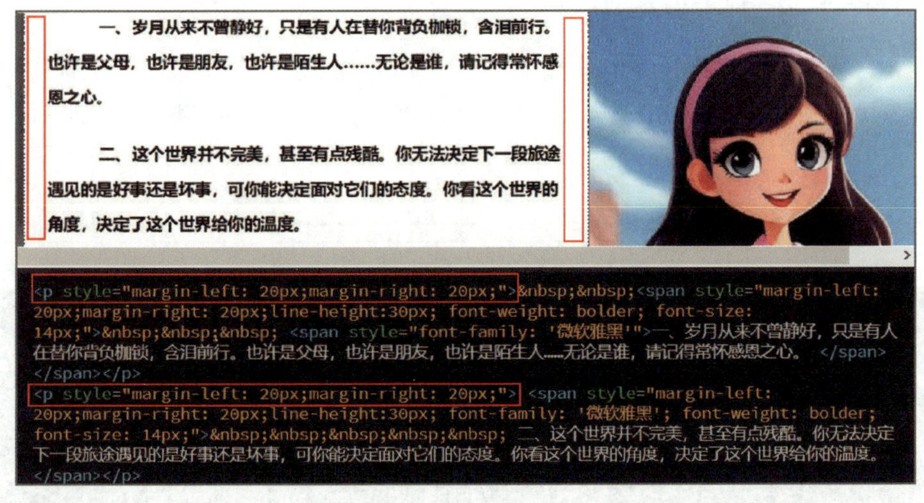

图 3-2-24　插入设置段落左外边距和右外边距的代码

保存并预览网页，“感悟生活”栏目效果如图 3-2-25 所示。

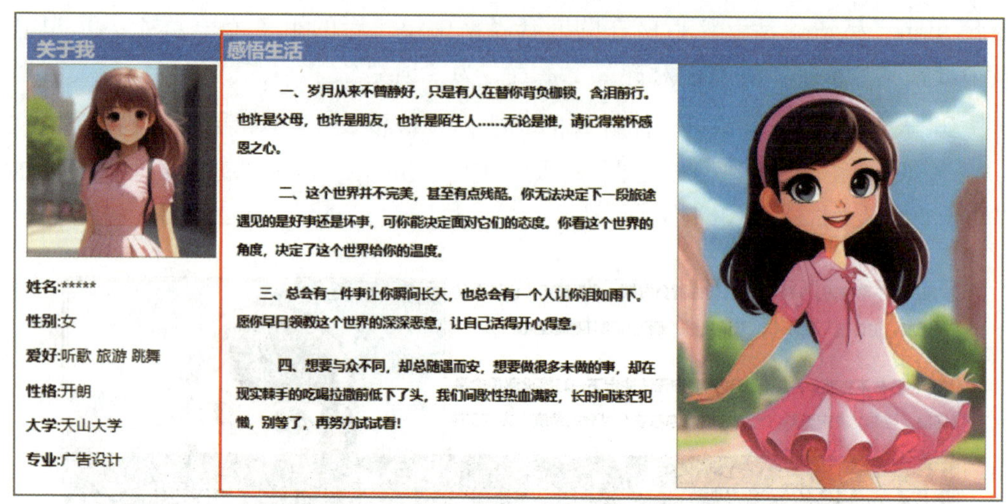

图 3-2-25 “感悟生活”栏目效果

四、制作个人博客主页的“旅行生活”栏目

1. 在最外层表格的第三行单元格中单击，按组合快捷键 Ctrl+Alt+T 打开“Table”对话框，在“行数”后的文本框中输入“2”，在“列”后的文本框中输入“4”，在“表格宽度”后的文本框中输入“100”，并选择单位为“百分比”，分别在“边框粗细”“单元格边距”和“单元格间距”后的文本框中输入“0”，然后单击“确定”按钮，建立一张嵌套表格。

2. 同时选中刚插入的嵌套表格中第一行的 4 个单元格，单击“属性”面板上的“合并所选单元格，使用跨度”按钮，将其合并为一个单元格，在“属性”面板中设置其“背景颜色”为“#86aacb”，如图 3-2-26 所示。

在该单元格中插入两个空格，输入文本“旅行生活”，在“属性”面板中设置该文本的“颜色”为“#CCD0D9”、“大小”为“20”、“粗细”为“bold”，如图 3-2-26 所示。

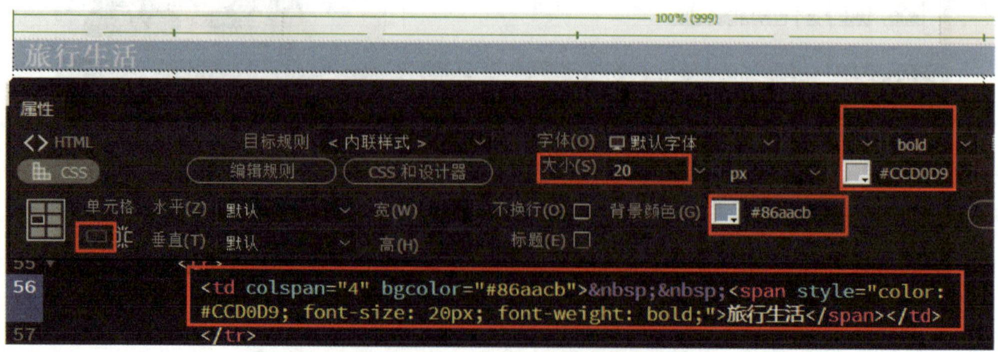

图 3-2-26 在单元格中输入“旅行生活”栏目标题并设置其属性

3. 选中刚插入的嵌套表格中第二行的 4 个单元格，在“属性”面板中设置其“水平”为“居中对齐”、“垂直”为“居中”、“宽”为“25%”、“高”为“230”，如图 3-2-27 所示。

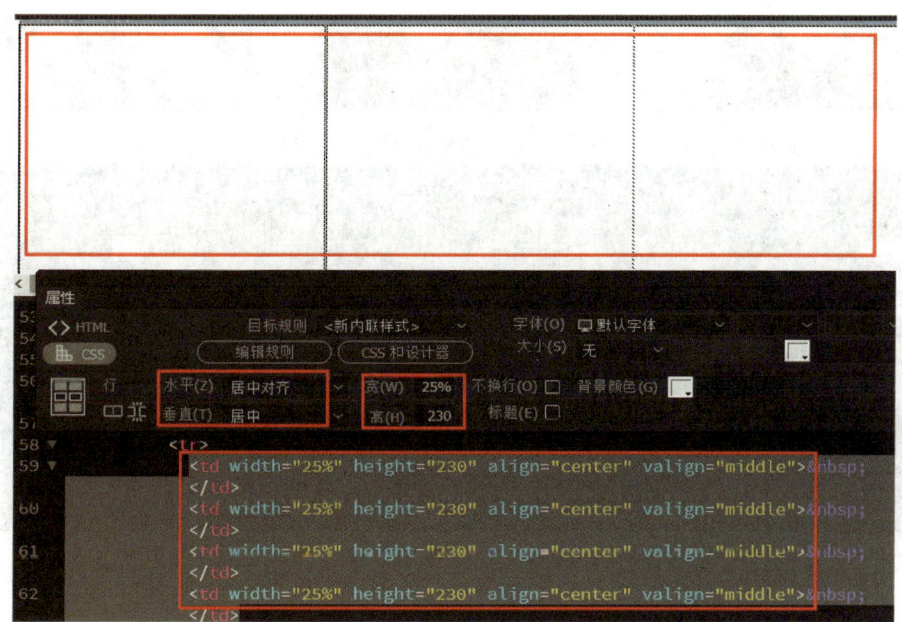

图 3-2-27　用“属性”面板设置单元格的属性

4. 在上述 4 个单元格中依次插入图像“11.jpg”“22.jpg”“33.jpg”和“44.jpg”，依次选中插入的图像，在“属性”面板中设置“宽”为“200”、“高”为“200”，如图 3-2-28 所示。

图 3-2-28　插入图像并设置其宽和高属性

5. 观察图 3-2-28，可以发现刚插入的图像周围是白色的，不太协调。同时选中刚插入图像的 4 个单元格，在“属性”面板中设置这 4 个单元格的“背景颜色”为“#86aacb”，并依次在这 4 个单元格中输入文本，如图 3-2-29 所示。

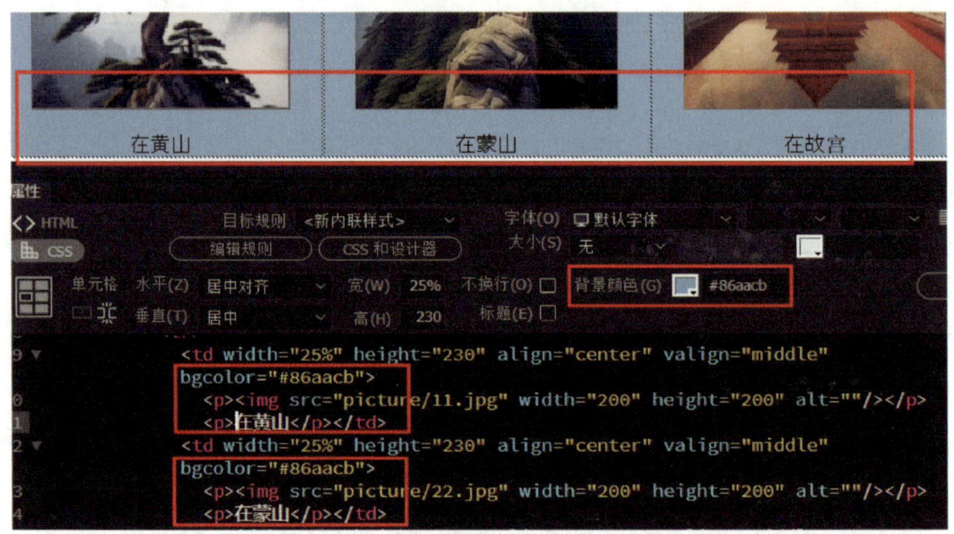

图 3-2-29　在单元格中输入文本并设置单元格的背景颜色

6. 按照类似方法，分别选中“姓名”和“感悟生活”所在的单元格，在“属性”面板中设置这两个单元格的“背景颜色”为“#86aacb”。

7. 由于“关于我”“感悟生活”和“旅行生活”所在单元格背景色和文本不协调，因此，分别选中“关于我”“感悟生活”和“旅行生活”所在的单元格，在“属性”面板中设置“背景颜色”为“#4386FA”。

8. 在最外层表格的第四行单元格中单击，在“属性”面板中设置“水平”为“居中对齐”、“高”为“60”、“背景颜色”为“#4386FA”、“大小”为“16”，之后输入有关版权信息。

保存并预览网页，最终效果如图 3-2-1 所示。

仿照上述步骤，制作图 3-2-30 所示的网页。

快乐出行
游遍中国
首页
短文
日志
留言板
给我发邮件
关于我
日志
校园安全十项提醒
一、千万别打架
打架解决不了任何问题，打架害人害己，打架容易涉嫌违法犯罪。打架成本高，千万别出手。
二、远离黄赌毒
远离黄(色情)、赌(赌博)、毒(毒品)违法犯罪行为。
三、出行守交规
遵守交通法规，文明出行，平安出行。不乘坐、不驾驶没有安全保障的各类车辆。
四、慎用火电气
在实训或生活中安全操作各类火、电、气设备设施。
五、禁做危险事
绝对禁止将管制器械、危化物品、宠物带入校园非经许可不得将实训工具带离实训场所
六、不去危险地
不去荒山野岭、建筑工地、河塘湖库等危险区域。
七、谨防骗人术
注意保护个人隐私，管好贵重财物，谨防传销、校园贷、诈骗、迷信、邪教、中奖等不法活动。
八、饮食要健康
严禁未成年人饮酒吸烟，酗酒常滋事，抽烟害身心。
九、上网须文明
自觉遵守互联网管理法规，不信谣、不传谣、不造谣，
十、莫贪小便宜
珍惜自己的信用，不要为了蝇头小利而被骗子利用，
姓名:*****
性别:女
爱好:听歌 旅游 跳舞
性格 :开朗
大学:大山大学
专业:广告设计
Copyright © 2020 - 2024　版权所有

图 3-2-30　网页效果

项目四
超链接的应用

超链接是网页中重要的元素之一，常常出现在导航栏、下载项、搜索引擎的查询结果中。超链接可以将同一站点内的网页链接起来，方便用户单击超链接跳转到网页中的指定位置。

本项目通过完成“制作学生安全教育交流网页的导航目录”“为学生安全教育交流网页添加外部链接、电子邮件链接和热点链接”等任务，学习为网页创建超链接的方法和技巧。

任务 1　制作学生安全教育交流网页的导航目录

1. 了解网页中锚记链接、文件下载链接、导航目录的形式和作用。
2. 能创建锚记链接、文件下载链接并在“属性”面板中设置其属性。
3. 能编辑锚记链接、文件下载链接的标签和属性代码。
4. 能制作网页的导航目录。

本任务是网页导航目录的制作实例（见图 4–1–1）。通过本任务的学习，可以掌握使用“属性”面板、代码视图来插入锚记链接和文件下载链接以制作网页导航目录的方法，熟悉网页导航目录的构成和超链接的配色技巧。

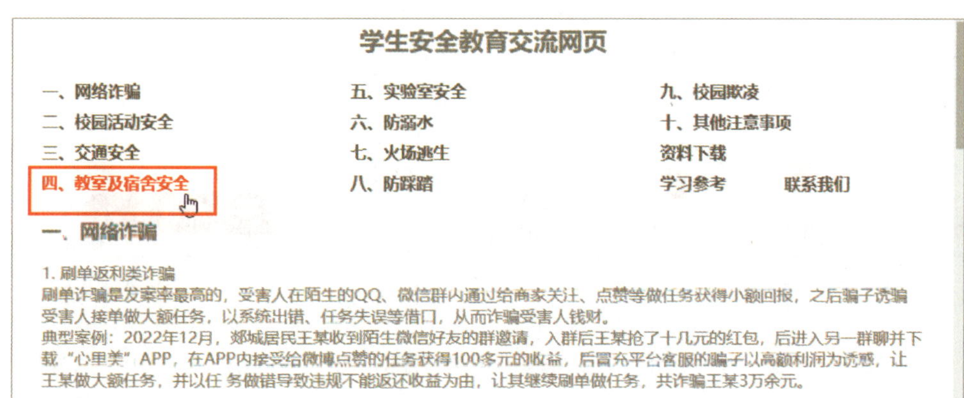

图 4–1–1　学生安全教育交流网页最终效果

一、超链接概述

1. 超链接的定义

所谓超链接，是指从网页的一个位置（源端点）指向另一个位置（目标端点）的连接关系。在浏览器中单击超链接源端点，将自动跳转到目标端点。

2. 超链接的分类

（1）根据源端点的不同，超链接可分为文本链接、图像链接和表单链接。

1）文本链接是指以文本作为源端点的超链接，是网页中出现最多的链接形式，如图 4–1–2 所示。

图 4–1–2　文本链接

2）图像链接是指以图像作为源端点的超链接，可以将整幅图像作为超链接，也可以设置图像中的部分区域（热点）为超链接，如图 4–1–3 所示。

3）表单链接常与表单结合使用，当用户单击表单中的按钮时，会自动跳转至相应页面，如图 4–1–4 所示。

图 4-1-3　图像链接

图 4-1-4　表单链接

（2）根据目标端点的不同，超链接可分为内部链接、外部链接、电子邮件链接、锚记链接、文件下载链接、脚本链接、空链接等。

1）内部链接是指目标端点位于站点内部的超链接，即只在本站点内进行页面跳转，如网页导航栏中的各个链接，如图 4–1–5 所示。

图 4-1-5　内部链接

2）外部链接是指目标端点位于其他网站中，单击它可跳转到其他网站的超链接。外部链接可实现网站与网站之间的跳转，一般网站上的友情链接都属于外部链接，如图 4–1–6 所示。

图 4-1-6　外部链接

3）电子邮件链接的对象是邮箱地址，通过电子邮件链接，可以为用户提供方便的反馈与交流机会。当用户单击电子邮件链接时，会自动打开客户端默认的电子邮件处理程序，收件人邮件地址被自动更新为电子邮件链接中指定的地址，不必手动输入，如图 4–1–7 所示。

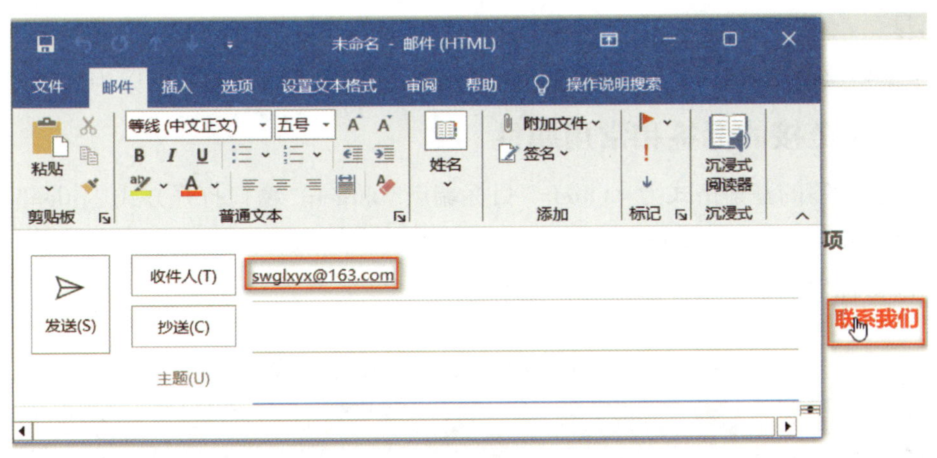

图 4-1-7　电子邮件链接及“邮件”对话框

4）锚记链接又称为书签链接，能链接到同一个网站的不同位置。单击锚记链接，就能精确地跳转到页面的指定位置（锚记）。

如果在一个很长的页面底部创建一个锚记链接，如图 4-1-8 所示，单击它就能跳转到页面的顶部，这样就避免了上下滚动鼠标的麻烦。

图 4-1-8　返回页面“顶部”的锚记链接

5）文件下载链接是指单击某个超链接时，会打开一个“下载”对话框，通过在该对话框中单击“打开”或“另存为”按钮，可以打开或下载文件，如图 4-1-9 所示。网站中提供的文件下载服务是通过设置文件下载链接来实现的。

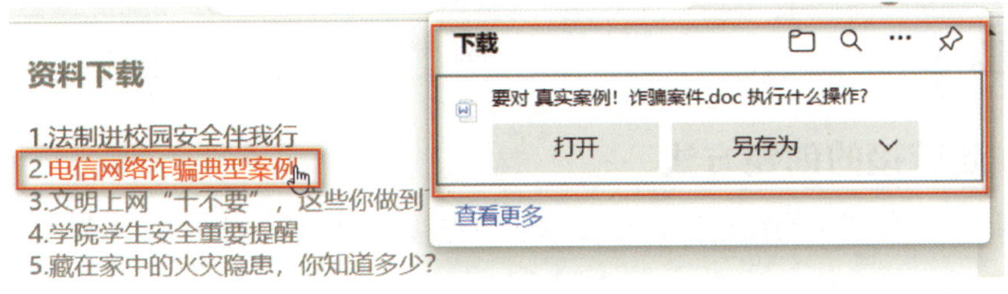

图 4-1-9　文件下载链接及“下载”对话框

6）脚本链接是指通过执行 JavaScript 代码或调用 JavaScript 函数实现的链接，在网页中建立脚本链接非常有用，能在不离开当前网页的情况下为浏览者提供有关项目的附加信息。

7）空链接是指不跳转到任何位置的链接。文本创建空链接后，可以为其添加行为。

二、超链接的标签和常用属性

超链接标签的基本格式为 <a href=" 目标端点 " target=" 窗口打开方式 " title=" 示例 " name="section1"> 源端点 </a>。

超链接标签的常用属性及说明见表 4–1–1。

表 4–1–1　超链接标签的常用属性及说明

属性	说明
href	指定链接路径（必设属性），用于设置超链接的目标端点
id（name）	在 HTML5 以前使用属性 name 定义书签名称，在 HTML5 中使用 id 定义书签名称
target	指定链接目标的打开方式
title	设置链接提示文字

超链接的 target 属性用来设置链接目标的打开方式，其选项及说明见表 4–1–2。

表 4–1–2　超链接的 target 属性的选项及说明

选项	说明
target="_blank"	浏览器总在一个新打开、未命名的窗口中载入目标文档
target="_parent"	在父窗口中打开链接
target="_self"	在当前窗口打开链接，此为默认值
target="_top"	在当前窗口打开链接，并替换当前的整个窗口（框架页）
target="framename"	在指定的框架中打开
target="_new"	目标网页在新窗口中打开

三、超链接的创建方法

这里以本任务使用的锚记链接和文件下载链接为例，介绍超链接的创建方法。

1. 创建锚记链接

创建锚记链接时要先创建锚记名称，再链接到锚记名称。创建锚记名称的“属性”面板和代码示例如图 4–1–10 所示。

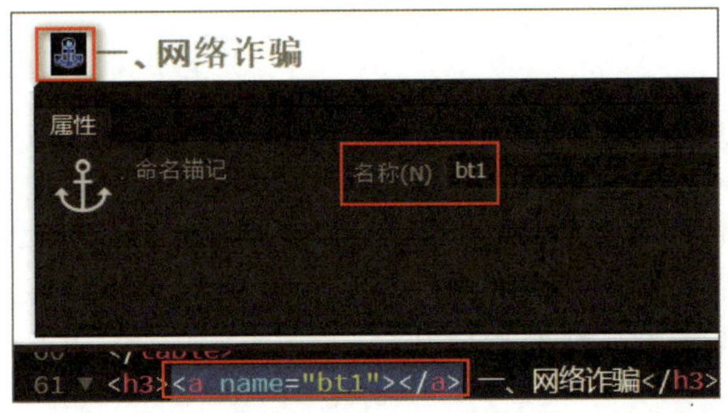

图 4-1-10　创建锚记名称的“属性”面板和代码示例

链接到同一页面内的锚记名称的“属性”面板和代码示例如图 4-1-11 所示。

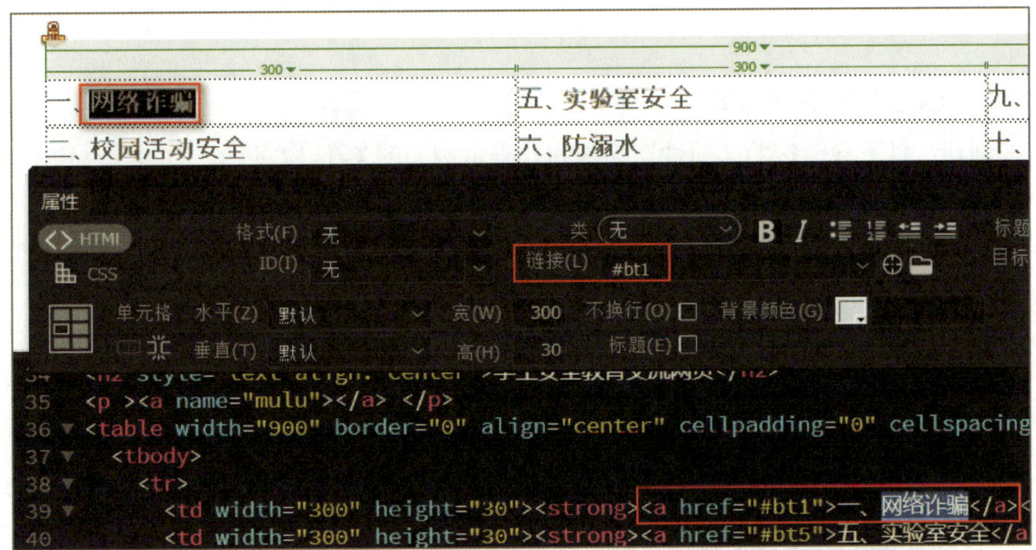

图 4-1-11　链接到同一页面内的锚记名称的“属性”面板和代码示例

链接到不同页面内的锚记名称的“属性”面板和代码示例如图 4-1-12 所示。

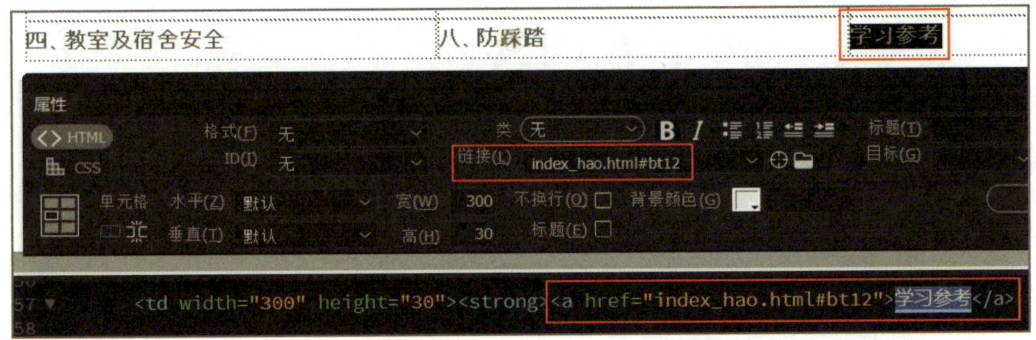

图 4-1-12　链接到不同页面内的锚记名称“bt1”的“属性”面板和代码示例

小提示

网页导航目录是网页重要的组成元素之一，它由一组链接到网站栏目内容区的锚记链接组成。通过单击这些锚记链接，用户可轻松地将光标定位到网页中的栏目内容处，起到导航和快速定位的作用，其形式如图 4-1-13 所示。

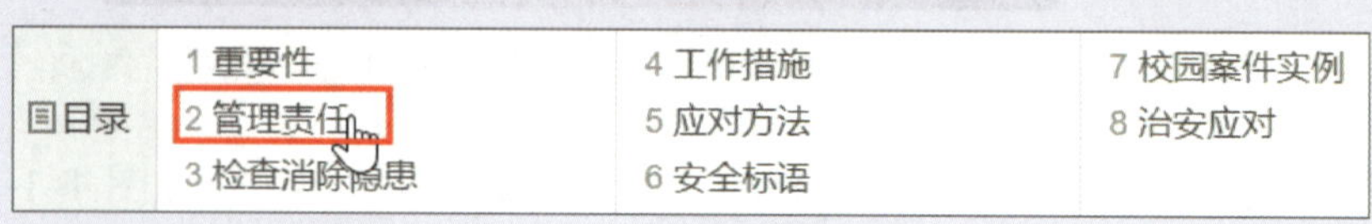

图 4-1-13　网页导航目录

2. 创建文件下载链接

创建文件下载链接的“属性”面板和代码示例如图 4-1-14 所示。

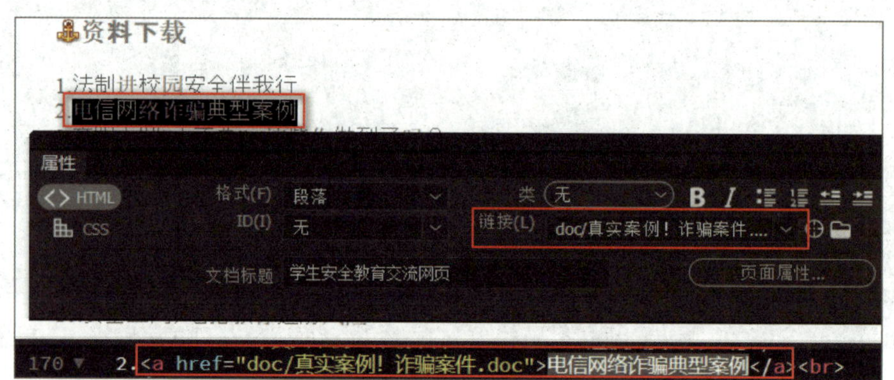

图 4-1-14　创建文件下载链接的“属性”面板和代码示例

其他超链接的创建方法与锚记链接和文件下载链接的创建方法基本类似，这里就不一一介绍了。

一、新建站点

1. 新建站点根文件夹“anquanjiaoyu”及子文件夹“images”“doc”“video”“pdf”，将学生安全教育交流网页中用到的图片存入文件夹“images”中，将网页中用到的文档存入文件夹“doc”和“pdf”中，将网页中用到的视频存入文件夹“video”中。

2. 新建名称为“anquanjiaoyu”的站点，其本地站点文件夹为“anquanjiaoyu”、默认图像文件夹为“images”，新建名称为“index.html”的网页文件。

3. 在代码视图中输入网页标题“学生安全教育交流网页”并保存。

二、输入网页栏目标题和栏目内容并设置格式

1. 在设计视图中输入网页正文标题“学生安全教育交流网页”，在“属性”面板（HTML）中设置其格式为“标题 2”，在“属性”面板（CSS）中设置其对齐方式为“居中对齐”。

2. 在设计视图中依次手动输入或通过复制、粘贴方式输入学生安全教育交流网页内容（包括栏目标题和栏目内容），并根据需要将内容换行或分段。

3. 在设计视图中依次选中 12 个栏目标题，从“一、网络诈骗”至“十、其他注意事项”以及“资料下载”“学习参考”，用“属性”（HTML）面板设置其格式为“标题 3”。

保存网页，按 F12 键可查看学生安全教育交流网页部分内容预览效果，如图 4-1-15 所示。

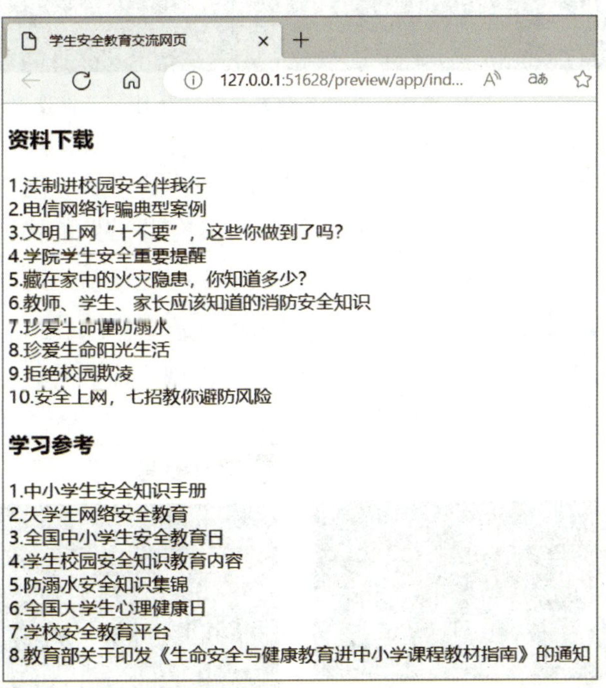

图 4-1-15　学生安全教育交流网页部分内容预览效果

三、创建网页栏目导航目录

1. 在设计视图中移动光标至栏目内容“一、网络诈骗”前，插入 4 行 3 列“表

格宽度”为“900”以及“边框粗细”“单元格边距”“单元格间距”均为“0”的表格。

2. 选中表格，在“属性”面板中设置对齐方式“Align”为“居中对齐”。选中该表格的所有单元格，在“属性”面板中设置单元格“宽”为“300”、“高”为“30”，并把 12 个栏目标题输入表格的各单元格中。选中表格中输入的 12 个标题，设置加粗效果。

在“学习参考”后插入若干空格，使“学习参考”和要输入的“联系我们”之间有一段距离，输入“联系我们”并设置加粗效果后保存，导航目录内容和表格的“属性”面板设置如图 4-1-16 所示。

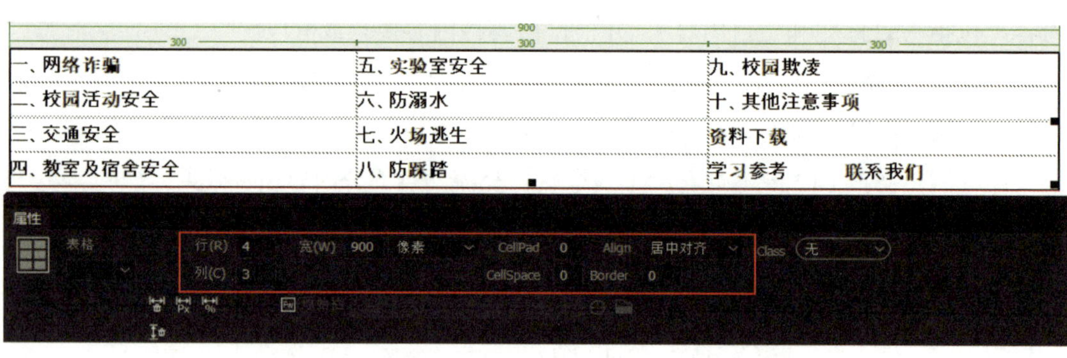

图 4-1-16　导航目录内容和表格的“属性”面板设置

3. 在代码视图中移动光标到表格下面的第一段内容“一、网络诈骗”前，输入代码：<a name="bt1"></a>，创建第一个目录项“一、网络诈骗”的锚记名称，如图 4-1-17 所示。

4. 仿照上面的步骤，依次为从“二、校园活动安全”至“学习参考”共 11 个目录项创建锚记名称“bt2”至“bt12”，图 4-1-18 所示为创建锚记名称“bt12”。

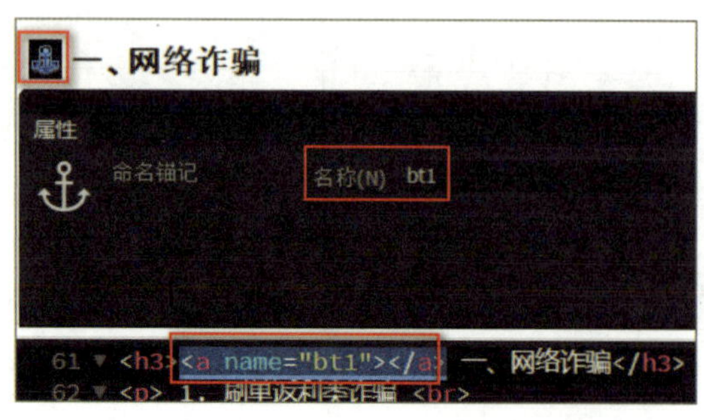

图 4-1-17　创建锚记名称“bt1”

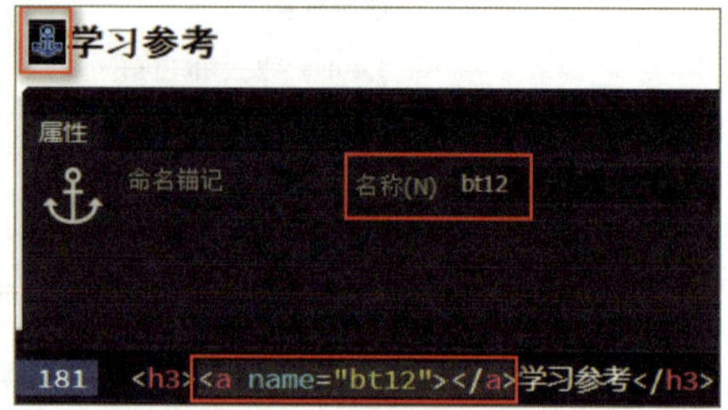

图 4-1-18　创建锚记名称“bt12”

小技巧

利用代码复制快速创建锚记

在代码视图中选中创建锚记名称“bt1”的代码：<a name="bt1"></a>，按组合快捷键 Ctrl+C 复制该代码，移动光标到目录项“二、校园活动安全”前，按组合快捷键 Ctrl+V 粘贴代码，并修改代码的属性 name 为“bt2”，可快速创建锚记名称。以此类推，创建其余目录项内的锚记名称。

5. 在设计视图中选中第一个目录项“一、网络诈骗”，在“属性”面板上“链接”后的文本框内输入锚记名称“#bt1”，为目录项“一、网络诈骗”创建锚记链接，其“属性”面板和代码如图 4-1-19 所示。

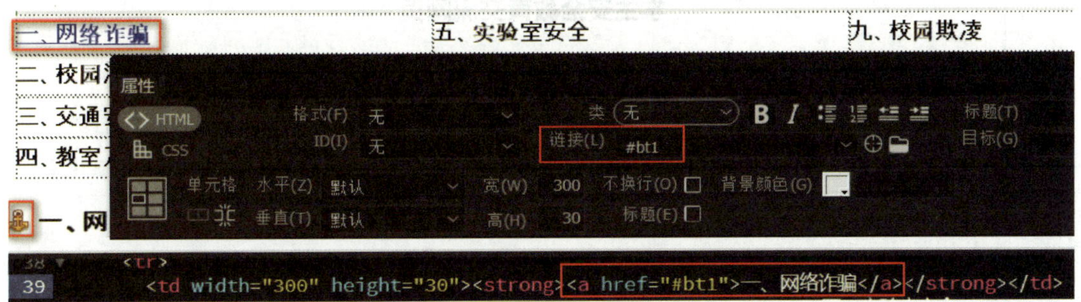

图 4-1-19　创建锚记链接“一、网络诈骗”的“属性”面板和代码

小提示

在“属性”面板上“链接”后的文本框中输入“#bt1”时，“#”不能省略。

6. 仿照上面的步骤，依次为“二、校园活动安全”至“学习参考”共 11 个目录项创建锚记链接，依次链接到锚记名称“bt2”至“bt12”，其代码如图 4-1-20 所示。

7. 保存并预览网页，移动鼠标光标到锚记链接“二、校园活动安全”上，鼠标指针会变成手形，如图 4-1-21 所示。单击“二、校园活动安全”锚记链接可跳转到对应的栏目内容，如图 4-1-22 所示。

```
<tr>
  <td width="300" height="30"><strong><a href="#bt1">一、网络诈骗</a></strong></td>
  <td width="300" height="30"><strong><a href="#bt5">五、实验室安全</a></strong></td>
  <td width="300" height="30"><strong><a href="#bt9">九、校园欺凌</a></strong></td>
</tr>
<tr>
  <td width="300" height="30"><strong><a href="#bt2">二、校园活动安全</a></strong></td>
  <td width="300" height="30"><strong><a href="#bt6">六、防溺水</a></strong></td>
  <td width="308" height="30"><strong><a href="#bt10">十、其他注意事项</a></strong></td>
</tr>
<tr>
  <td width="300" height="30"><strong><a href="#bt3">三、交通安全</a></a></strong></td>
  <td width="300" height="30"><strong><a href="#bt7">七、火场逃生</a></strong></td>
  <td width="308" height="30"><strong><a href="#bt11">资料下载</a> </strong></td>
</tr>
<tr>
  <td width="300" height="30"><strong><a href="#bt4">四、教室及宿舍安全</a></strong></td>
  <td width="300" height="30"><strong><a href="#bt8">八、防踩踏</a></strong></td>
  <td width="300" height="30"><strong><a href="#bt12">学习参考</a>
```

图 4-1-20　为网页导航目录创建的锚记链接代码

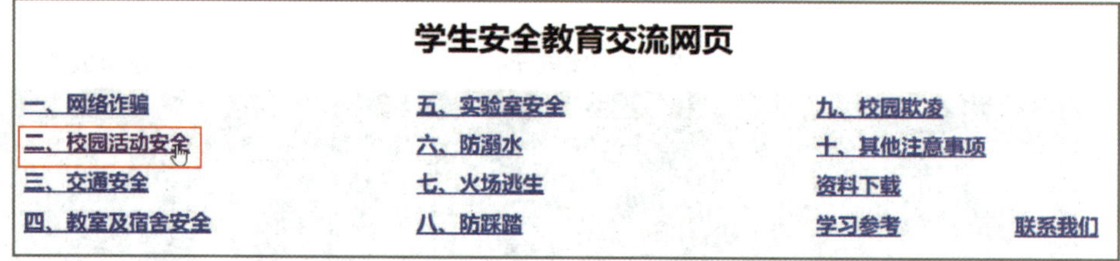

图 4-1-21　网页导航目录中的锚记链接“二、校园活动安全”

图 4-1-22　单击“二、校园活动安全”锚记链接后的网页效果

四、创建返回目录的锚记链接

1. 预览学生安全教育交流网页，单击“九、校园欺凌”锚记链接，可跳转到该栏目的内容。在查看完该栏目内容后，需要滚动鼠标或拖动浏览器窗口的滚动条回到导航目录后，才能单击导航目录中的锚记链接，重新选择要查看的栏目内容，这样浏览效率较低且不方便，如图 4-1-23 所示。

2. 在代码视图中移动鼠标光标到网页导航目录所在表格前，输入代码：<a name="mulu"></a>，创建返回网页导航目录的锚记名称，如图 4-1-24 所示。

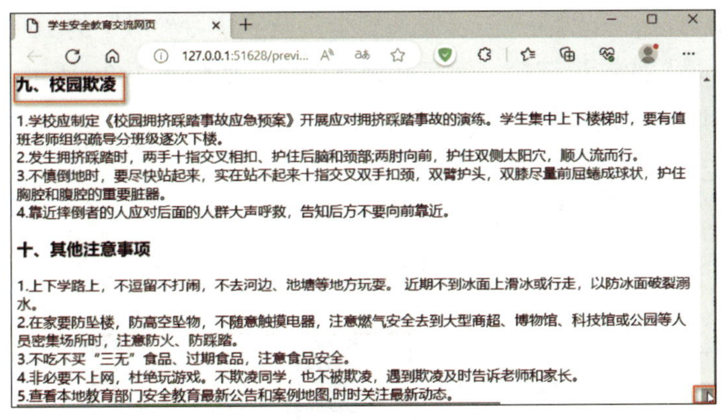

图 4-1-23　拖动滚动条返回导航目录

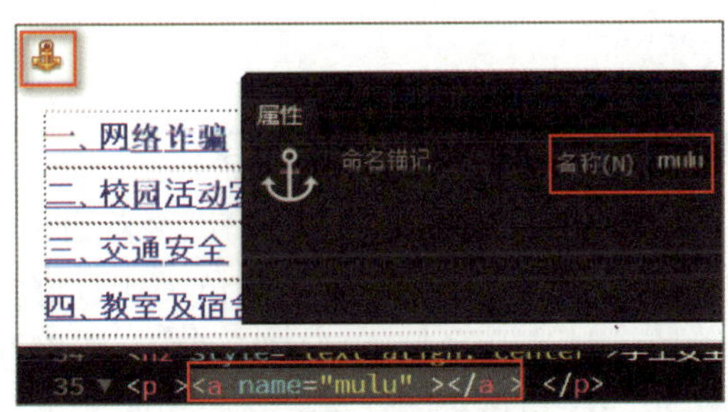

图 4-1-24　锚记名称“mulu”的“属性”面板和代码

3. 在设计视图中移动光标到“一、网络诈骗”栏目内容的结尾处，按 Enter 键换行，输入文本“返回目录”，在“返回目录”前插入若干空格，使输入的文本“返回目录”和栏目内容离开一段距离，以方便查找。

选中输入的文本“返回目录”，在“属性”面板中“链接”后的文本框中输入“#mulu”，为该栏目内容结尾后的“返回目录”创建锚记链接，如图 4-1-25 所示。

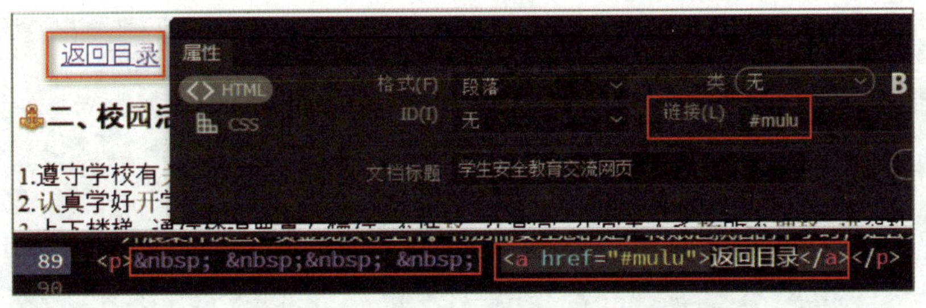

图 4-1-25　创建“返回目录”锚记链接的“属性”面板和代码

4. 在代码视图中复制代码：<p>   <a href="#mulu"> 返回目录 </a></p>，粘贴到“二、校园活动安全”栏目内容的代码结尾后，在“二、校园活动安全”栏目内容结尾后，创建“返回目录”的锚记链接。

5. 按照类似方法，分别在“三、交通安全”至“学习参考”的 10 个栏目内容结尾后创建“返回目录”的锚记链接，保存并预览网页，如图 4–1–26 所示，单击“返回目录”超链接可返回目录，如图 4–1–27 所示。

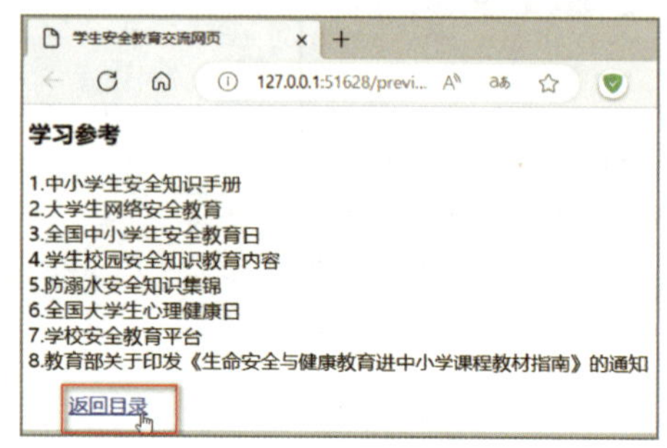

图 4–1–26 “返回目录”超链接

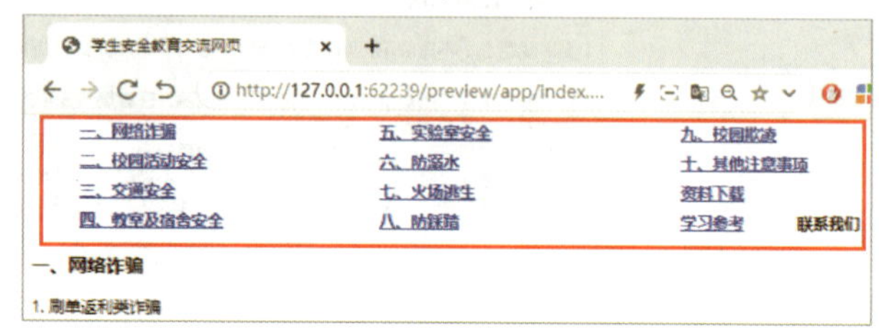

图 4–1–27 单击“返回目录”超链接后的效果

五、用“页面属性”对话框美化超链接

1. 观察图 4–1–26，可看到浏览器中的文本距离浏览器边框太近，网页中文本颜色太黑，有点刺目，将文本颜色设为“#848484”（灰色）比较好。单击设计视图中的网页空白处，再单击“属性”面板上的“页面属性”按钮，在弹出的“页面属性”对话框中可设置“文本颜色”为“#848484”（灰色）、“左边距”为“30 px”、“右边距”为“30 px”、“上边距”为“0 px”，单击“确定”按钮，如图 4–1–28 所示。保存并预览网页，效果如图 4–1–29 所示。

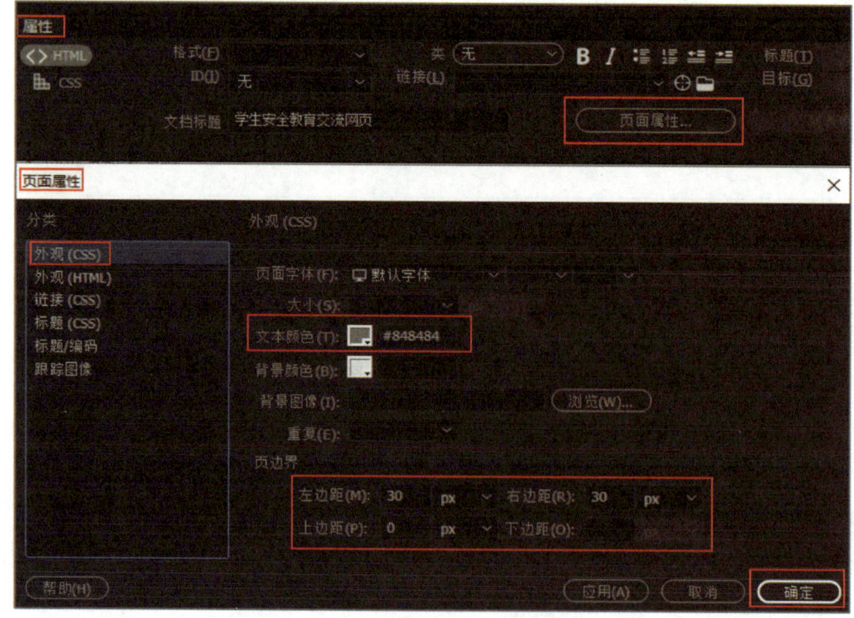

图 4–1–28 在“页面属性”对话框中设置“文本颜色”和“页边界”

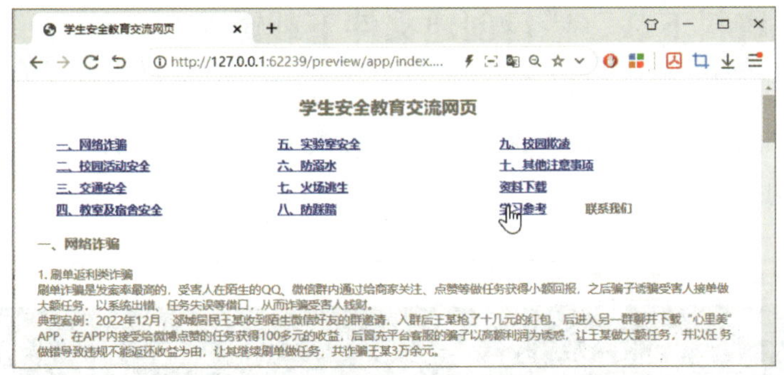

图 4-1-29　设置“文本颜色”和“页边界”后的网页预览效果

2. 观察图 4-1-29，可看到浏览器中的超链接带下划线，用鼠标指针指向超链接时超链接颜色未发生变化，未访问过的超链接和已访问过的超链接没有明显区别。

单击设计视图中的网页空白处，再单击“属性”面板上的“页面属性”按钮，在“页面属性”对话框的左侧“分类”中选择“链接（CSS）”，在右侧可设置“链接颜色”为“#666666（灰色）”、“已访问链接”为“#660000”、“变换图像链接”为“#ff0000”、“下划线样式”为“始终无下划线”，单击“确定”按钮，如图 4-1-30 所示。

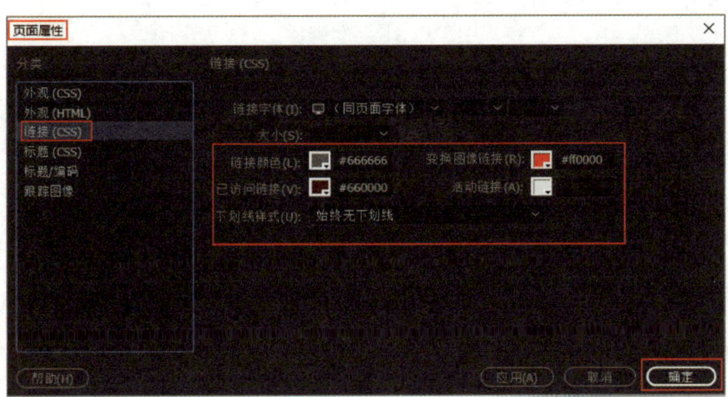

图 4-1-30　通过“页面属性”对话框修改超链接属性

保存并预览网页，可见当鼠标指针指向超链接时，超链接变为红色，效果如图 4-1-31 所示。

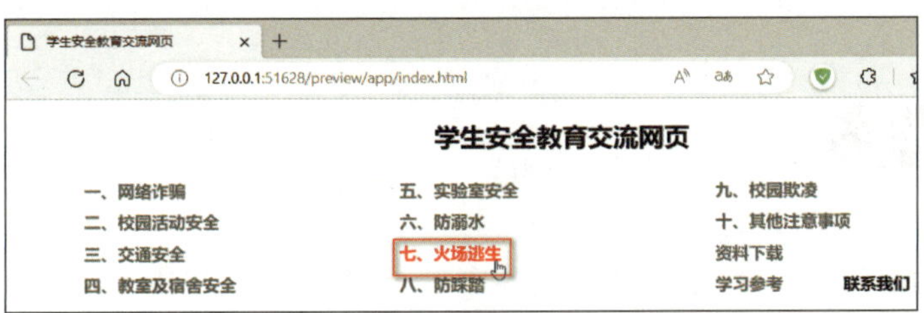

图 4-1-31　设置超链接属性后的网页预览效果

六、为“资料下载”栏目创建文件下载链接

1. 在设计视图中移动鼠标光标到“资料下载”栏目内容开始位置，选中文本“2. 电信网络诈骗典型案例”，单击“属性”面板上“链接”后的“浏览文件”按钮，如图 4–1–32 所示。

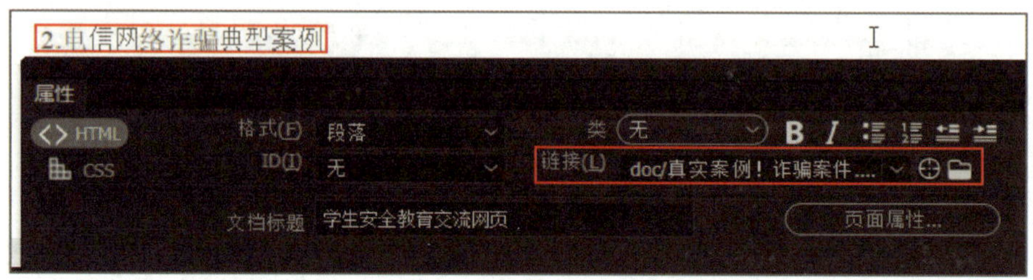

图 4–1–32　选择文本后用“属性”面板选择链接的文件

在弹出的“选择文件”对话框中双击选择文件所在的“doc”子文件夹，再选择 Word 文档“真实案例！诈骗案件 .doc”，单击“确定”按钮。

2. 保存并预览网页，单击文件下载链接“2. 电信网络诈骗典型案例”，弹出“新建下载”对话框，如图 4–1–33 所示。

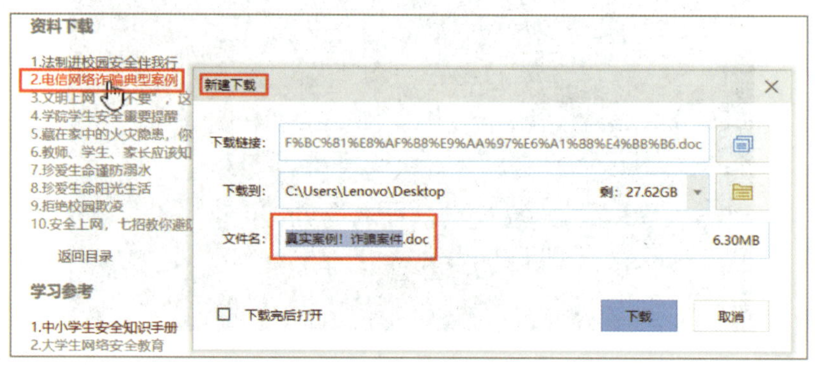

图 4–1–33　“新建下载”对话框

3. 仿照上面的步骤，为“3. 文明上网‘十不要’，这些你做到了吗？”至“10. 安全上网，七招教你避防风险”共 8 行文本依次创建文件下载链接。

上网查找 360 梁祝百科和百度梁祝百科，仿照上述的步骤和方法，搜集、整理并制作含有导航目录、文件下载链接的梁祝百科多媒体网页。

任务 2　为学生安全教育交流网页添加外部链接、电子邮件链接和热点链接

学习目标

1. 了解网页中外部链接、电子邮件链接、热点链接的形式、作用和应用。
2. 能创建外部链接、电子邮件链接、热点链接，并用“属性”面板设置其属性。
3. 能编辑外部链接、电子邮件链接、热点链接的标签和属性代码。

任务描述

本任务是一个外部链接、电子邮件链接和热点链接的应用实例（见图 4-2-1）。通过本任务的学习，可以掌握利用“属性”面板插入外部链接、电子邮件链接、热点链接并设置其属性的方法和技巧，熟悉超链接的路径相关知识。

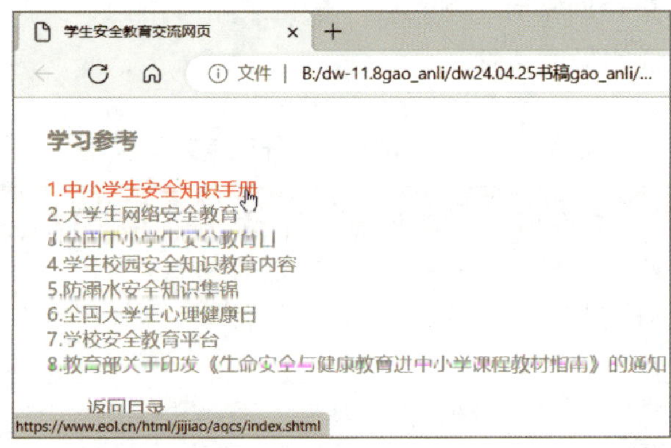

a）

b）

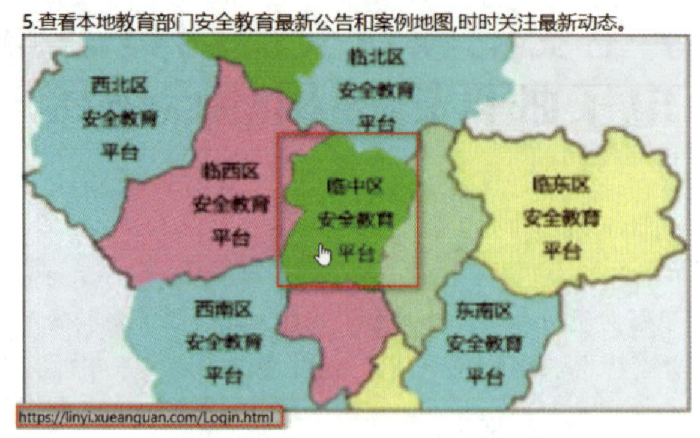

c）

图 4-2-1　外部链接、电子邮件链接和热点链接预览效果

a）外部链接预览效果　b）电子邮件链接预览效果　c）热点链接预览效果

一、网页中超链接的路径

网页中超链接的路径通常有绝对路径、根目录相对路径、文档目录相对路径三种。超链接路径的分类及说明见表 4-2-1。

表 4-2-1　超链接路径的分类及说明

分类	说明
绝对路径	绝对路径是一个精确地址，是包括服务器规范在内的完全路径；只要输入网站的绝对路径，不管当前网站在什么位置，都可以正常实现链接。当创建外部链接时，必须使用绝对路径
根目录相对路径	根目录相对路径是从站点根文件夹到被链接文档所经过的路径，根目录相对路径以斜线“/”开头，表示站点根文件夹，如 /program/01/welcome.html 就是一个根目录相对路径
文档目录相对路径	文档目录相对路径是以当前文档所在位置为起点，到被链接文档经由的路径，如 01/welcome.html 就是一个文档目录相对路径

小提示

在描述相对路径时，需要注意以下几点。

1. 如果当前文件和被链接文件在同一级目录里，直接写被链接

文件名即可。

2. 若被链接文件在当前文件的上一级目录里，需在被链接文件名前添加“../”。

3. 若被链接文件在当前文件的下一级目录里，需在被链接文件名前添加“下一级目录名/”。

二、外部链接的创建方法

在设计视图中选定要作为链接源端点的文本或图像，在“属性”面板中“链接”后的文本框内输入外部链接的路径，如“https://www.eol.cn/html/jijiao/aqcs/index.shtml”，图 4-2-2a 所示创建的是外部链接（从超链接源端点来看是文本超链接），图 4-2-2b 所示创建的是外部链接（从超链接源端点来看是图像超链接）。

a）

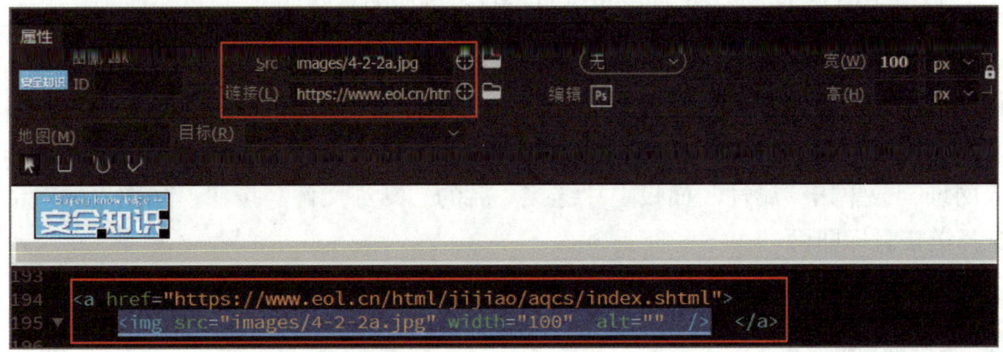

b）

图 4-2-2　在“属性”面板上输入创建超链接的路径
a）创建外部链接（文本超链接）　b）创建外部链接（图像超链接）

三、电子邮件链接的创建方法

在设计视图中选定要作为链接源端点的文本，单击“插入”面板中的“电子邮件链接”按钮，如图 4-2-3 所示，弹出图 4-2-4 所示“电子邮件链接”对话框，在该对

话框的“电子邮件”后的文本框中输入要链接的电子邮件地址，单击“确定”按钮即可创建电子邮件链接。

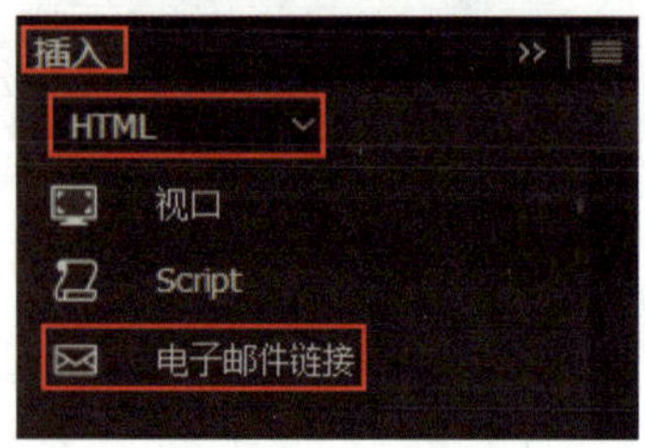

图 4-2-3 “电子邮件链接”按钮

图 4-2-4 “电子邮件链接”对话框

小提示

要创建电子邮件链接，还可以通过选中文本，直接在“属性”面板中“链接”后的文本框内输入“mailto：电子邮件地址”实现。

创建电子邮件链接的代码语法格式为 <a href="mailto: 用户名 @ 邮箱主机域名 "> 源端点 </a>。

四、热点链接的创建方法

热点链接也称为图像映射，是在同一个图像上用“属性”面板中的“热点”工具绘制若干个热点区域（热点）后，再为每个热点创建的超链接。

创建热点链接的步骤如下：选择要创建热点链接的图像，在“属性”面板上选择所需要的多边形热点工具，沿着要创建的热点区域边缘拐点依次单击直至起点，可创建多边形热点区域；选取多边形热点区域，在“属性”面板上“链接”后的文本框中输入网址，或单击“属性”面板上“链接”后的“浏览文件”按钮，在弹出的对话框中选择链接目标即可。

一、创建外部链接

1. 打开学生安全教育交流网页，在设计视图中选中“学习参考”栏目中的“1. 中小学生安全知识手册”，在“属性”面板上“链接”后的文本框内输入外部链接地址“https://www.eol.cn/html/jijiao/aqcs/index.shtml”，如图 4-2-2 所示。

2. 保存并预览网页，移动鼠标光标到外部链接“1. 中小学生安全知识手册”上，鼠标指针会变成手形。单击该外部链接“1. 中小学生安全知识手册”，浏览器会自动跳转到“https://www.eol.cn/html/jijiao/aqcs/index.shtml”对应的网页，如图 4-2-5 所示。

图 4-2-5　单击外部链接跳转后的网页

3. 仿照上述步骤，为“2. 大学生网络安全教育”至“8. 教育部关于印发《生命安全与健康教育进中小学课程教材指南》的通知”共 7 行文本依次创建外部链接。

二、创建电子邮件链接

1. 打开学生安全教育交流网页，在设计视图中选中导航目录中的目录项“联系我们”，在“属性”面板中“链接”后的文本框内输入“mailto：swglxyx@163.com”，如图 4-2-6 所示。

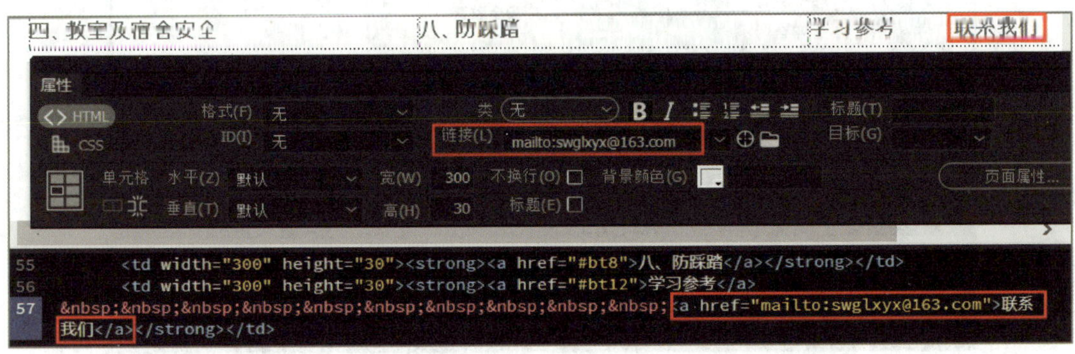

图 4-2-6　电子邮件链接“联系我们”的“属性”面板和代码

2. 保存并预览网页，移动鼠标光标到电子邮件链接“联系我们”上，鼠标指针会变成手形。单击目录中的电子邮件链接“联系我们”，浏览器会自动调用系统默认的邮

件客户端程序，同时在打开的“邮件”对话框中“收件人”地址栏内自动填写上电子邮件链接中设置的电子邮件地址，用户在自行填写相关内容后单击“发送”按钮，即可将电子邮件发送到“联系我们”设置的邮箱中，如图 4-2-1 所示。

三、创建热点链接

1. 在设计视图中移动鼠标光标到“十、其他注意事项”栏目内容的最后一行，增加内容“5. 查看本地教育部门安全教育最新公告和案例地图，时时关注最新动态。”，按 Enter 键，插入一张地图，如图 4-2-7 所示。

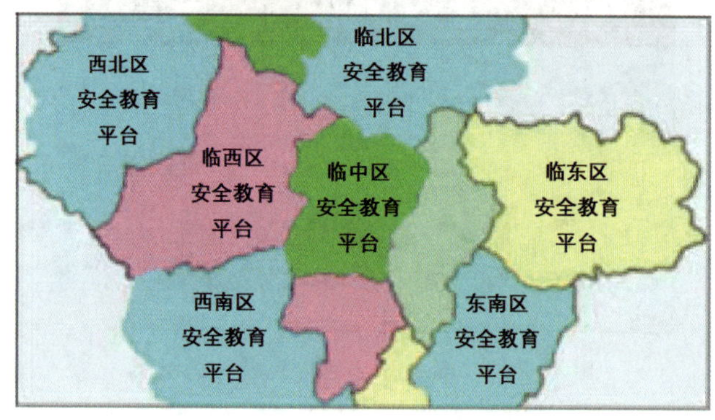

图 4-2-7 插入要创建热点链接的图像

2. 单击要创建热点链接的图像，在“属性”面板上选择所需的“多边形热点工具”图标，沿着要创建的多边形热区边缘拐点依次单击至起点，可创建多边形热区，如图 4-2-8 所示。

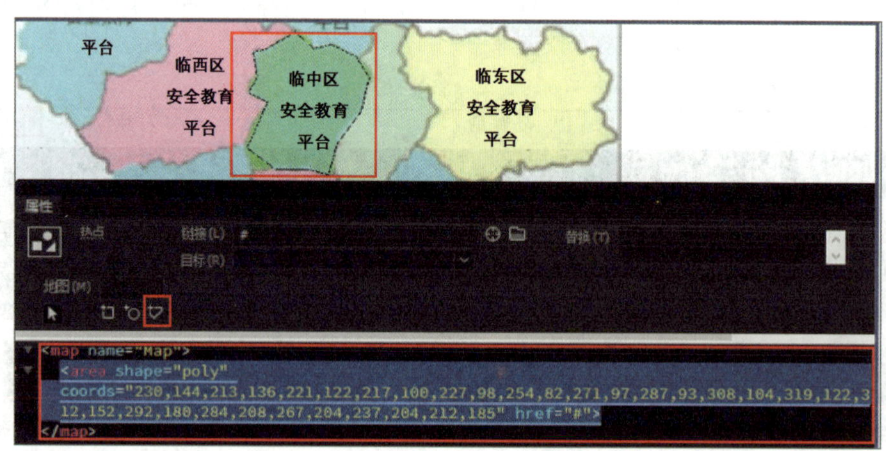

图 4-2-8 创建多边形热区

3. 选取创建的多边形热区，在“属性”面板上“链接”后的文本框中输入临中区安全教育平台登录网页的网址，如图 4-2-9 所示，可对选择的多边形热区创建热点链接。

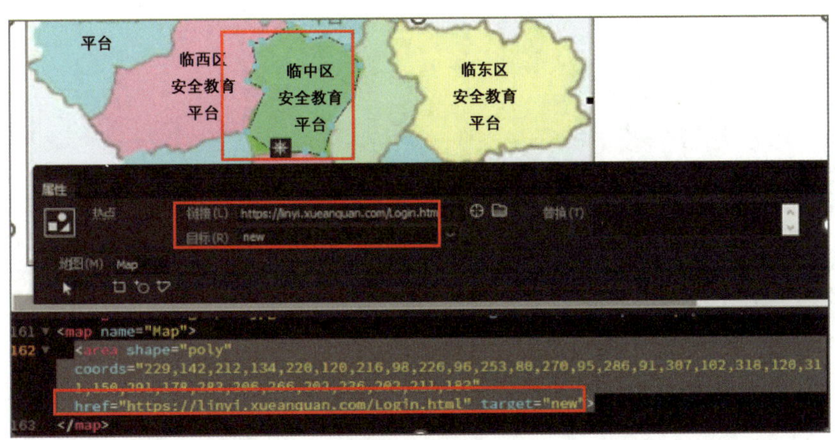

图 4-2-9　对选择的多边形热区创建热点链接

4. 保存并预览网页，移动鼠标光标到临中区安全教育平台热点链接上，鼠标指针会变成手形，单击该热点链接，浏览器会自动跳转到对应的网页。

5. 仿照上述步骤，为导航地图上其他区域建立热点链接。

搜集各类网址，制作超链接和导航目录，进行适当地美化，效果如图 4-2-10 所示。

电影	头条电影　电影天堂　土豆电影　优酷电影　PP影视　风行电影　乐视电影　腾讯电影　豆瓣电影　百度电影　乐视电影　西瓜电影
电视	CCTV官网　山东电视台　广东电视台　浙江卫视　凤凰卫视　江苏卫视
戏曲	京剧　豫剧　越剧　黄梅戏　柳琴戏
音乐	酷狗音乐　QQ音乐　千千音乐　5ND音乐网　酷我音乐　网易云音乐　九酷音乐网　豆瓣音乐
菜谱	香椿炒鸡蛋　鲅鱼水饺　秘制酱肘子　醋溜土豆丝　私房菜　宫保鸡丁　糖醋鲤鱼　鱼香肉丝　糖醋鱼块　麻婆豆腐　油焖大虾　拔丝苹果　糖醋排骨　葱烧海参
健康	中医养生　健康饮食网
安全	交通安全　用电安全　防溺水　防诈骗

图 4-2-10　网页效果

项目五
表单元素的应用

表单是动态网页中必不可少的组成部分，实现网站注册、网站登录、网上用户调查、网站订购、网上查询等功能都离不开它。

本项目通过完成“制作登录表单”“制作注册表单”等任务，学习表单页面的创建过程和方法，熟悉表单及表单元素的属性和表单页面的布局技巧。

任务 1　制作登录表单

1. 了解表单的形式和登录表单的构成及作用。
2. 了解表单、input 元素的标签格式和属性。
3. 能创建登录表单并用“属性”面板设置其属性。
4. 能修改表单标签和表单元素标签及属性代码。

本任务为登录表单的制作实例（见图 5-1-1）。通过本任务的学习，可以掌握使用

"插入"面板、"属性"面板、代码视图来插入表单和表单元素并设置其属性的方法和技巧，熟悉其标签及属性代码，积累用表格布局表单页面的经验。

图5-1-1　登录表单最终效果

一、表单概述

1. 表单的概念

表单是网页浏览者与网站服务器之间进行信息传递的重要工具，同时它还包含传送表单数据、向处理的动态页面提交表单数据信息等操作。

表单一般由表单域、提示信息和表单元素三部分组成。表单域是表单元素的"容器"；提示信息是表单元素周围用于提示用户输入或选择数据的文本；表单元素用于收集用户输入的数据。

在表单页面中创建表单时，首先要插入表单域，然后将表单元素添加到表单域内部，否则表单页面将不能正常运行。

2. 表单域的插入方法

（1）单击"插入"面板上的"表单"按钮。

（2）单击"插入"→"表单"→"表单"命令。

（3）在代码视图中输入创建表单域的有关代码。

3. 表单域的标签和常用属性

表单域的标签格式为 <form name="f1" id="f1" action="URL" method="get|post" target="_blank">…</form>。

表单域的常用属性及说明见表 5-1-1。

表 5-1-1 表单域的常用属性及说明

常用属性	说明
id	为表单域的标识，可以使用脚本语言引用或控制该表单域，以便服务器在处理数据时能准确地识别表单
name	为表单域的名称，与 id 具有相同的含义
action	用于设置处理该表单的动态网页路径或处理表单数据的程序路径，即处理表单数据的页面或脚本
method	用来设置表单数据发送到服务器的方式，有三个选项：默认、get 和 post，浏览器一般默认方法为 get get 表示把表单数据附加到请求 URL 中发送，并向服务器发送请求。因为 URL 被限定在 8 192 个字符内，所以内容过多的表单不要使用 get 方法 post 表示把表单数据嵌入到 http 请求中发送，并向服务器发送请求，一般情况下选择 post 方法
target	用来设置表单被处理后反馈网页打开的方式，共有 4 个选项：_blank、_parent、_self、_top _blank 是指在新窗口中打开目标，设置目标文档为 _blank 有利于提高浏览速度 _parent 是指在显示当前文档窗口的父窗口中打开目标文档 _self 是指在当前窗口打开目标文档，为默认的打开方式 _top 是指网页在顶层窗口中打开

二、表单元素概述

表单元素是网页中用于收集用户输入数据的元素，如文本域、下拉列表、单选按钮、复选框等。这些表单元素使得用户可以与网页交互，输入数据并提交给服务器处理。

可以把表单域看做一个“容器”，表单元素就是放在这个“容器里的东西”，只有添加了表单元素，表单才能真正起作用，才可以让访问者输入数据或执行其他操作。

网页中的表单元素主要有 input、select、textarea、label、button、option、datalist、keygen、output 等，常见的表单元素及功能见表 5-1-2。

表 5-1-2 常见的表单元素及功能

表单元素	功能
input	定义输入框
select	定义下拉列表框
textarea	定义文本域（一个多行的输入控件）
label	定义 input 元素的标签，一般用于输入标题
button	定义点击按钮

在常见的表单元素中，input 元素应用最多，下面重点对 input 元素的作用、常见形式、格式和属性等进行介绍。

input 元素用 <input> 标签定义，用于在网页中收集用户输入的数据。

input 元素的常见形式和应用示例如图 5–1–2 所示。

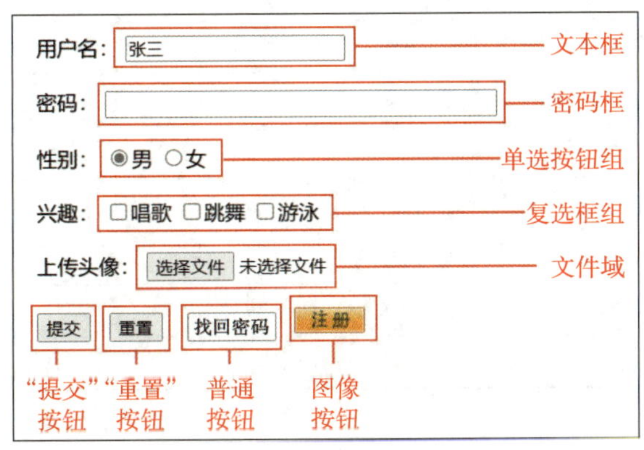

图 5–1–2　input 元素的常见形式和应用示例

input 元素的 HTML 代码基本格式为 <input type=" 元素类型 " name=" 元素名称 " value=" 元素的值 ">。

通过设置 input 元素的 type 属性，可得到不同类型的 input 元素（见表 5–1–3）。

表 5–1–3　input 元素的 type 属性和说明

type 属性	说明
text	为单行文本输入框，可以输入一行文本
password	为密码输入框，该区域输入的字符通常显示为“●●●●●●●”
radio	为单选按钮，相同 name 的单选按钮同时只能选中一个
checkbox	为复选框，相同 name 的复选框可以同时选中多个
submit	为“提交”按钮，单击“提交”按钮后将表单数据发送到服务器
reset	为“重置”按钮，单击“重置”按钮后将清除表单中输入的所有数据
button	为普通按钮，多数情况下单击该按钮将执行设置的 JavaScript 脚本
image	为图像形式的“提交”按钮，效果类似于“提交”按钮，需使用 URL 定义图片
file	为文件域，用于上传文件
hidden	为隐藏域，一般用于定义隐藏的参数
color	让用户从拾色器中选择一种颜色
date	让用户从日期选择器中选择一个日期
datetime	让用户从时间和日期选择器中选择一个时间或日期

续表

type 属性	说明
datetime-local	让用户从时间和日期选择器中选择一个本地的时间或日期
time	让用户从时间选择器中选择一个时间
month	让用户从月份选择器中选择一个月份
week	让用户从年、周选择器中选择一个年和周
email	为 Email 地址的输入框
number	为只能输入数值的输入框
range	为拖动条，通过拖动输入一定范围内的数值
search	为搜索框，可输入搜索关键字
tel	为只能输入电话号码的输入框
url	为 URL 地址的输入框

下面以 input 元素中最常用的文本框的插入方法和属性设置为例，说明 input 元素的插入和属性设置方法。

1. 文本框的插入方法

（1）单击“插入”面板中的“文本”按钮。

（2）单击“插入”→“表单”→“文本”命令。

（3）在代码视图中输入文本框的代码。

2. 文本框的属性

文本框的属性及说明见表 5-1-4。

表 5-1-4　文本框的属性及说明

属性	说明
name	用于设置文本框名称，每个文本框必须有一个唯一的名称，文本框名称最好便于记忆和理解，例如，“姓名”文本框可以命名为“username”，“密码”文本框可以命名为“password”
size	用来设置文本框在页面中显示的宽度（英文字符个数），每个汉字相当于 2 个英文字符
maxlength	用于设置文本框中最多可输入的字符数
disabled	选择该项后，文本框的边框将变为灰色，整个文本框将被禁用
required	设置文本框在提交之前必须输入内容，不能为空
autocomplete	HTML5 新增，设置文本框内容的输入是否启用自动完成功能
autofocus	HTML5 新增，设置在浏览器中打开网页时，鼠标光标自动聚焦在文本字段中

续表

属性	说明
readonly	设置文本框中的内容为只读（不可编辑修改）
value	定义输入字段的初始（默认）值

小提示

1. 表单元素的名称不能包含空格或特殊字符，可以使用字母、数字或下划线的组合。

2. value 属性对于 <input type="checkbox"> 和 <input type="radio"> 是必需的。

任务实施

在 Dreamweaver CC 中，打开图 5–1–1 所示登录表单所在的网页文件，观察并分析登录表单的构成、表单布局所用表格的行数和列数。

1. 新建站点根文件夹“denglubd”及子文件夹“images”，将网页中用到的图片存入文件夹“images”中，并新建站点“denglubd”。

2. 新建网页文件“login1.html”并打开，在网页中插入一个 1 行 1 列的表格，用“属性”面板设置该表格的“宽”为“360”、“Cellpad”为“0”、“CellSpace”为“0”、“Align”为“居中对齐”、“Border”为“1”，如图 5–1–3 所示。

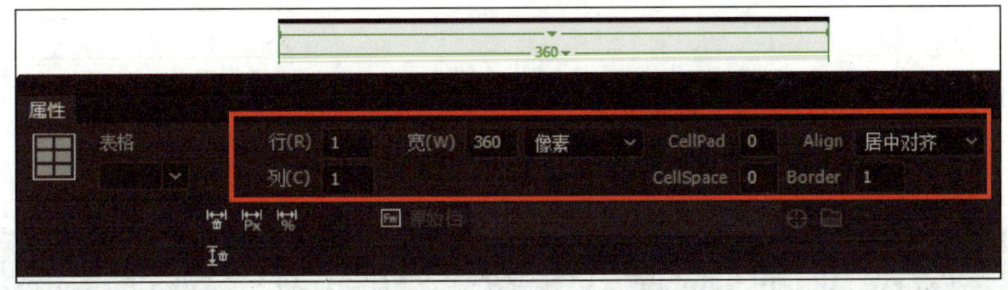

图 5–1–3　插入表格

3. 在该表格中插入一个 1 行 1 列的表格，用于放置提示文本和图片，用“属性”面板设置该表格的“宽”为“100%”、“Cellpad”为“0”、“CellSpace”为“0”、“Border”为“0”，如图 5–1–4 所示。

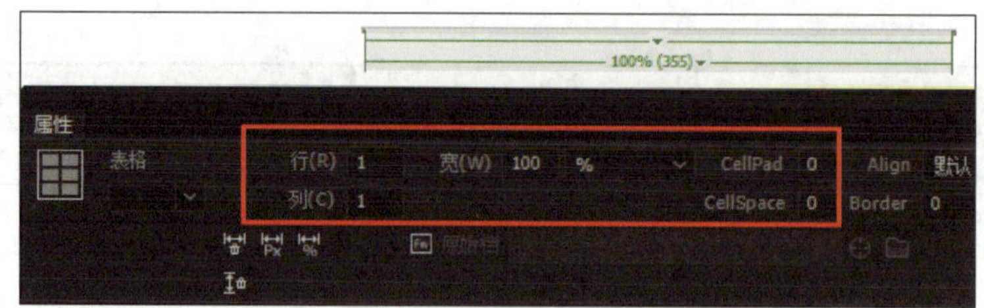

图 5-1-4　插入嵌套表格并设置其属性

4. 在嵌套表格的单元格中单击，用“属性”面板设置单元格的“高”为“50”，在单元格中输入文本“普通登录”，插入图像“images/LoginIcon.gif”，如图 5-1-5 所示。

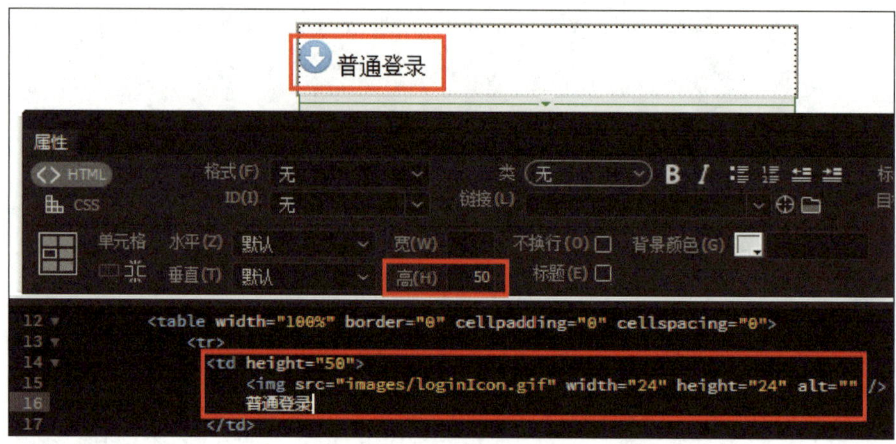

图 5-1-5　插入图像和文本

5. 观察图 5-1-5，发现插入的图像和文本垂直方向未对齐，文本“普通登录”未加粗显示。在代码视图中找到图像的代码，在其中添加使其垂直方向居中对齐的代码：align="absmiddle"；选中文本“普通登录”，单击“属性”面板上的“粗体”按钮将文本加粗，其效果和代码如图 5-1-6 所示。

```
<body>
<table width="360" border="1" align="center" cellpadding="0" cellspacing="0">
  <tr>
    <td>
        <table width="100%" border="0" cellpadding="0" cellspacing="0">
          <tr>
            <td height="50">
              <img src="images/loginIcon.gif" width="24" height="24" alt="" align="absmiddle" />
              <strong>普通登录</strong>
            </td>
```

图 5-1-6　设置图像垂直方向居中、文本加粗

6. 选中“普通登录”所在的表格，按键盘上的➜键，移动鼠标光标到嵌入的表格之后，单击“插入”面板中的“表单”按钮插入一个表单域，如图 5–1–7 所示。

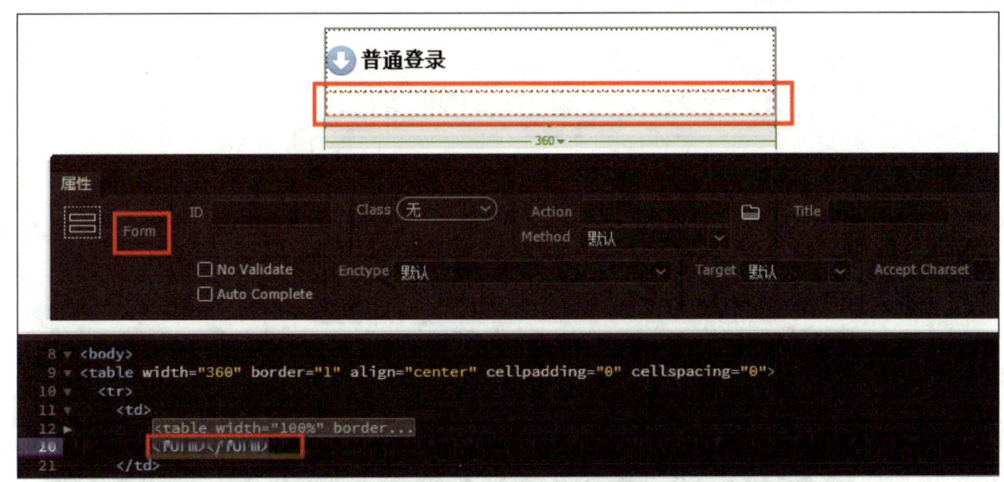

图 5–1–7　插入表单域

小提示

当一个表单域被插入到网页中后，在设计视图中显示为一个红色虚线框，表单元素必须放入这个红色虚线框内才能起作用。

如果看不见标记表单域的红色虚线框，可单击“查看”→“设计视图选项”→“可视化助理”→“不可见元素”命令，使红色虚线框可见，如图 5–1–8 所示。

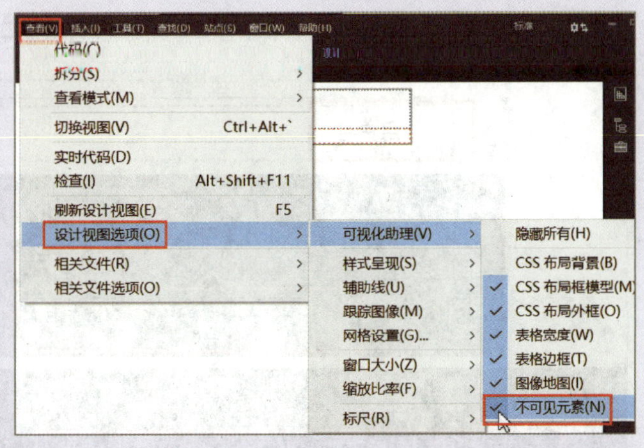

图 5–1–8　设置使不可见元素变为可见

7. 移动鼠标光标到表单域中，在表单域中插入一个5行2列的表格，用“属性”面板设置该表格的“宽”为“100%”、“Cellpad”为“5”、“CellSpace”为“0”、“Border”为“0”，如图5-1-9所示。

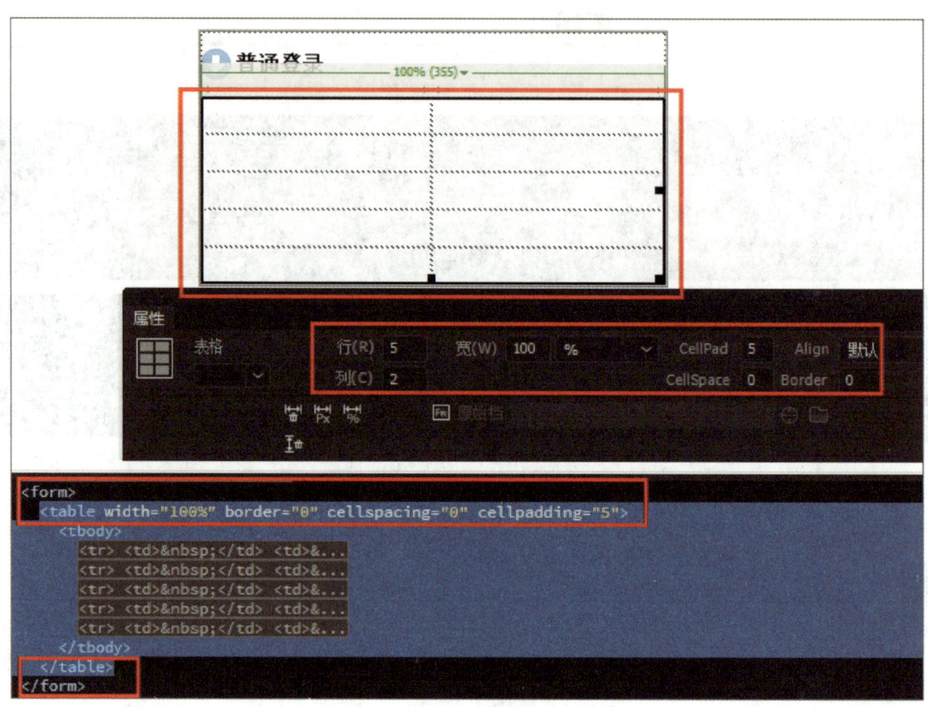

图5-1-9 在表单域中插入表格

8. 单击刚插入的表格的第1行第1列的单元格，输入文字“用户名”，用“属性”面板设置其“宽”为“80”、“高”为“40”、“水平”为“右对齐”，如图5-1-10所示。

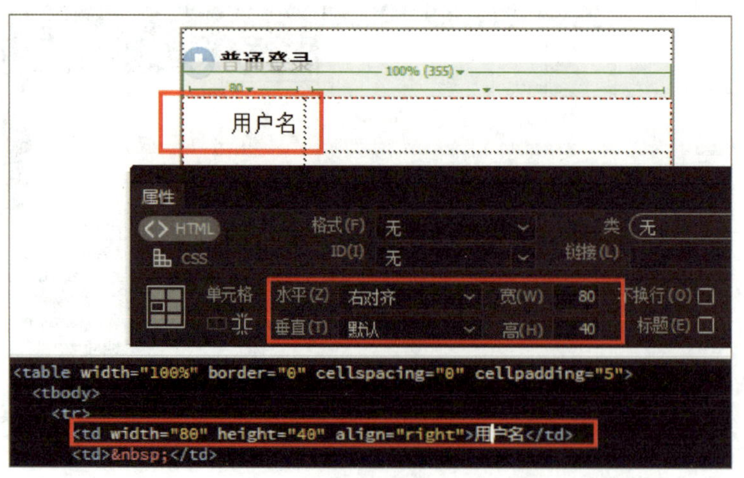

图5-1-10 设置单元格属性，输入用户名

9. 单击刚插入表格的第 1 行第 2 列的单元格，用“属性”面板设置其“水平”为“左对齐”。单击“插入”面板上的“文本”按钮，插入一个文本框，如图 5-1-11 所示。

```
<table width="100%" border="0" cellspacing="0" cellpadding="5">
  <tbody>
    <tr>
      <td width="80" height="40" align="right">用户名</td>
      <td align="left"><label for="textfield">Text Field:</label>
      <input type="text" name="textfield" id="textfield"></td>
    </tr>
```

图 5-1-11　插入文本框

10. 在设计视图中删去第 1 行第 2 列单元格中的无用文本“Text Field:”，可看到代码视图中对应的代码：<label for="textfield">Text Field:</label> 被删除，如图 5-1-12 所示。

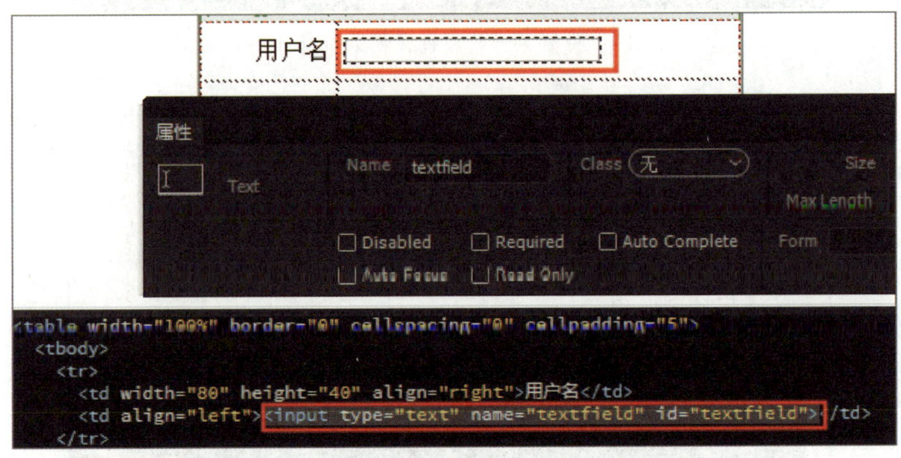

图 5-1-12　删去无用文本“Text Field:”

11. 在刚插入的文本框后单击并输入文本“@111.com”，拖动选中“用户名”下方的三个单元格，在“属性”面板中设置其“高”为“40”、“水平”为“右对齐”，在三个单元格中依次输入文本“密码”“手机”和“验证码”，保存并预览网页，效果如图 5-1-13 所示。

12. 单击表格的第 2 行第 2 列单元格，单击“插入”面板中的“密码”按钮，插入一个密码框，删去单元格中无用的文本“password:”，如图 5-1-14 所示。

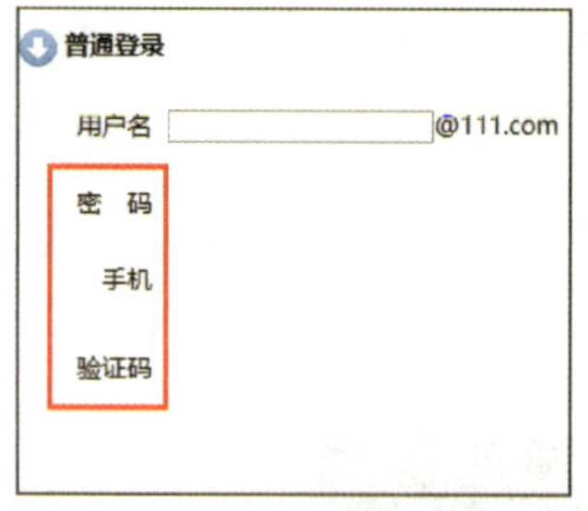

图 5-1-13　输入提示文本

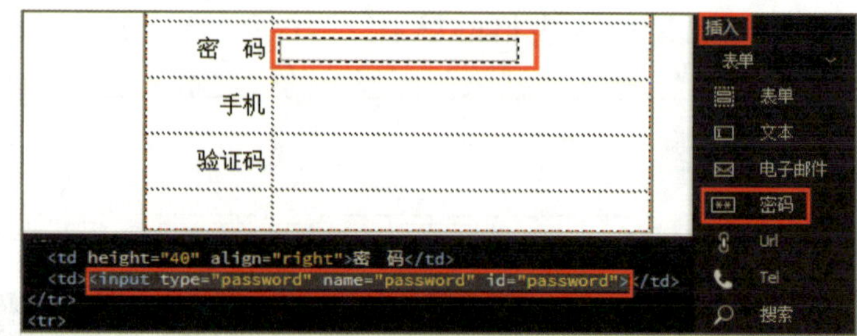

图 5-1-14　插入密码框的按钮及代码

13. 单击表格的第 3 行第 2 列单元格，单击“插入”面板中的“Tel”按钮，插入“电话号码”输入框，删去单元格中的无用文本“Tel:”，效果和代码如图 5-1-15 所示。

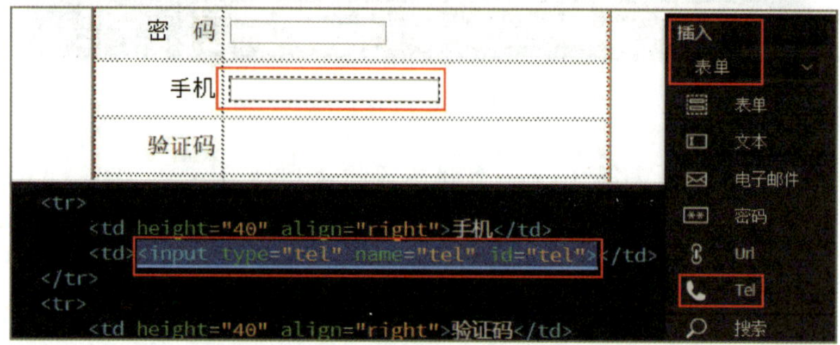

图 5-1-15　设置单元格属性，插入电话号码输入框

14. 单击表格的第 4 行第 2 列单元格，单击“插入”面板中的“文本”按钮，插入一个文本框，删去单元格中无用的文本“Text Field:”，用“属性”面板设置其“size”为“15”，指定文本框在页面中显示的宽度，如图 5-1-16 所示。

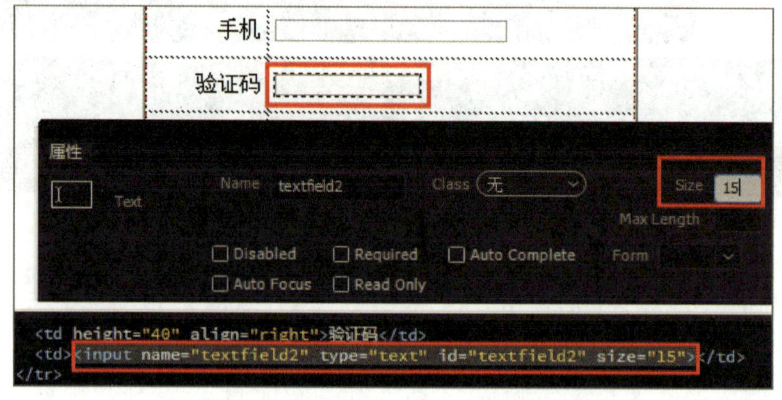

图 5-1-16　在验证码的右侧插入文本框并设置其属性

15. 移动鼠标光标至表格的第 4 行第 2 列单元格中的文本框后，单击“插入”面板中的“Image”按钮，在对话框中选择要插入的图像文件“images/codeImg.gif”，

在代码视图中找到刚插入的图像的代码，在其中添加垂直方向居中对齐的代码：align="absmiddle"，如图 5-1-17 所示。

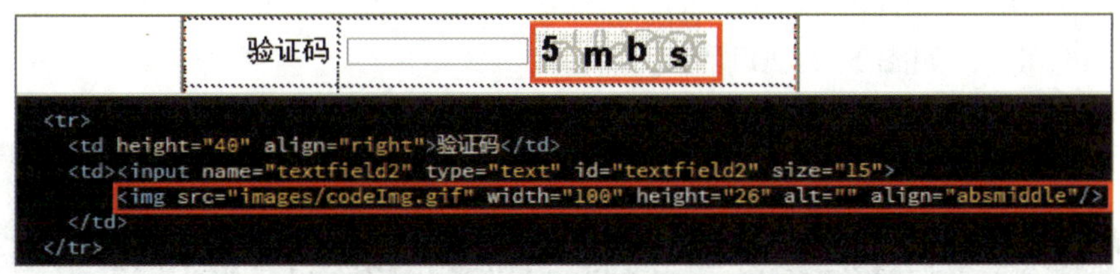

图 5-1-17　在验证码的文本框后面插入图像

16. 单击表格第 5 行第 1 列单元格，在“属性”面板上设置“水平”为“右对齐”，单击“插入”面板中的“重置”按钮，插入一个“重置”按钮，用“属性”面板设置其“value”属性为“重填”，如图 5-1-18 所示。

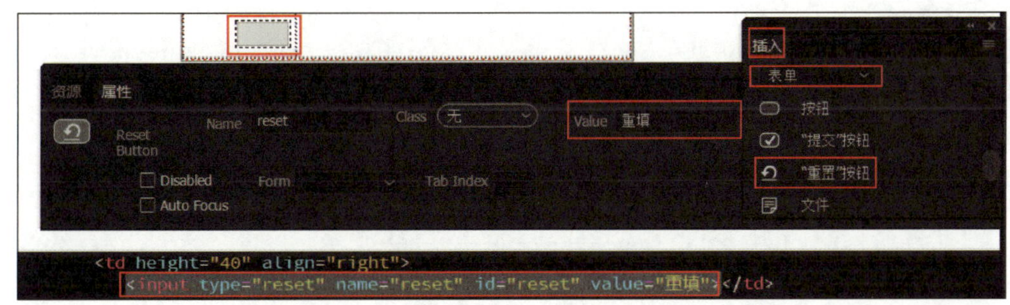

图 5-1-18　插入“重置”按钮（“重填”按钮）

17. 单击表格第 5 行第 2 列单元格，单击“插入”面板中的“提交”按钮，插入一个“提交”按钮，用“属性”面板修改其“value”属性为“登录”，如图 5-1-19 所示。

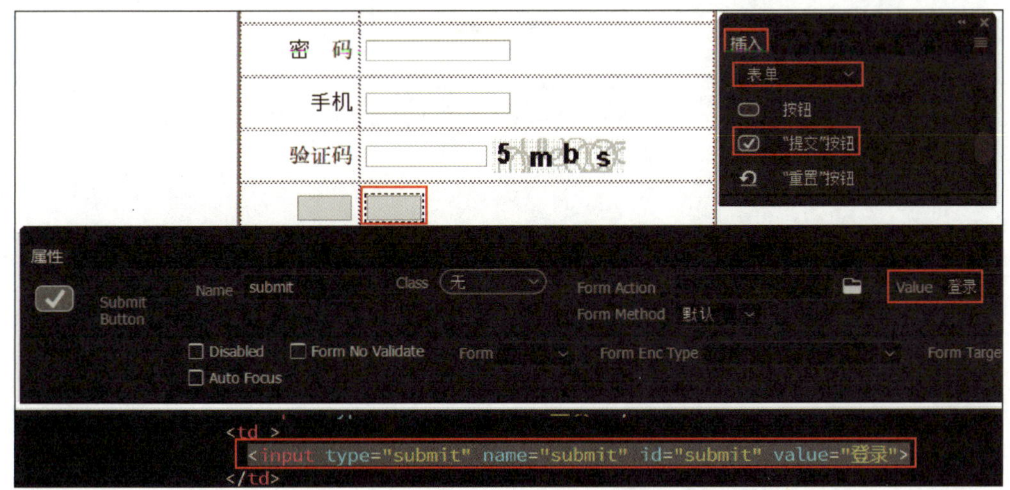

图 5-1-19　插入“提交”按钮（“登录”按钮）并修改其属性

18. 移动鼠标光标至刚插入的“登录”按钮后，单击“插入”面板中的“图像”按钮，在弹出的对话框中选择按钮上呈现的图像文件：src="images/zhuce.jpg"，插入一个“图像”按钮，找到刚插入图像的代码，在其中添加使其垂直方向居中对齐的代码：align="absmiddle"，如图 5-1-20 所示。

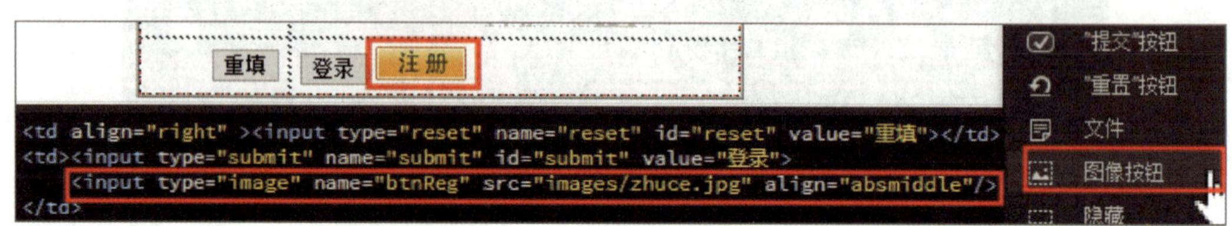

图 5-1-20　插入“图像”按钮（“注册”按钮）

登录表单制作完毕，保存并预览网页，如图 5-1-1 所示。

分析图 5-1-21 所示登录表单的构成，制作该登录表单。

图 5-1-21　登录表单

任务 2　制作注册表单

1. 了解标签、单选按钮、复选框、列表框、文本域的标签格式和属性。
2. 能创建注册表单，并用“属性”面板设置其属性。
3. 能修改注册表单及其表单元素标签和属性代码。

本任务是一个注册表单的制作实例（见图 5-2-1）。通过本任务的学习，可以掌握利用“插入”面板、“属性”面板、代码视图制作注册表单的过程和方法，熟悉用表格布局注册表单网页的技巧。

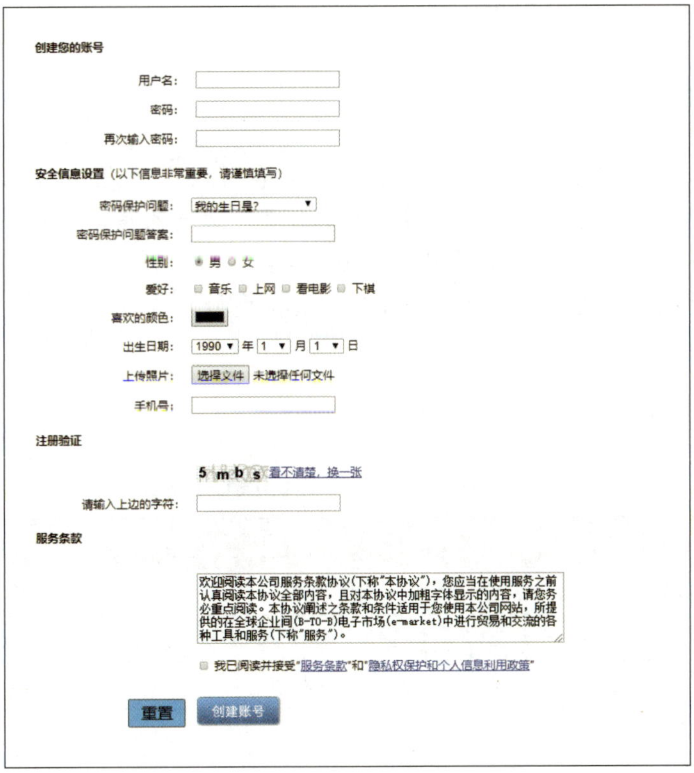

创建您的账号

用户名：

密码：

再次输入密码：

安全信息设置（以下信息非常重要，请谨慎填写）

密码保护问题：我的生日是?

密码保护问题答案：

性别：男 女

爱好：音乐 上网 看电影 下棋

喜欢的颜色：

出生日期：1990 年 1 月 1 日

上传照片：选择文件 未选择任何文件

手机号：

注册验证

5 m b s 看不清楚，换一张

请输入上边的字符：

服务条款

欢迎阅读本公司服务条款协议(下称“本协议”)，您应当在使用服务之前认真阅读本协议全部内容，且对本协议中加粗字体显示的内容，请您务必重点阅读。本协议阐述之条款和条件适用于您使用本公司网站，所提供的在全球企业间(B-TO-B)电子市场(e-market)中进行贸易和交流的各种工具和服务(下称“服务”)。

我已阅读并接受“服务条款”和“隐私权保护和个人信息利用政策”

重置　创建账号

图 5-2-1　注册表单

相关知识

一、下拉列表框

下拉列表框可用来创建菜单或者下拉列表，实现单选或多选。下拉列表框的代码格式示例和对应效果如图 5-2-2 所示。

```
<body>
    <select name="city" size="5" multiple="multiple">
      <optgroup label="广东省">
        <option value="1">广州</option>
        <option value="2">深圳</option>
      </optgroup>
      <optgroup label="浙江省">
        <option value="1">杭州</option>
        <option value="2">温州</option>
      </optgroup>
  </select>
</body>
```

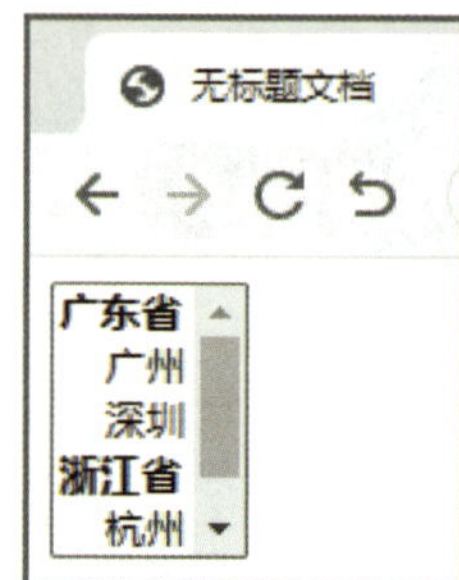

图 5-2-2　下拉列表框的代码格式示例和对应效果

小提示

select 标签、option 标签、optgroup 标签可配合使用；select 标签用来创建下拉列表，option 标签用来定义列表中的可选项，optgroup 标签用来把相关的选项组合在一起。当使用一个长的选项列表时，对相关的选项进行组合会使处理变得更加容易。

select 标签的属性及说明见表 5-2-1。

表 5-2-1　select 标签的属性及说明

属性	说明
disabled	指定下拉列表为禁用，使其不可交互
multiple	指定下拉列表允许选择多个选项，属性值只能为 multiple，无此属性时则为单选
name	指定下拉列表的名称，用于提交表单数据
size	指定下拉列表可见的行数，默认值为 1
class	指明下拉列表引用的类名
dir	指定下拉列表的内容的文本方向，值为 ltr 表示从左到右，值为 rtl 表示从右到左

续表

属性	说明
id	指定下拉列表的唯一标识符
lang	指定下拉列表内容的语言代码
style	指定下拉列表的内嵌样式
tabindex	指定下拉列表的 Tab 键顺序
title	指定下拉列表的提示文本

option 标签用于定义选择列表中的一项，option 标签必须放在 select 标签中。

HTML5 的 option 标签的属性及说明见表 5-2-2。

表 5-2-2　HTML5 的 option 标签的属性及说明

属性	说明
disabled	禁用该选项。如果设置了该属性，则该选项不可选择
label	为选项指定一个简短描述
selected	表示该选项是否被默认选中。如果设置了该属性，则该选项会在加载页面时自动被选中
value	指定选项对应的值，若选中该选项，则当提交表单时将该值发送到服务器
class	指明下拉列表的类名
dir	指定下拉列表里内容的文本方向
id	指明下拉列表的唯一 id
lang	指定下拉列表内容的语言代码
style	指定下拉列表的内嵌样式
title	指定下拉列表的提示文本

二、文本域

文本域是一个多行的文本框，可以让用户输入较长的数据。文本域的代码示例如图 5-2-3 所示。

```
<body>
    <textarea name="readMe" cols="60" rows="5">欢迎阅读本公司服务条款协议(下称"本协议")，您应当在使用服务之前
    认真阅读本协议全部内容，且对本协议中加粗字体显示的内容，请您务必重点阅读。本协议阐述之条款和条件适用于您使用本公司
    网站，所提供的在全球企业间(B-TO-B)电子市场(e-market)中进行贸易和交流的各种工具和服务(下称"服务")。
    </textarea>
</body>
```

图 5-2-3　文本域的代码示例

文本域的属性及说明见表 5-2-3。

表 5-2-3 文本域的属性及说明

属性	说明
disabled	指定文本域为禁用
name	为文本域定义名称
cols	设置多行文本框的可见宽度，此属性必须设置
rows	设置多行文本框的可见行数，此属性必须设置
id	指明文本域的唯一 id
readonly	指定文本域为只读
style	指定文本域的内嵌样式
class	指明文本域的类名
title	指定元素的提示文本
require	指定文本域为必填项

三、HTML5 的 input 类型元素及使用方法

1. email 类型

email 类型的 input 元素是一种专门输入电子邮件地址的文本输入框，在提交表单的时候，会自动验证输入框中值的合法性。

email 类型的 input 元素的 HTML 代码格式为 <input type="email" name="user_email" />。

2. number 类型

number 类型的 input 元素提供用于输入数值的文本框，还能对所接收的数字的取值范围进行限定。

number 类型的 input 元素的 HTML 代码格式为 <input type="number" name="number1" min="1" max="20" step="4"/>。

3. search 类型

search 类型的 input 元素提供用于输入搜索关键词的文本框。

search 类型的 input 元素的 HTML 代码格式为 <input type="search" name="search1"/>。

4. tel 类型

tel 类型的 input 元素提供专门用于输入电话号码的文本框。

tel 类型的 input 元素的 HTML 代码格式为 <input type="tel" name="tel"/>。

5. color 类型

color 类型的 input 元素提供专门用于设置颜色的文本框。

color 类型的 input 元素的 HTML 代码格式为 <input type="color" name="color"/>。

观察并分析图 5–2–1 所示的注册表单，分析表单的构成、表单布局所用表格的行数和列数。

1. 新建站点根文件夹“zhucebd”及子文件夹“images”，将表单中用到的图片存入文件夹“images”中，并新建站点“zhucebd”。

2. 新建网页文件“login1.html”并打开，在网页中插入一个 1 行 1 列的表格（以下简称表 1）用来充当表单外边框，在代码视图中设置该表格的属性“width”为“962”、“border”为“1”、“cellpadding”为“40”、“cellspacing”为“0”、“align”为“center”。

3. 移动鼠标光标至表 1 的单元格中，单击“插入”面板中的“表单”按钮，在表格中插入一个表单，如图 5–2–4 所示。

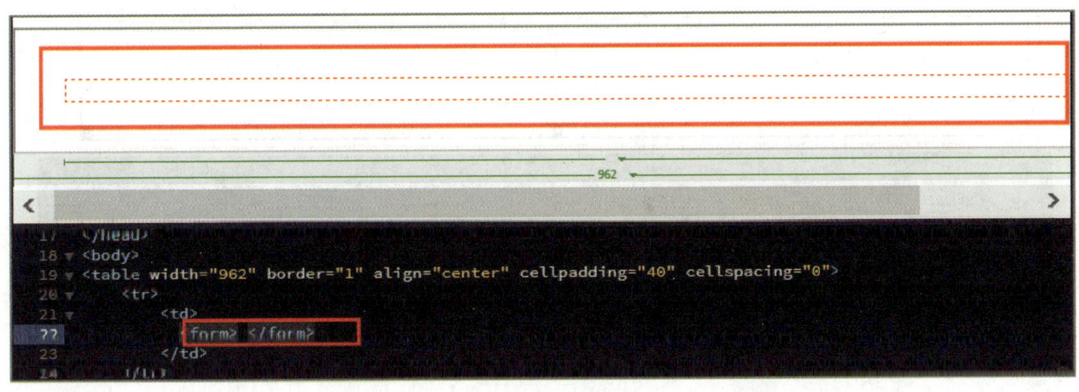

图 5–2–4　在表 1 的单元格中插入表单

4. 移动鼠标光标至刚插入的表单域中，插入一个 8 行 1 列的表格（以下简称表 2），用“属性”面板设置该表格“宽”为“100%”、“Border”为“0”、“CellPad”为“8”、“CellSpace”为“0”，如图 5–2–5 所示。

5. 在表 2 的第 1 行所在单元格中单击，输入文本“创建您的账号”，选中该文本并单击“属性”面板上的“粗体”按钮，设置加粗效果。

6. 在表 2 的第 2 行所在单元格中单击，插入一个 3 行 2 列的表格（以下简称表 3），用“属性”面板设置该表格“宽”为“100%”、“Border”为“0”、“CellPad”为“8”、“CellSpace”为“0”，如图 5–2–6 所示。

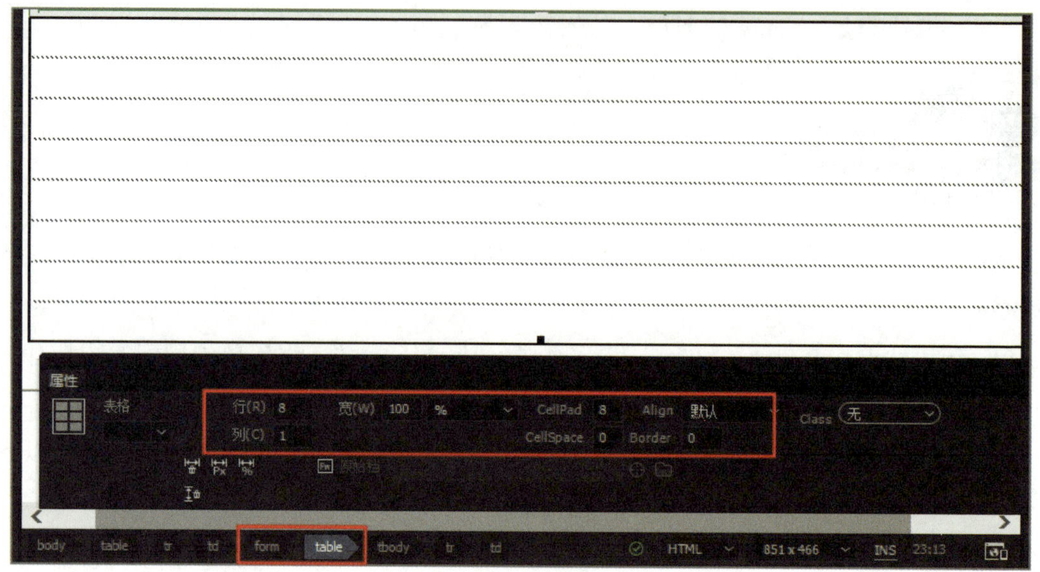

图 5-2-5　在表单中插入表 2

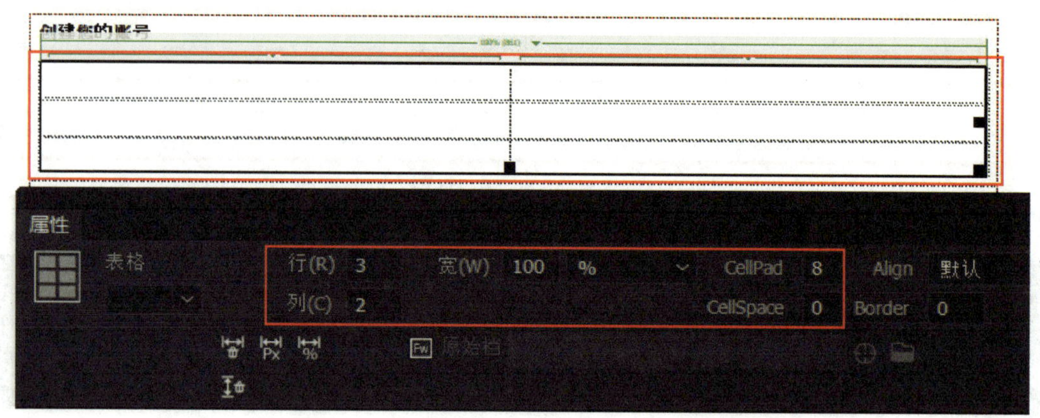

图 5-2-6　插入表 3

7. 选中表 3 的第 1 列的三个单元格，用“属性”面板设置其“水平”为“右对齐”，设置单元格“宽”为“200”。

在表 3 的第 1 列的三个单元格中依次输入“用户名:”“密码:”和“再次输入密码:”，如图 5-2-7 所示。

8. 选中表 3 的第 2 列的三个单元格，用“属性”面板设置其“水平”为“左对齐”。在表 3 的第 2 列的第 1 个单元格中单击，单击“插入”面板中的“文本”按钮插入一个文本框，并删去多余的文本“Text Field:”，设置其 name、id 属性。

在表 3 的第 2 列的第 2 个单元格中单击，单击“插入”面板中的“密码”按钮，插入一个密码框，并删去多余的文本“Password:”，设置其 name、id 属性。

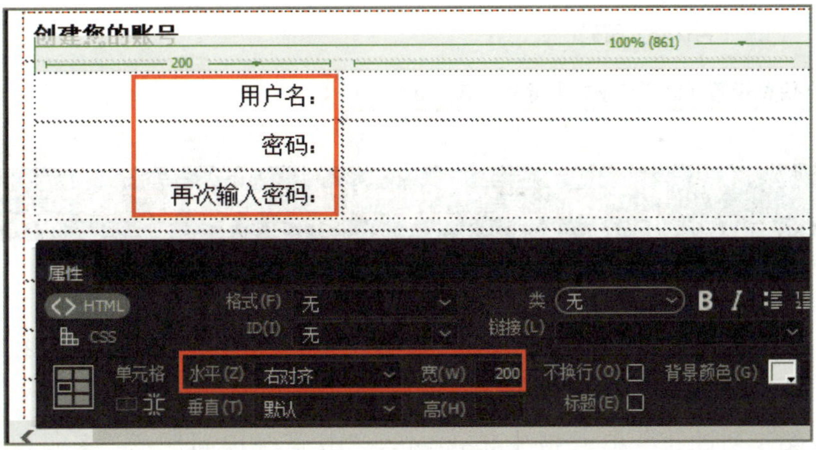

图 5-2-7　输入提示文本

在表 3 的第 2 列的第 3 个单元格中单击，单击“插入”面板中的“密码”按钮，插入一个密码框，并删去多余的文本“Password:”，设置其 name、id 属性，如图 5-2-8 所示。

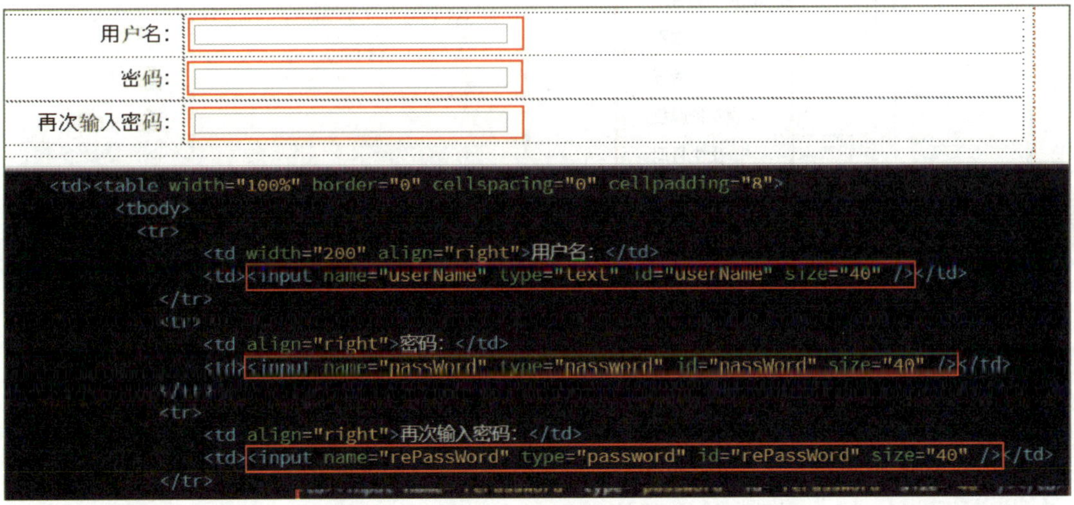

图 5-2-8　插入一个文本框和两个密码框

9. 单击表 2 的第 3 行的单元格，输入文本“安全信息设置（以下信息非常重要，请谨慎填写）”，选中文本“安全信息设置”，单击“属性”面板的“粗体”按钮，设置加粗效果，如图 5-2-9 所示。

10. 单击表 2 第 4 行所在单元格，插入一个 8 行 2 列的表格（以下称表 4），用“属性”面板设置该表格“宽”为“100%”、“Border”为“0”、“CellPad”为“8”、“CellSpace”为“0”。

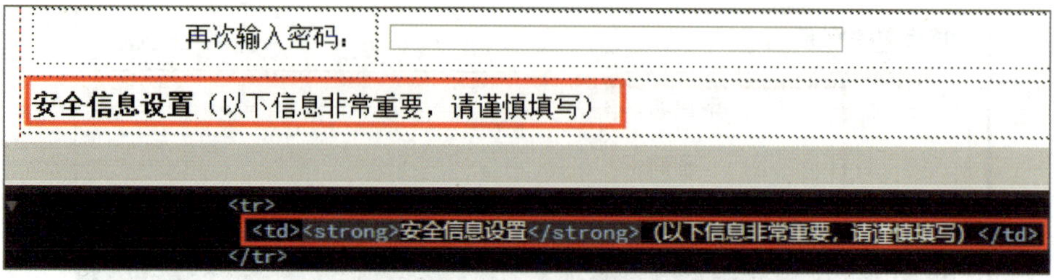

图 5-2-9　输入“安全信息设置”并设置加粗效果

选中表 4 第 1 列的 8 个单元格，用“属性”面板设置其“水平”为“右对齐”、单元格“宽”为“200”。

在表 4 第 1 列的 8 个单元格中依次输入“密码保护问题:”“密码保护问题答案:”“性别:”“爱好:”“喜欢的颜色:”“出生日期:”“上传照片:”和“手机号:”，如图 5-2-10 所示。

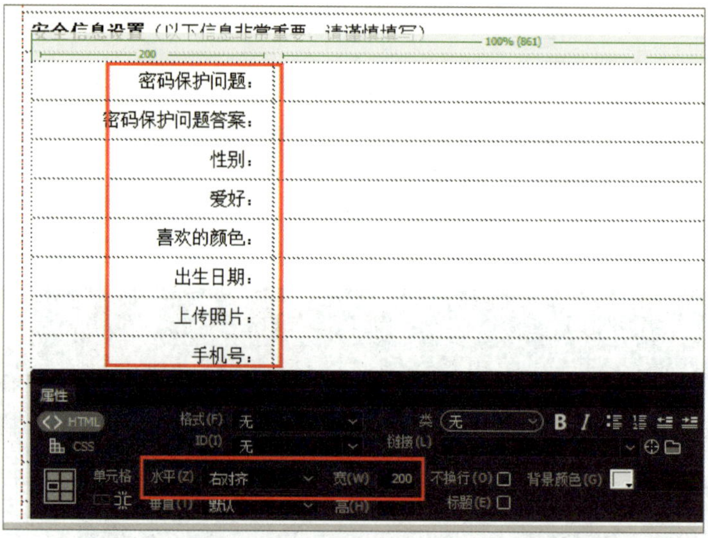

图 5-2-10　插入表 4，设置其对齐方式、宽并输入文本

11. 选中表 4 第 2 列的 8 个单元格，用“属性”面板设置其“水平”为“左对齐”。

在表 4 第 2 列的第 1 个单元格中单击，单击“插入”面板中的“选择”按钮，插入一个下拉列表框，并删去多余的文本“Select:”。

选中刚插入的下拉列表框，单击“属性”面板上的“列表值”按钮，在“列表值”对话框中“项目标签”下的文本框中输入“我的生日是?”，在“值”文本框中输入“01.16”；再单击“+”按钮，在对话框中新增加的“项目标签”下的文本框中输入“我妈的生日是?”，在新增加的项目标签“值”文本框中输入“10.01”，单击“确定”按钮，如图 5-2-11 和图 5-2-12 所示。

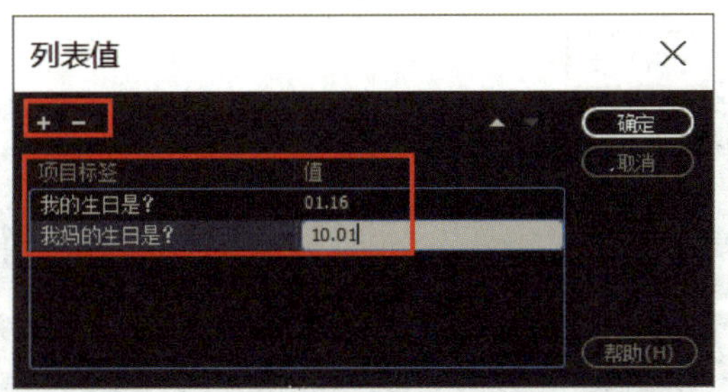

图 5-2-11　“列表值”对话框

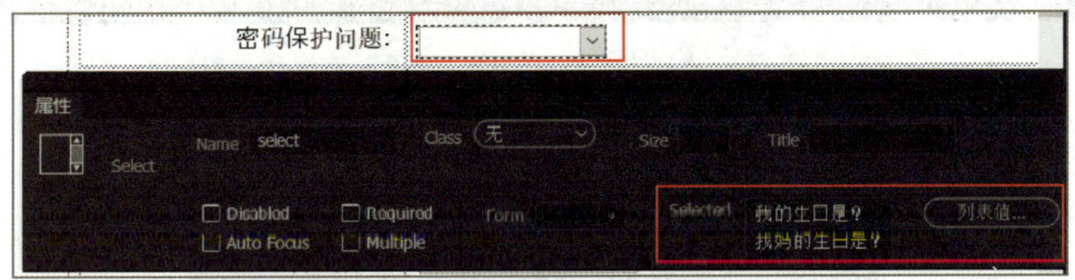

图 5-2-12　下拉列表框及其“属性”面板上的“列表值”按钮

12. 在表 4 的第 2 行第 2 列单元格中单击，单击“插入”面板中的“文本”按钮，插入一个文本框，并删去多余的文本“Text Field:”。

在表 4 的第 3 行第 2 列单元格中单击，单击“插入”面板中的“单选按钮组”按钮，在弹出的对话框中设置单选按钮组中的各个选项，并单击“确定”按钮。删去单选按钮组代码中的换行标记
，单击选中该按钮组中的“男”选项，在“属性”面板上选中“Checked”，设置“默认选中”效果，如图 5-2-13 和图 5-2-14 所示。

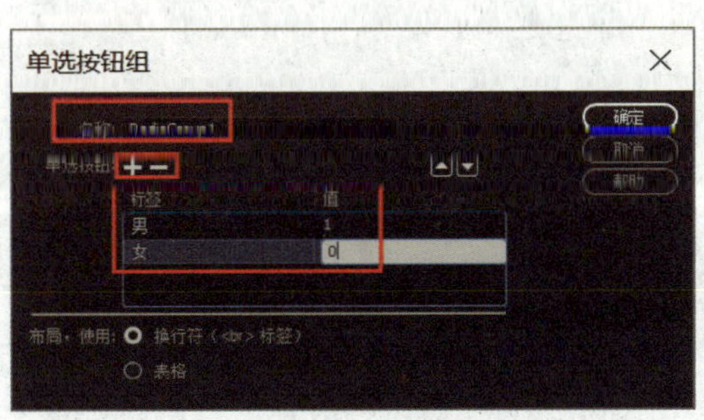

图 5-2-13　“单选按钮组”对话框

13. 在表 4 的第 4 行第 2 列单元格中单击，单击“插入”面板中的“复选框组”按钮，在弹出的对话框中设置“复选框组”中的各个选项，单击“确定”按钮，如图 5-2-15 所示。

删去“复选框组”代码中的换行标记“
”，使同组各复选框排在同一行，并设置其各自的 id 属性，如图 5-2-16 所示。

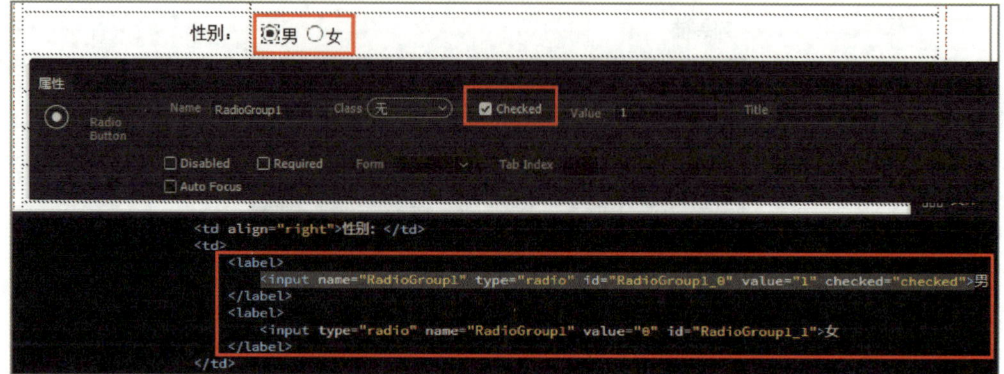

图 5-2-14 “单选按钮组”的“属性”面板和代码

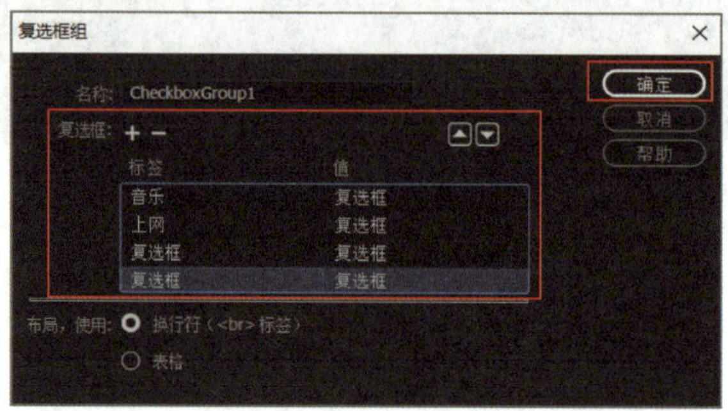

图 5-2-15 “复选框组”对话框

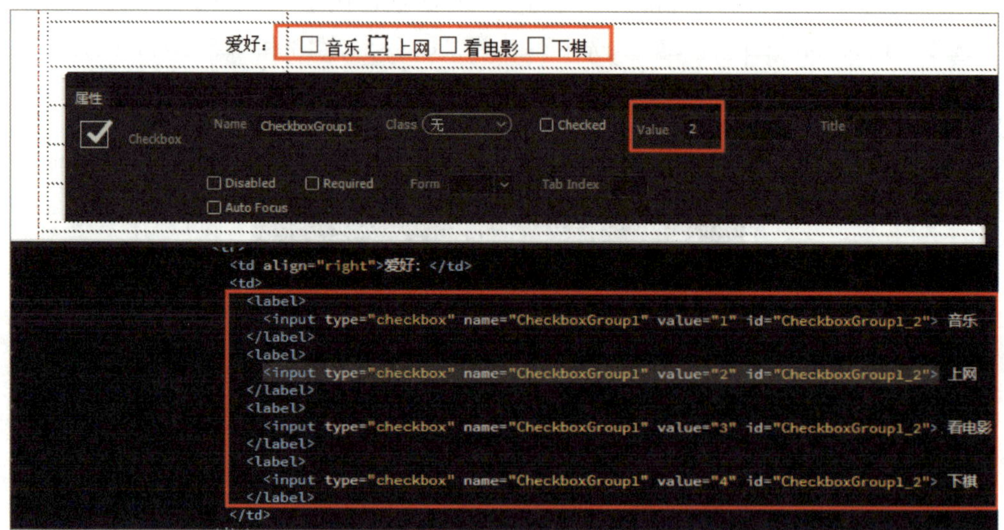

图 5-2-16 “复选框组”的“属性”面板和代码

14. 在表 4 的第 5 行第 2 列单元格中单击，单击“插入”面板中的“颜色”按钮，删去多余的文本“Color:”，如图 5-2-17 所示。

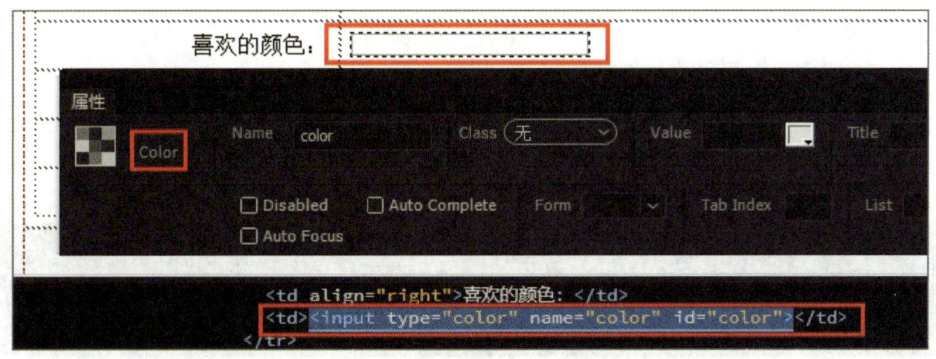

图 5-2-17　“颜色”按钮的“属性”面板和代码

15. 在表 4 的第 6 行第 2 列单元格中单击，单击“插入”面板中的“选择”按钮，插入一个下拉列表框，并删去多余的文本“Select:”；选中刚插入的下拉列表框，单击“属性”面板上的“列表值”按钮，在“列表值”对话框中“项目标签”下的文本框中输入各列表项，单击“确定”按钮，再在该列表框后输入“年”。

采用类似方法插入用于“选取月的列表框”和“月”，再插入用于“选取日的列表框”和“日”，如图 5-2-18 和图 5-2-19 所示。

图 5-2-18　“月”的“列表值”对话框

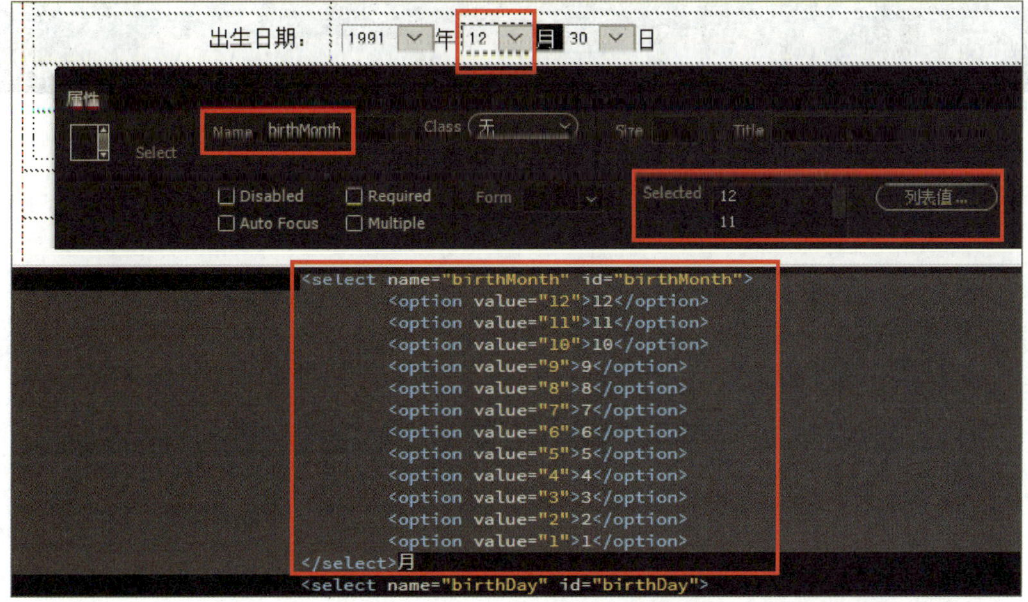

图 5-2-19　“月”的列表框代码和“属性”面板

16. 在表 4 的第 7 行第 2 列单元格中单击，单击“插入”面板中的“文件”按钮，插入一个“文件域”，并删去多余的文本“File:”，如图 5-2-20 所示。

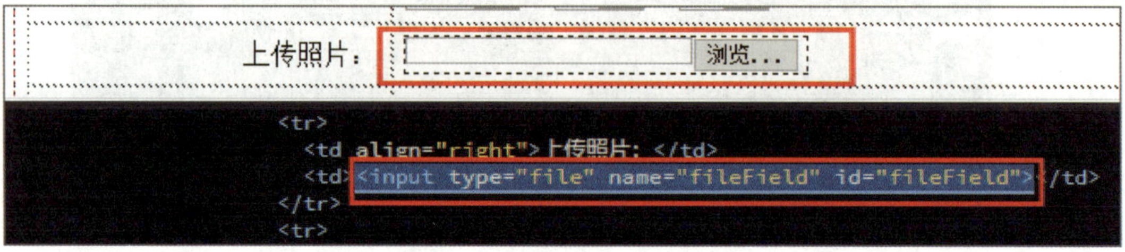

图 5-2-20 “文件”按钮的“属性”面板和代码

17. 在表 4 的第 8 行第 2 列单元格中单击，单击“插入”面板中的“Tel”按钮，插入一个只能输入电话的输入框，删去多余的文本“Tel:”；单击选中该输入框，在“属性”面板中“MaxLength”后的文本框内输入“11”，设置可输入手机号码的最大长度，如图 5-2-21 所示。

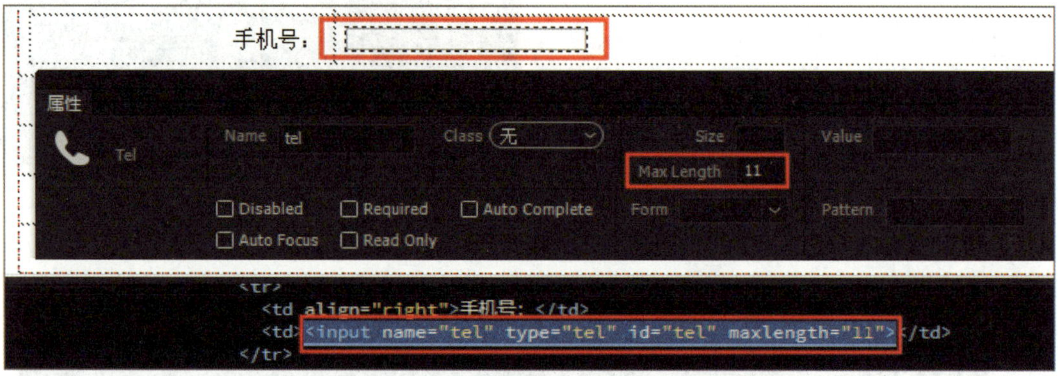

图 5-2-21 “Tel”按钮的“属性”面板和代码

18. 在表 2 的第 5 行所在单元格中单击，输入文本“注册验证”，选中文本“注册验证”，单击“属性”面板上的“粗体”按钮，设置加粗效果，如图 5-2-22 所示。

19. 在表 2 的第 6 行所在单元格中单击，插入一个 2 行 2 列的表格（以下简称表 5），设置表 5 的“width”为“100%”、“border”为“0”、“cellpadding”为“8”、“cellspacing”为“0”。

在表 5 的第 2 行第 1 列单元格中单击，设置其“width”为“200”、“align”为“right”，输入文本“请输入上边的字符:”，如图 5-2-23 所示。

20. 选中表 5 的第 1 行第 2 列单元格，设置“align”为“left”。在表 5 的第 1 行第 2 列单元格中单击，单击“插入”面板中的“Image”按钮，在对话框中选择插入的图像文件“images/codeImg.gif”。

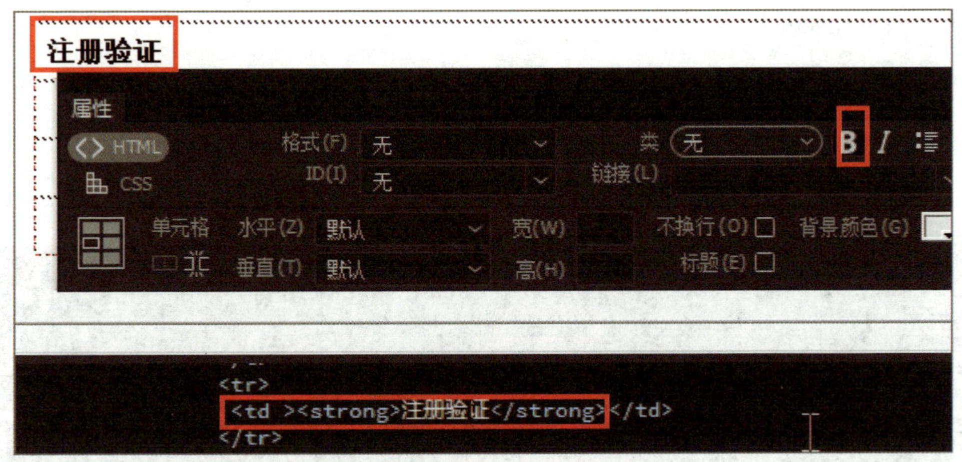

图 5-2-22　输入文本“注册验证”

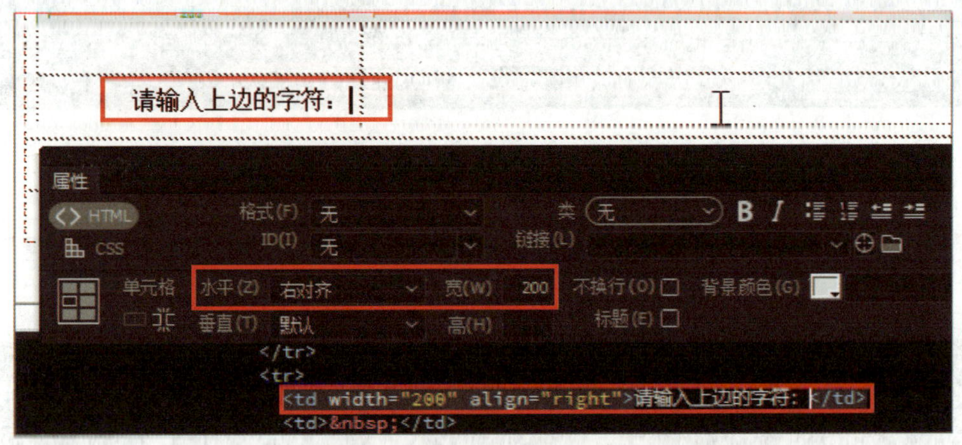

图 5-2-23　插入表 5 并输入文本

移动鼠标光标至刚插入的图像后，输入文本“看不清楚，换一张”，选中该文本并设置为空链接。

通过观察可发现图像“images/codeImg.gif”的垂直对齐方式和超链接不一致，找到图像“images/codeImg.gif”的代码，添加代码：align="absmiddle"，设置垂直对齐方式为居中。

在表 5 的第 2 行第 2 列单元格中单击，单击“插入”面板中的“文本”按钮，插入一个文本框，并删去多余的文本“Text Field:”，如图 5-2-24 所示。

21. 在表 2 的第 7 行所在单元格中单击，输入文本“服务条款”，选中该文本，单击“属性”面板的“粗体”按钮，设置加粗效果。

在表 2 的第 8 行所在单元格中单击，插入一个 2 行 2 列的表格（以下简称表 6），如图 5-2-25 所示，设置表 6 的“width”为“100%”、“border”为“0”、“cellpadding”

为“8”、“cellspacing”为“0”。

选中表 6 的第 2 行第 1 列的单元格，设置其“align”为“right”、“width”为“200”。

```
<tr>
  <td width="200" align="right"> </td>
  <td>
    <img src="images/codeImg.gif" width="100" height="26" align="absmiddle" alt=""/>
    <a href="#">看不清楚，换一张</a>
  </td>
</tr>
<tr>
  <td width="200" align="right">请输入上边的字符：</td>
  <td><input type="text" name="textfield" id="textfield"> </td>
</tr>
```

图 5-2-24　插入图像、文本超链接和文本框

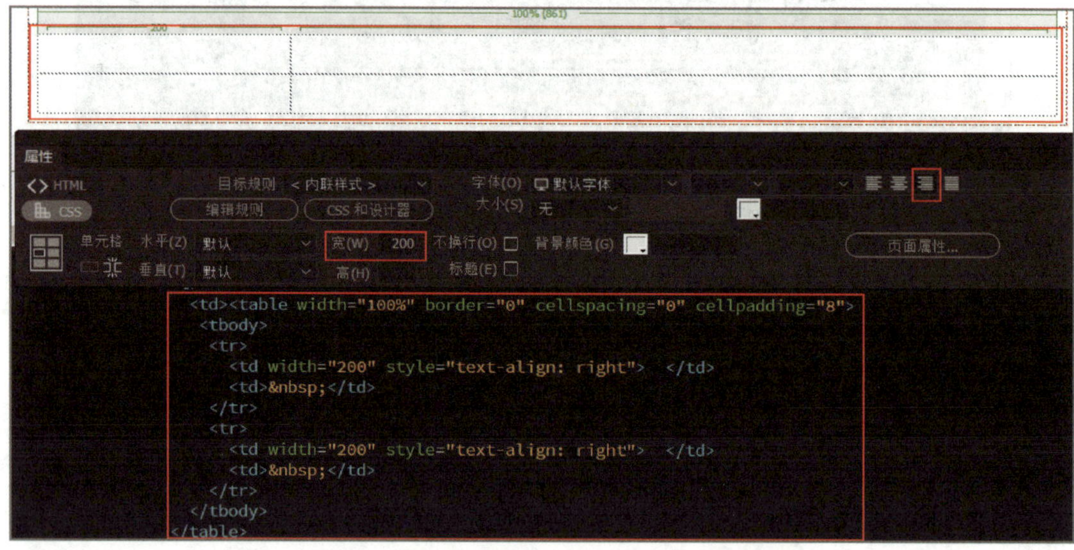

图 5-2-25　输入文本，插入一个 2 行 2 列的表格

22. 在表 6 的第 2 行第 1 列单元格中单击，单击“插入”面板中的“重置”按钮，在代码中添加“重置”按钮的应用样式代码：class="btn1"，复制 ".btn1" 的样式代码并粘贴到网页代码 <head> 与 </head> 之间的样式代码区中（样式及样式代码的相关知识见项目六），如图 5-2-26 所示。

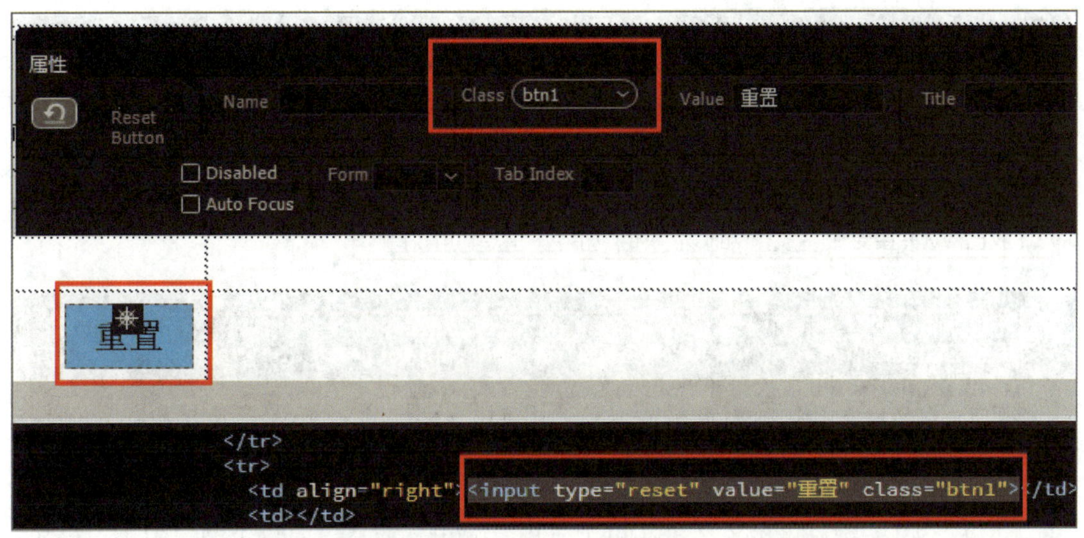

图 5-2-26　插入“重置”按钮，复制样式并引用

23. 选中表 6 的第 2 列的两个单元格，设置其“align”为“lcft”。在表 6 的第 1 行第 2 列单元格中单击，单击“插入”面板中的“文本区域”按钮，插入一个文本域，删去多余的文本“Text Area:”；单击选中该文本域，在“属性”面板上“Rows”后的文本框中输入“5”、在“Cols”后的文本框中输入“60”，设置该文本域可输入的最多字符数，并在文本域中输入内容：欢迎阅读……（下称 " 服务 "），如图 5-2-27 所示。

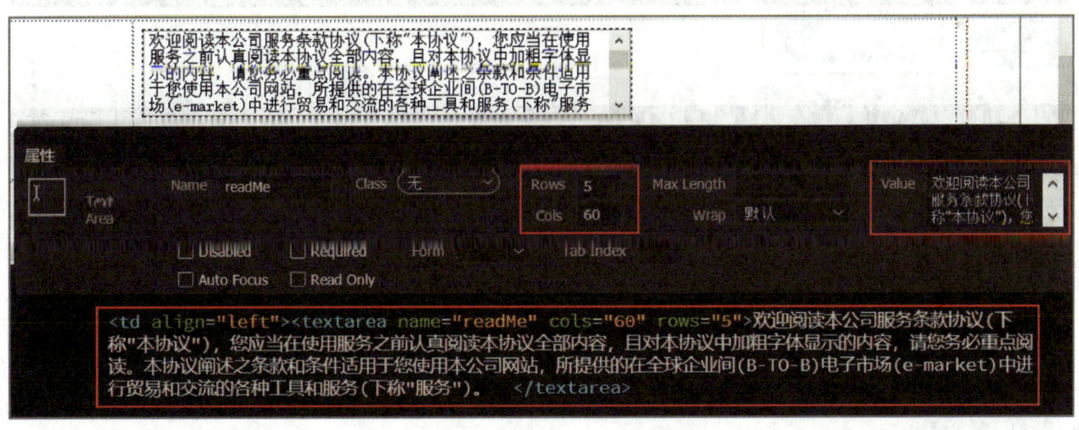

图 5-2-27　插入一个“文本域”

24. 移动鼠标光标至刚插入的“文本域”后，按 Enter 键换行。单击“插入”面板中的“复选框”按钮，插入一个复选框，删去多余的文本“Checkbox”；在该复选框后输入文本：我已阅读并接受“服务条款”和“隐私权保护和个人信息利用政策”，依次选中文本“服务条款”和“隐私权保护和个人信息利用政策”，分别设置为空链接，如图 5-2-28 所示。

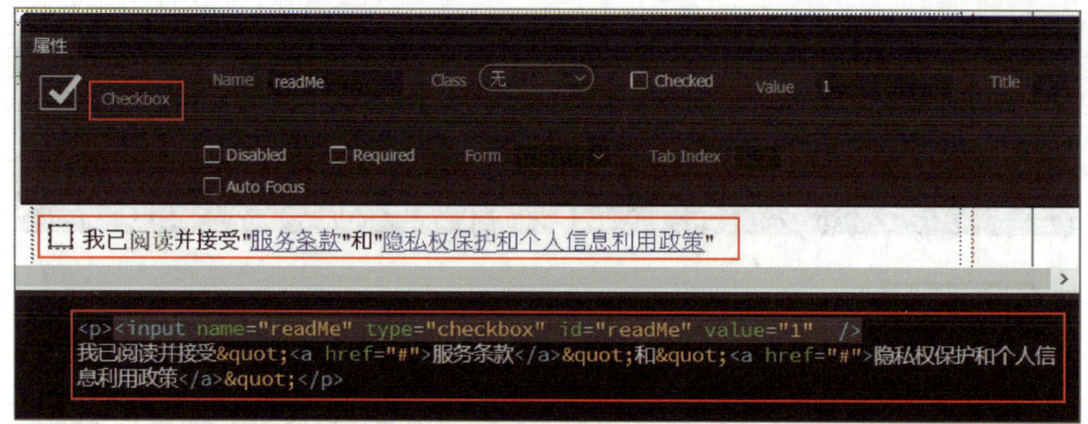

图 5-2-28　插入“复选框”、文本和文本超链接

25. 在表 6 的第 2 行第 2 列单元格中单击，单击“插入”面板中的“图像”按钮，在弹出的对话框中选择“图像”按钮上所用的图像文件“images/button.gif”，单击“确定”按钮，插入“创建账号”图像按钮，如图 5-2-29 所示。

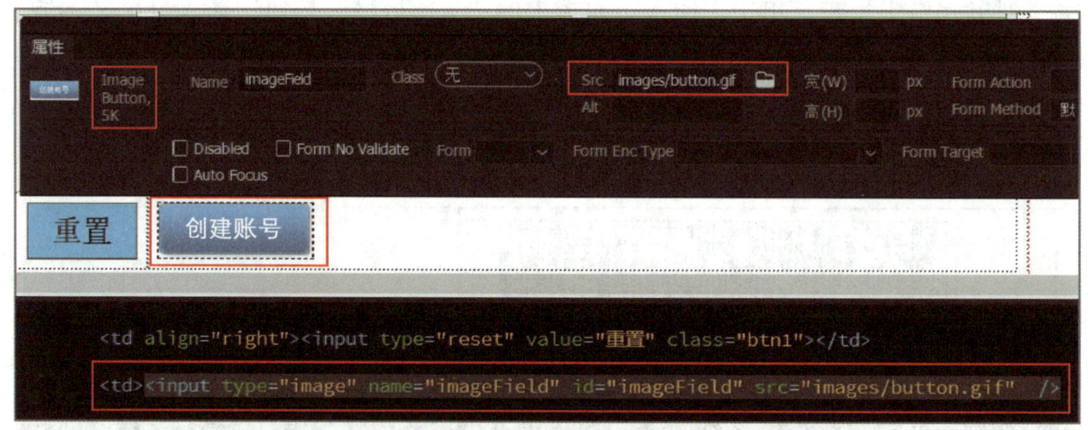

图 5-2-29　插入“创建账号”图像按钮

保存注册表单网页，最终效果如图 5-2-1 所示。

分析并制作图 5-2-30 所示注册表单。

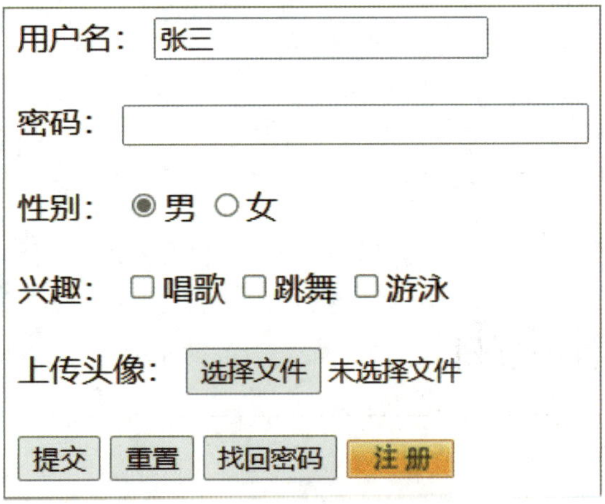

图 5-2-30　注册表单效果

项目六
CSS 和 div 的应用

使用 CSS 和 div 能更加方便有效地布局网页结构及控制网页元素，不仅能实现网页结构、表现、行为的分离，大大提高网页排版的效率，保证网站具有一致的整体风格，使网页的维护效率更高，而且有利于团队合作开发网站，开发的网站也能更好地被搜索引擎收录。学会应用 CSS 和 div，制作网页也会变得得心应手。

本项目通过完成“美化婚庆策划网页头部”“美化婚庆策划网页其他栏目”“布局婚庆策划网页”等任务，学习用 CSS 和 div 布局与美化网页的过程及方法，熟悉网页布局和配色技巧。

任务 1　美化婚庆策划网页头部

1. 了解 CSS 的概念、功能、优势和语法格式。
2. 了解选择器的定义、类型和语法格式。
3. 了解盒子模型及盒子的有关属性。
4. 能创建并引用 CSS 样式表，使用 CSS 类选择器、标签选择器、ID 选择器、复合选择器美化网页元素，编辑 CSS 样式代码。

本任务是网页头部的美化实例（见图 6-1-1）。通过本任务的学习，可以掌握利用“CSS 设计器”面板、“属性”面板、代码视图来新建、编辑、引用 CSS 样式来美化网页头部元素的过程和方法，熟悉“CSS 规则定义”对话框和网页配色技巧。

图 6-1-1　婚庆策划网页头部效果

一、样式表概述

1. 样式表的定义

CSS 是 cascading style sheets 的缩写，一般翻译为层叠样式表，简称样式表，是 W3C 组织制定的网页样式设计标准，可方便地用于网页外观的控制。

CSS3 发布于 2008 年，是 CSS 的一个重要版本，其后续版本 CSS4 并没有作为一个完整的标准发布，而是引入新的模块和特性。使用 CSS3 不仅可以设计炫酷美观的网页，还能在一定程度上提高网页性能。

小提示

> 结构与表现分离是指将页面内容存放在 HTML 文档中，HTML 标签只用于搭建网页的基本结构，用于定义表现形式（样式）的 CSS 规则存放在另一个独立的样式表文件中或 HTML 文档的某一部分（通常放在文件头部分）。

2. 样式表文件

样式表文件就是人们常说的 CSS 文件，其扩展名为 .css，是用于存储网页元素格式设置的文本文件，CSS 的格式设置由选择器和属性设置项构成。

3. 在网页中引用 CSS 样式表的几种方式

要让 CSS 对网页产生作用，必须在 HTML 文件中引用 CSS 样式，具体可分为内部样式表、行内样式表、链接样式表、导入样式表 4 种引用方式。

（1）内部样式表

内部样式表是将 CSS 样式代码集中写在 HTML 文档的头部标签 <head> 和 </head> 之间，并用 <style> 标签定义，其基本语法格式如下。

```
<head>
    <style type="text/css">
        选择器 1{ 属性 1: 属性值 1; 属性 2: 属性值 2;……; 属性 m1: 属性值 m1;}
            ……
        选择器 n{ 属性 1: 属性值 1; 属性 2: 属性值 2;……; 属性 mn: 属性值 mn;}
    </style>
</head>
```

小提示

上述基本语法格式中定义了 n 个样式，格式中的符号“{”“:”“;”和“}”都要在英文半角状态下输入。

（2）行内样式表

行内样式表也称为内联样式表，是将 CSS 样式表放置在 HTML 文件主体中，通过标签的 style 属性来设置元素的样式，其基本语法格式如下。

```
< 标签名 style=" 属性 1: 属性值 1; 属性 2: 属性值 2;……; 属性 n: 属性值 n;">
    元素内容
</ 标签名 >
```

（3）链接样式表

链接样式表是将所有的样式放在 HTML 文件外部的一个或多个以 .css 为扩展名的外部样式表文件中，通过 <link/> 标签将外部样式表文件链接到 HTML 文档中，其基本语法格式如下。

```
<head>
    <link href="CSS 文件的路径 " type="text/css" rel="stylesheet"/>
</head>
```

小提示

1. 用链接样式表引用外部样式表文件时，<link/> 标签必须放在 <head> 和 </head> 标签之间。

2. 在 Dreamweaver CC 中打开应用了样式表的婚庆策划网网页文件，切换到 Dreamweaver CC 的代码视图，可查看网页引用的样式表文件的代码的位置、格式和引用方法，如图 6-1-2 所示。

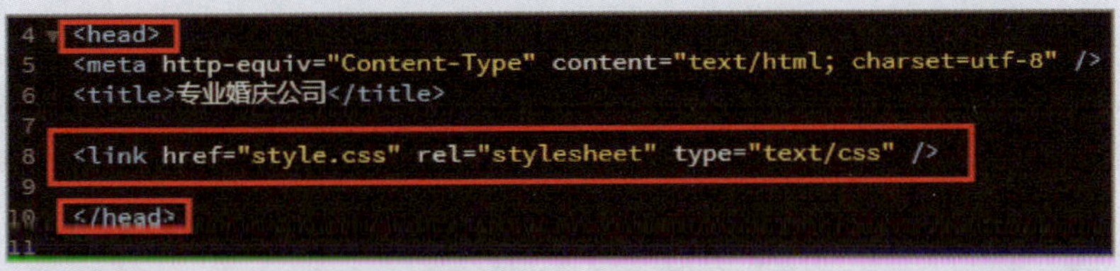

```
<head>
<meta http-equiv="Content-Type" content="text/html; charset=utf-8" />
<title>专业婚庆公司</title>

<link href="style.css" rel="stylesheet" type="text/css" />

</head>
```

图 6-1-2　网页引用的样式表文件及引用代码

（4）导入样式表

通过在 HTML 头部文档 <style></style> 标签内的开头处使用 @import 语句，即可导入外部样式表文件。其基本语法格式如下。

```
<style type="text/css">
    @import url(css 文件路径 ); 或 @import "css 文件路径 ";
    /* 在此还可以存放其他 css 样式 */
</style>
```

小提示

导入样式表是将样式表的内容在 HTML 初始化时全部导入到 HTML 文件中，作为文件的一部分，类似嵌入式的效果。链接样式表则是在 HTML 的标签需要格式化时才以链接的方式引入。

二、选择器

1. 选择器的定义

选择器（select）也称选择符，它是 CSS 样式表的构成成分之一，用于指明样式对哪些网页元素生效。

2. CSS 选择器的命名规则

在网站开发时制定命名的约定和规则，有利于项目代码的维护和扩展。

存放 CSS 样式表文件的目录一般命名为 style 或 css。

CSS 样式表文件一般命名为 style.css 或 css.css。

所有 CSS 选择器必须由英文字母、数字或下划线组成，必须以字母开头，不能为纯数字。设计者要用有意义的单词或单词组合来命名选择器，做到“见其名知其意”。具体可以参考表 6–1–1 中的选择器命名。

表 6–1–1　选择器命名参考

功能	命名参考	功能	命名参考	功能	命名参考
头部	header	广告条	banner	列表	list
底部	footer	页面主体	main	新闻	news
容器	container、box	标签页	tab	按钮	button
顶导航	topnav	版权	copyright	标题	title
菜单	menu	登录	login	下载	download
子菜单	submenu	搜索	search	标志	logo

小提示

当命名的样式名称比较复杂时，可以用下划线把层次分开，例如，导航栏的 logo 选择器可命名为 #nav_logo_ico。

3. 选择器的分类

CSS 选择器可分为 5 类：简单选择器、组合器选择器、伪类选择器、伪元素选择器、属性选择器。其中简单选择器和组合器选择器使用较多，下面重点介绍这两类。

（1）简单选择器

简单选择器可分为标签选择器、类选择器、id 选择器和通配符选择器。

1）标签选择器。标签选择器是指用 HTML 标签名作为选择器，根据标签名来选择 HTML 元素，为页面中某一类标签指定统一的 CSS 样式。其基本语法格式如下。

```
标签名{属性1:属性值1;属性2:属性值2;……;属性n:属性值n;}
```

2）类选择器。类选择器用来选择有特定 class 属性的 HTML 元素。选择器使用“.”

（英文标点）进行标识，后面紧跟类名，其基本语法格式如下。

```
.类名 { 属性 1: 属性值 1; 属性 2: 属性值 2;……; 属性 n: 属性值 n;}
```

3）id 选择器。id 选择器使用 HTML 元素的 id 属性来选择特定元素。元素的 id 在页面中是唯一的，因此，id 选择器用于选择一个唯一的元素。id 选择器使用"#"进行标识，后面紧跟 id 名，其基本语法格式如下。

```
#id 名 { 属性 1: 属性值 1; 属性 2: 属性值 2;……; 属性 n: 属性值 n;}
```

4）通配符选择器。通配符选择器（*）也称全局选择器，其作用是选择页面上的所有 HTML 元素均使用同一种样式，它是作用范围最广的选择器，其基本语法格式如下。

```
*{ 属性 1: 属性值 1; 属性 2: 属性值 2;……; 属性 n: 属性值 n;}
```

例如，*{margin: 0; padding: 0;} 的作用是删除每个元素上默认的浏览器内边距和外边距。

（2）组合器选择器

组合器选择器由两个或多个基础选择器通过不同的方式组合而成，可以更准确、更精细地选择目标元素。

CSS3 中包含了后代选择器（以空格分隔）、子元素选择器、相邻兄弟选择器、普通兄弟选择器、并集选择器等组合方式。这里介绍经常用到的后代选择器和并集选择器。

1）后代选择器。后代选择器又称为包含选择器，其作用是选择某元素的子孙后代。其基本语法格式如下。

```
父级 子级 { 属性 1: 属性值 1; 属性 2: 属性值 2;……; 属性 n: 属性值 n;}
```

例如，.class h3{color: red; font-size: 16px;}。

2）并集选择器。并集选择器用逗号分隔多个选择器，它可以把选择器不同但样式相同的 CSS 语法块进行合并，简化代码。

例如，.pclass, h3{color: red; font-size: 25px;} 含义是 h3 和 .pclass 的样式相同，均为"color: red; font-size: 25px;"。

三、CSS 样式表的创建和修改方法

1. 样式表的创建方法

在 Dreamweaver CC 中，可以用两种方式创建样式表，一是在代码视图中直接输入需要的样式代码创建；二是在"CSS 设计器"面板的图文界面中创建。

（1）直接编写代码创建 CSS 样式

在代码视图中直接编写 CSS 样式代码，或者在独立的 .css 文件中编写 CSS 样式代码。

（2）使用“CSS 设计器”面板创建 CSS 样式

使用“CSS 设计器”面板创建 CSS 样式的步骤如下。

1）单击“窗口”→“CSS 设计器”命令，显示“CSS 设计器”面板。在“CSS 设计器”面板中可以新建样式表，查看、创建、编辑和删除 CSS 样式，并且可以将外部样式表附加到当前文档；使用“CSS 设计器”面板还可以在“全部”和“当前”模式下修改 CSS 属性。

2）在“CSS 设计器”面板中单击“源”选项区中的“+”按钮，可选择网页是使用外部 CSS 样式还是使用内部 CSS 样式。单击“选择器”选项区中的“+”按钮，可以添加选择器（新建 CSS 样式）。

2. 在“属性”面板中应用和修改 CSS 样式

（1）对元素应用样式

选中要应用 CSS 样式的元素，在其“属性”面板中选择要应用的 CSS 样式。

（2）修改元素的样式

在“属性”面板（CSS）中可以看到当前页面应用的样式、“目标规则”按钮以及“编辑规则”按钮。选择要修改的样式，单击“属性”面板（CSS）上的“编辑规则”按钮可打开“CSS 规则定义”对话框，在该对话框中可方便地编辑样式。“属性”面板（CSS）如图 6-1-3 所示。

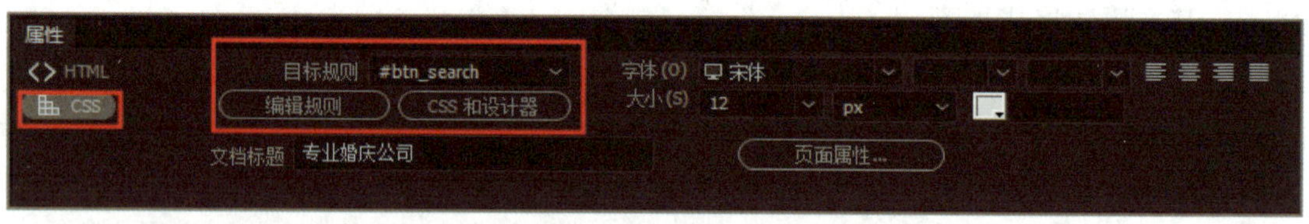

图 6-1-3 “属性”面板（CSS）上的“编辑规则”按钮

3. 样式表的查看方法

（1）打开样式表文件“style.css”，可查看样式表的形式、构成、语法格式以及样式表中定义的样式语法格式和注释信息，如图 6-1-4 所示。

（2）单击“窗口”→“设计器”命令，显示“CSS 设计器”面板，查看“CSS 设计器”面板的构成，如图 6-1-4 所示。

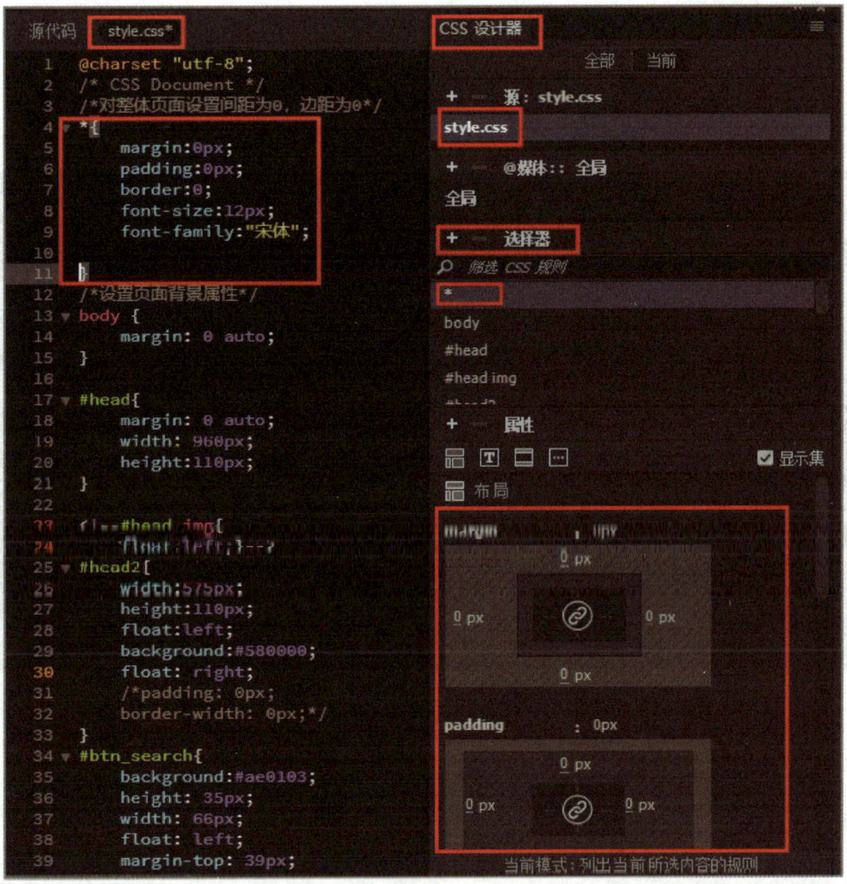

图 6-1-4　样式表文件“style.css”的内容及“CSS 设计器”面板的构成

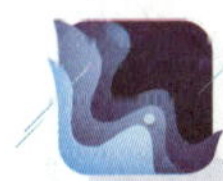

小提示

在“CSS 设计器”面板中，各个选项区的功能如下。

“源”选项区：用于确定网页是使用外部 CSS 样式还是内部 CSS 样式。

“@ 媒体”选项区：用于控制屏幕大小的媒体查询。

“选择器”选项区：用于在网页中创建 CSS 样式，网页中创建的所有 CSS 样式都会在该选项区的列表中显示。

“属性”选项区：显示当前所选择的选择器相关的属性，用于对 CSS 当前选择器的属性进行设置和编辑。

四、使用“CSS 规则定义”对话框设置“字体”属性

在 Dreamweaver CC 中，可以利用“CSS 规则定义”对话框方便地编辑 CSS 样式。

在“CSS 规则定义”对话框的“分类”中选择“类型”，可设置“字体”属性，如图 6-1-5 所示。

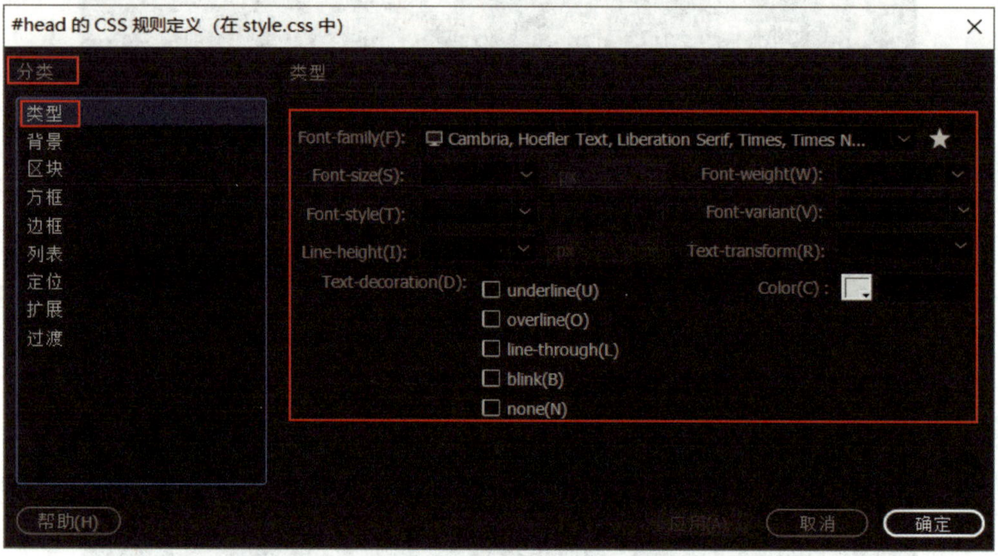

图 6-1-5　使用“CSS 规则定义”对话框设置“字体”属性

“CSS 规则定义”对话框中的“字体”属性及其说明见表 6-1-2。

表 6-1-2　“字体”属性及其说明

属性	说明
Font-family	指定文本的字体
Font-size	指定文本的字体大小（字号）
Font-style	指定文本的字体样式
Font-weight	指定字体的粗细
Font-variant	以小型大写字体或者正常字体显示文本
Line-height	设置行高
Text-decoration	设置文本的下划线、上划线、删除线等装饰效果
Text-transform	控制文本的大小写
Color	设置文本颜色

五、使用“CSS 规则定义”对话框设置“背景”属性

在“CSS 规则定义”对话框的“分类”中选择“背景”，可设置“背景”属性，如图 6-1-6 所示。

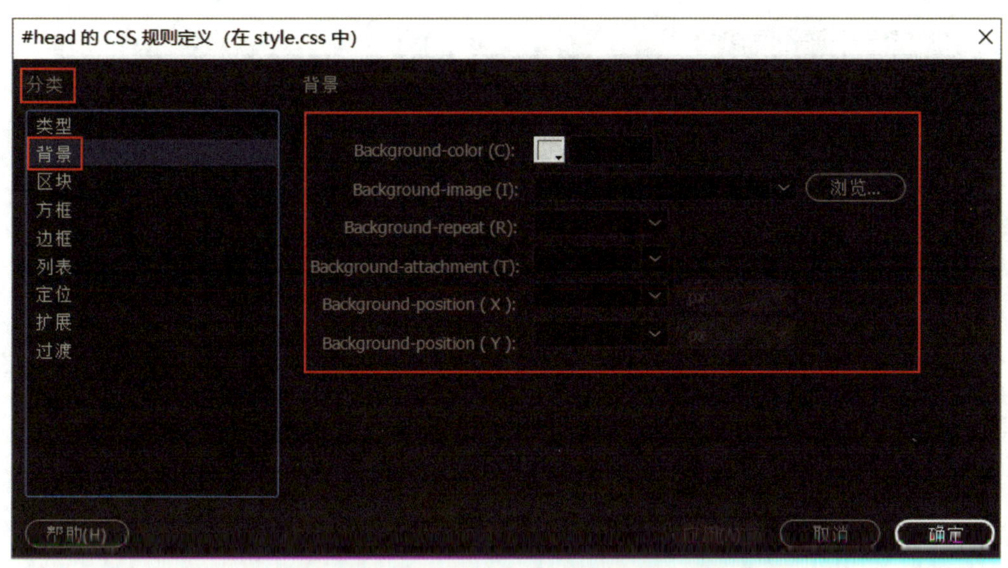

图 6-1-6　使用“CSS 规则定义”对话框设置“背景”属性

“CSS 规则定义”对话框中的“背景”属性及其说明见表 6-1-3。

表 6-1-3　“背景”属性及其说明

属性	说明
Background-color	设置元素的背景颜色
Background-image	设置元素的背景图像
Background-repeat	设置背景图像是否重复及如何重复
Background-attachment	设置背景图像是否固定或随着页面的其余部分滚动
Background-position（X）	设置背景图像的水平位置
Background-position（Y）	设置背景图像的垂直位置

六、使用“CSS 规则定义”对话框设置“方框”属性

在“CSS 规则定义”对话框的“分类”中选择“方框”，可设置“方框”属性，如图 6-1-7 所示。

“CSS 规则定义”对话框中的“方框”属性及其说明见表 6-1-4。

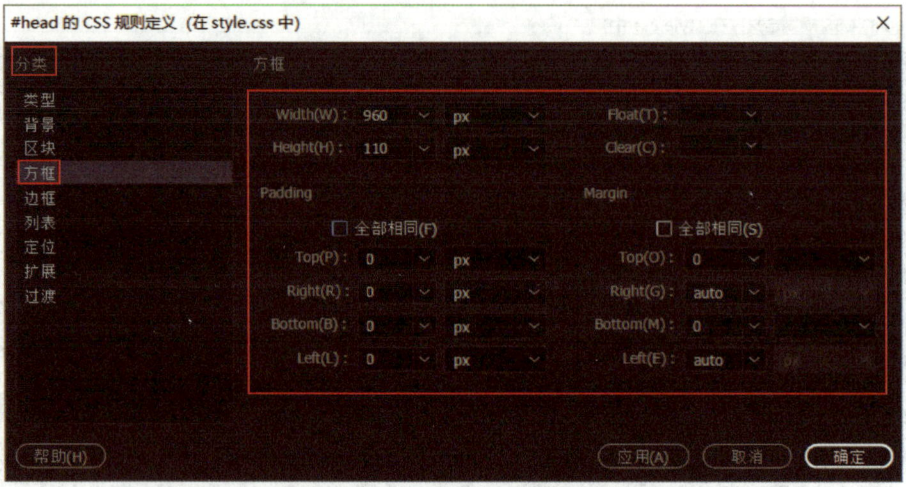

图 6-1-7 使用“CSS 规则定义”对话框设置“方框”属性

表 6-1-4 “方框”属性及其说明

属性	说明
Width	用来设置盒子的宽度
Height	用来设置盒子的高度
Float	用来指定一个盒子是否应浮动
Clear	用来指定盒子的左侧或右侧不允许浮动的元素
Margin	用来设置盒子的外边距属性，其中 Top 为上边距，Left 为左边距，Right 为右边距，Bottom 为下边距
Padding	用来设置盒子的填充属性，其中 Top 为顶部填充，Left 为左填充，Right 为右填充，Bottom 为底部填充

七、盒子模型概述

CSS 的盒子模型把存放网页元素的容器看作是一个盒子，用来封装 HTML 元素，它包括外边距（margin）、边框（border）、内边距（padding）、内容（content），如图 6-1-8 所示。

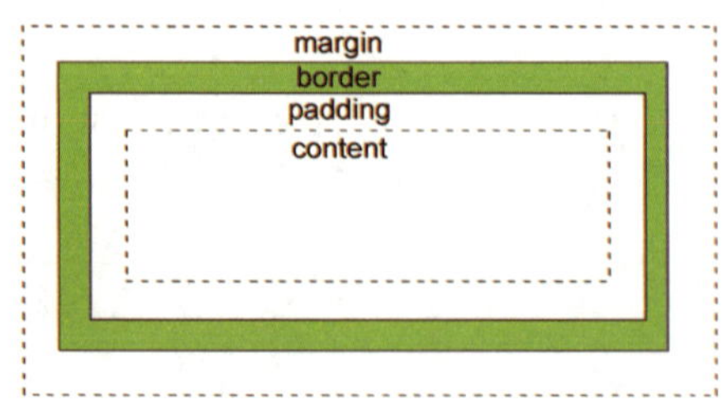

图 6-1-8 盒子模型原理图

小提示

CSS 盒子可看作是一个存放 HTML 元素的容器，内容（content）是盒子里装的东西，内边距（padding）是怕盒子里装的东西损坏而添加的泡沫，边框（border）是包装盒子的厚度，外边距（margin）则是盒子摆放时要保留的保持通风的空隙。

盒子的属性及说明见表 6–1–5。

表 6–1–5　盒子的属性及说明

属性	说明
margin	外边距，与上下左右网页元素的距离
border	边框，用于指定边框的样式、宽度和颜色
padding	内边距，定义元素边框与元素内容之间的空间，即上下左右的内边距
content	盒子的内容，为网页元素，可以是文本和图像

一、新建样式表文件并链接到文档

1. 在 Dreamweaver CC 中打开婚庆策划网的网页文件，在其“文件”面板上新建文件夹“style”，用于存放网站的样式表文件，如图 6–1–9 所示。

2. 单击“窗口”→“设计器”命令，显示“CSS 设计器”面板，单击“CSS 设计器”面板中“源”选项区中的“+”按钮，在弹出的下拉菜单中选择“创建新的 CSS 文件”命令，如图 6–1–10 所示。

图 6–1–9　新建文件夹“style”

图 6–1–10　选择“创建新的 CSS 文件”命令

3. 在弹出的“创建新的 CSS 文件”对话框中单击“浏览”按钮，如图 6–1–11 所示，弹出“将样式表文件另存为”对话框，选择 CSS 文件存储的位置为网站子文件夹“style”，输入新建的样式表文件名“style”，单击“确定”按钮。

4. 返回到“创建新的 CSS 文件”对话框中，在“添加为:”中选择默认的方式“链接”，如图 6–1–11 所示，单击“确定”按钮。在网站的“文件”面板中可看到创建的样式表文件，如图 6–1–12 所示。在“CSS 设计器”面板中可看到创建的样式表文件，如图 6–1–13 所示。在代码视图中可看到链接样式表文件的代码，如图 6–1–14 所示。

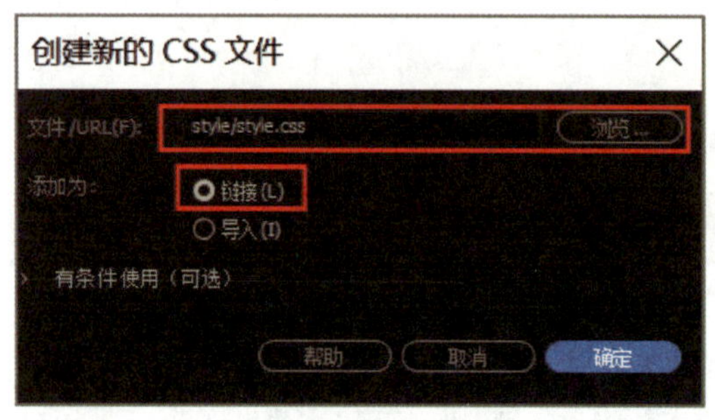

图 6-1-11 “创建新的 CSS 文件”对话框

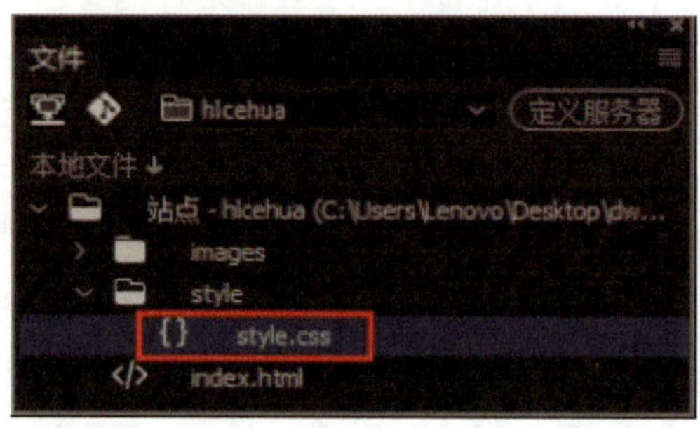

图 6-1-12 “文件”面板上的“style.css”

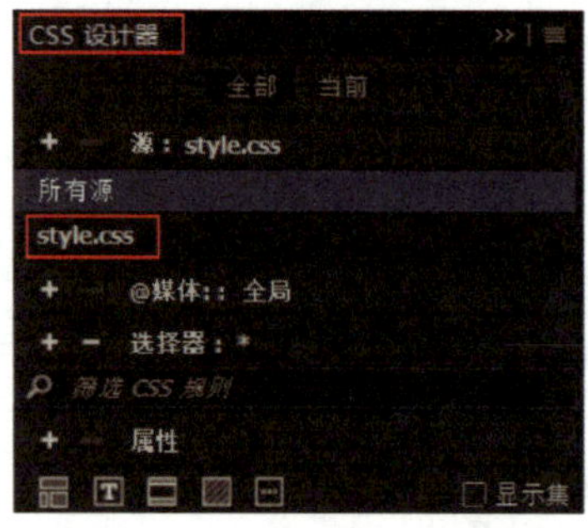

图 6-1-13 “CSS 设计器”面板上的 style.css

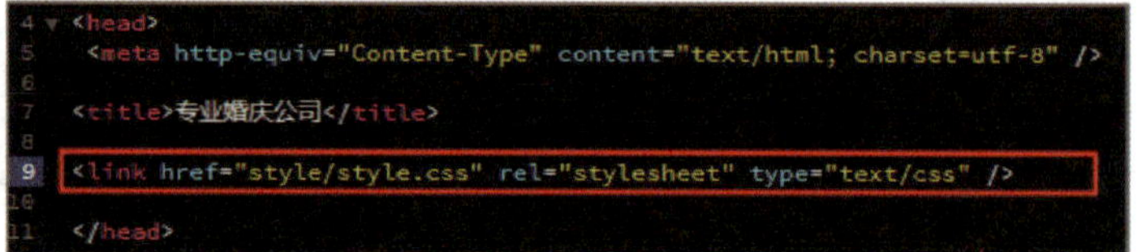

图 6-1-14 链接样式表文件的代码

二、新建统一设置页面属性的 * 样式

1. 单击“CSS 设计器”面板上“选择器”选项区中的“+”按钮，在弹出的文本框中输入“*”，按 Enter 键，新建通配符选择器“*”，如图 6–1–15 所示。

2. 单击“CSS 设计器”面板上的“属性”选项区的“布局”按钮，在“margin”后的文本框中输入“0 px”，将外边距设置为“0 px”；在“padding”后的文本框中输入“0 px”，将内边距设置为“0 px”，如图 6–1–15 所示。

3. 在“style.css”代码视图中输入注释信息“/* 对整体页面设置间距 0，边距为 0*/”，如图 6–1–15 所示。

在“style.css”代码视图中可看到新建的通配符选择器的内容及注释信息，在“CSS 设计器”面板上可看到新建的通配符选择器“*”，在“CSS 设计器”面板的“属性”选项区中可看到“margin”和“padding”属性设置的有关情况，如图 6-1-15 所示。

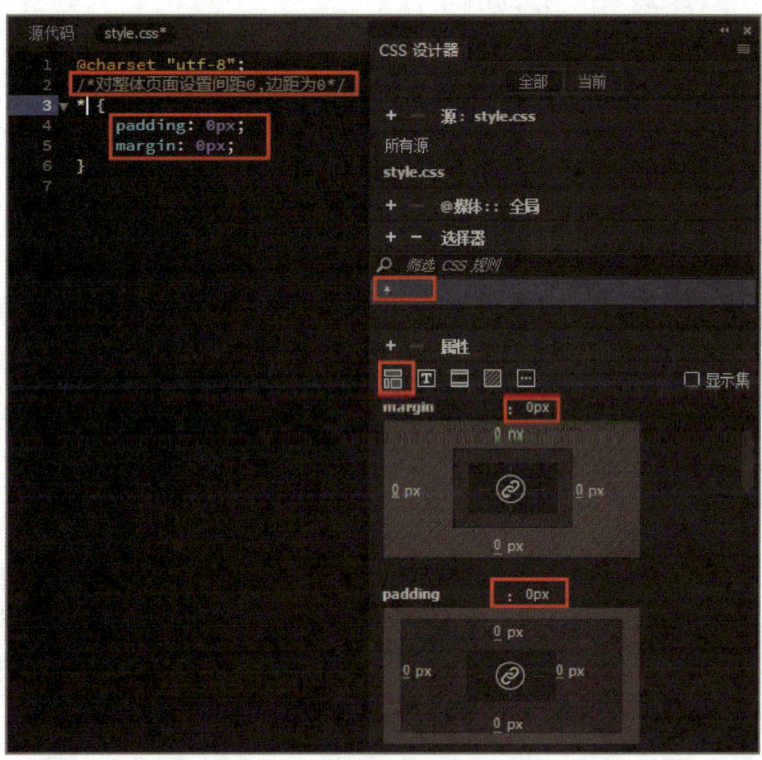

图 6-1-15　新建的通配符选择器“*”及代码

4. 单击“CSS 设计器”面板上“属性”选项区的“文本”按钮，在“font-family”后的按钮上单击选择字体“宋体”，在“font-size”后的文本框中单击输入“12 px”。如图 6-1-16 所示，在“style.css”代码视图中可看到通配符选择器增加了文本格式的设置，在“属性”选项区可看到“font-size”和“font-family”属性设置的有关情况。

```
@charset "utf-8";
/*对整体页面设置间距0，边距为0*/
* {
    padding: 0px;
    margin: 0px;
    font-family: "宋体";
    font-size: 12px;
}
```

属性
color : undefined
font-family : 宋体
font-style :
font-variant :
font-weight :
font-size : 12 px

图 6-1-16　在通配符选择器中增加“文本”样式的设置

5. 单击“CSS 设计器”面板上“属性”选项区的“边框”按钮，在“border”后的文本框中单击输入“0 px”，如图 6-1-17 所示，在“style.css”的代码视图中可看到通配符选择器增加了“边框”格式的设置，在“CSS 设计器”面板上的“属性”选项区可看到“border”属性设置的有关情况。

图 6-1-17　在通配符选择器中增加“边框”样式的设置

小提示

每个浏览器对“padding”和“margin”的默认设置是不同的，设置这两个属性后，能确保网页在各浏览器中显示一致。同样，网页正文大部分文字字体为宋体、字号为 12 px，用“*”样式统一设置效率较高。

三、新建样式，美化网页文档头部

1. 新建头部盒子的样式

（1）单击“CSS 设计器”面板上的“选择器”选项区中的“+”按钮，在出现的文本框中输入“#head”后按 Enter 键，新建 id 选择器“#head”，如图 6-1-18 所示。

（2）单击“CSS 设计器”面板上的“属性”选项区中的“布局”按钮，在“width”后的文本框中输入“960 px”，在“height”后的文本框中输入“110 px”，设置盒子的宽度和高度。在“margin”后的文本框中输入“0 auto”，设置盒子“上下外边距”为“0”及“左右”自动，实际效果为盒子“左右居中”，如图 6-1-18 所示。

在“style.css”代码视图中可看到增加的“#head”选择器及其属性设置内容。在“CSS 设计器”面板上可看到新增的 id 选择器“#head”，在“CSS 设计器”面板上的“属性”选项区中可看到“#head”选择器的“width”“height”和“margin”属性设置情况。

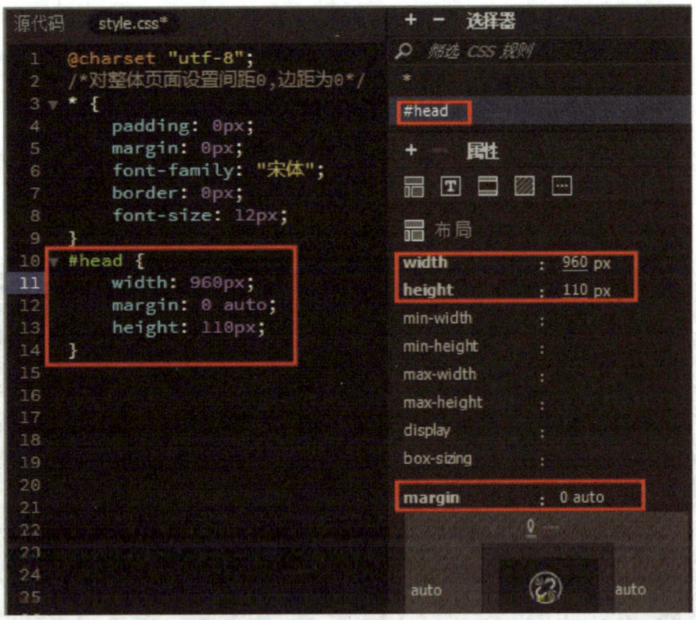

图 6-1-18　新建 id 选择器“#head”

2. 新建头部 logo 的样式

（1）单击“CSS 设计器”面板上的“选择器”选项区中的“+”按钮，在出现的文本框中输入“#head img”后按 Enter 键，新建复合选择器“#head img”。

（2）单击“CSS 设计器”面板上的“属性”选项区中的“布局”按钮，在“width”后的文本框中输入“385 px”，在“height”后的文本框中输入“110 px”。单击“float”后的第一个按钮，选择“向左浮动”。

如图 6-1-19 所示，在“style.css”代码视图中可看到增加的选择器“#head img”

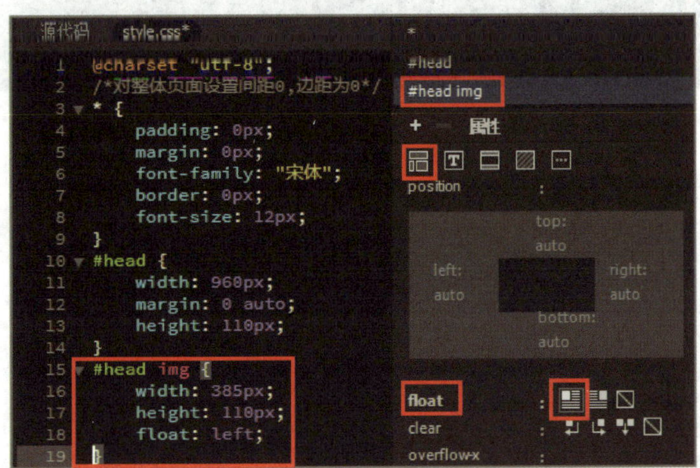

图 6-1-19　新建复合选择器“#head img”

及“width”“height”和“float”属性设置内容。在“CSS设计器”面板上可看到新增的复合选择器“#head img”，在“CSS设计器”面板上的“属性”选项区中可看到“#head img”选择器的“float”属性设置情况。

（3）采用类似方法，新建选择器#head2、#btn_search、#key_word，如图6-1-20所示。

```
    height: 110px;
    float: left;
}
#head2{
    width:575px;
    height:110px;
    float:left;
    background:#580000;
    float: right;
    /*padding: 0px;
    border-width: 0px;*/
}
#btn_search{
    background:#ae0103;
    height: 35px;
    width: 66px;
    float: left;
    margin-top: 39px;
    font-size:20px;
    font-weight:bold;
    color:#ffffff;
    /*padding: 0px;
    border-width: 0px;
    margin-right: 0px;*/

    }
#key_word{
    background-color: #fffaea;
    float: left;
    height: 34px;
    width: 300px;
    border: 1px solid #999;
    margin-top: 39px;
    margin-left: 180px;
    /*--padding: 0px;*/
}
```

```
+ − 选择器
筛选 CSS 规则
*
#head
#head img
#head2
#btn_search
#key_word

+ − 属性
width       : 66 px
height      : 35 px
min-width   :
min-height  :
max-width   :
max-height  :
display     :
box-sizing  :
margin      : 设置速记
        39 px
0 px            0 px
        0 px
```

图6-1-20　选择器#head2、#btn_search、#key_word的代码

保存并预览网页，效果图如图6-1-1所示。

小技巧

通过复制和编辑样式代码快速创建新样式

在“#head”选择器中已设置了高度和宽度属性，“#head img”选择器的属性设置项目与其有相同之处，只是设置的属性值不同，

可通过在“style.css”代码视图中选中“#head”选择器及其相关属性设置代码，复制后粘贴到其下面，把“#head”改为“#head img”、把“width”和“height”改为所需值，增加新的属性设置，即可快速生成新样式，采用类似方法可创建“#head2”选择器的样式。

仿照上述方法和步骤，新建网页和样式，美化网页的 banner、导航条和搜索框，效果如图 6-1-21 所示。

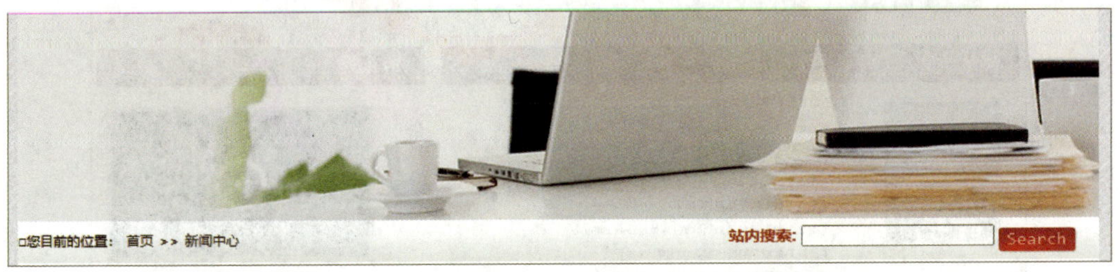

图 6-1-21　网页的 banner、导航条和搜索框效果

任务 2　美化婚庆策划网页其他栏目

1. 了解盒子模型、浮动的含义及应用。
2. 了解伪类选择器的含义、分类及应用。
3. 能编辑 CSS 样式代码。
4. 能创建并使用伪类选择器、复合选择器美化网页元素。
5. 能美化婚庆策划网的导航栏、内容区、友情链接区和版权信息区。

本任务是美化婚庆策划网页其他栏目的实例，效果如图 6–2–1 所示。通过本任务的学习，可以掌握利用“CSS 设计器”面板、“属性”面板和代码视图来新建、编辑、引用伪类选择器以及复合选择器美化婚庆策划网页的方法。

图 6–2–1　婚庆策划网页其他栏目最终效果

一、伪类选择器

伪类选择器主要应用在 <a> 标签上，给超链接的不同状态添加不同的样式，能使网页元素呈现特殊动态效果，见表 6–2–1。

表 6–2–1　伪类选择器及其说明

伪类选择器	说明
a:link	为正常状态，设置超链接未被访问时的样式
a:hover	为放上状态，设置鼠标光标放到链接上时的样式
a:active	为激活状态，设置按住鼠标左键不松开的样式，这个状态特殊且短暂
a:visited	为按下鼠标左键并弹起时的样式

二、“CSS 规则定义”对话框中的长度单位

在 Dreamweaver CC 中，可以利用“CSS 规则定义”对话框方便地编辑 CSS 样式。

在定义 CSS 规则时，经常用到长度单位，主要用于宽度、高度、字号、行高、边距、边框等属性设置，长度单位包括绝对类型和相对类型两种。常用的长度单位及说明见表 6–2–2。

表 6–2–2　常用的长度单位及说明

类型	长度单位	说明
绝对	cm	厘米
	mm	毫米
	in	英寸（1 in=96 px=2.54 cm）
	pt	点（1 pt=1/72 in）
	pc	派卡（1 pc=12 pt）
相对	px	像素，相对于显示器分辨率
	em	相对于元素的字体大小（font–size），如 2 em 表示为当前字体大小的 2 倍
	%	百分比是一个相对长度单位，浏览器将会根据其父元素的样式来计算该值
	rem	相对于根元素的字体大小（font–size）

三、“CSS 规则定义”对话框中的颜色表示方法

在定义 CSS 规则时，颜色的表示方法主要有以下几种。

1. 用 #RRGGBB 形式的十六进制值表示，例如，#FF0000 表示红色，#FFFFFF 表示白色，其中的字母不区分大小写。

2. 直接用颜色名称表示，如 red 表示红色。

3. 使用 rgb( ) 函数指定红、绿、蓝三色的值表示，每个值为 0 ~ 255，如 rgb (255, 0, 0) 表示红色。

4. 使用 rgba( ) 函数指定红、绿、蓝三色的值和 alpha 通道，每个红、绿、蓝三色的值为 0 ~ 255；alpha 通道用于指定透明度，值范围为 0（完全透明）到 1（完全不透明），如 rgba (255, 0, 0, 0.5) 表示半透明红色。

常用颜色的指定名称及代码对照见表 6–2–3。

表 6–2–3　常用颜色的指定名称及代码对照

颜色	指定名称	十六进制代码	颜色	指定名称	十六进制代码
黑色	black	#000000	绿色	green	#008000
蓝色	blue	#0000FF	淡紫色	lavender	#E6E6FA

续表

颜色	指定名称	十六进制代码	颜色	指定名称	十六进制代码
棕色	brown	#A52A2A	橘黄色	orange	#FFA500
深红色	crimson	#DC143C	粉红色	pink	#FFC0CB
青色	cyan	#00FFFF	红色	red	#FF0000
金色	gold	#FFD700	白色	white	#FFFFFF
灰色	gray	#808080	黄色	yellow	#FFFF00

四、使用“CSS 规则定义”对话框设置区块的属性

在“CSS 规则定义”对话框的“分类”中选择“区块”，可设置“区块”属性，如图 6-2-2 所示，“区块”的属性及说明见表 6-2-4。

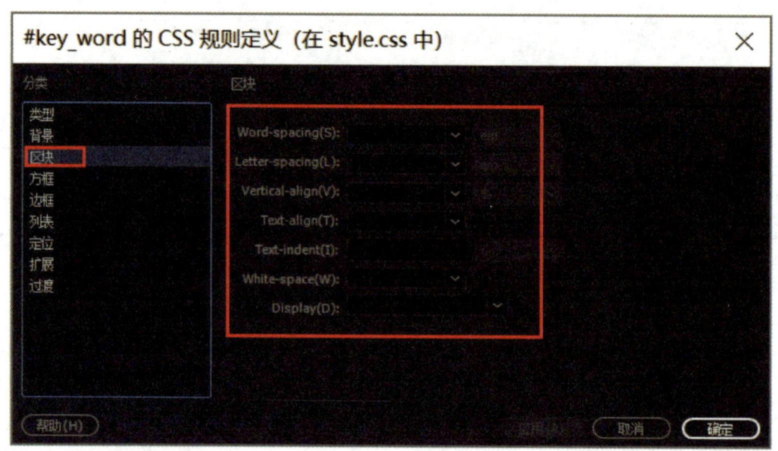

图 6-2-2 “CSS 规则定义”对话框中的“区块”属性

表 6-2-4 “区块”的属性及说明

属性	说明
Word-spacing	设置文字之间的间距，由数字和单位组成，默认为 normal
Letter-spacing	设置字母间距，由数字和单位组成，默认为 normal
Vertical-align	设置文本的垂直对齐方式
Text-align	设置文本的水平对齐方式，有 left（左对齐）、right（右对齐）、center（居中对齐）和 justify（两端对齐）
Text-indent	设置文本块中首行文本的缩进，由数字和单位组成
White-space	设置如何处理区块内的空格，有正常、保留、不换行三个选项
Display	设置元素的显示方式，取值为 none、inline 或 block

五、使用“CSS 规则定义”对话框设置方框的“Clear”和“Float”属性

在“CSS 规则定义”对话框的“分类”中选择“方框”，可设置方框的属性，如图 6-2-3 所示，方框的“Clear”和“Float”属性及说明见表 6-2-5。

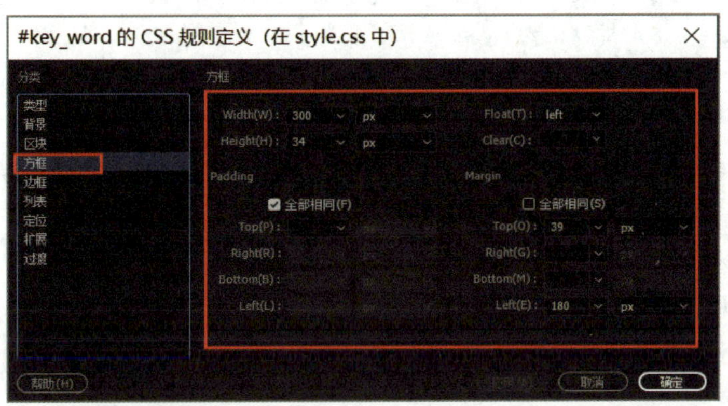

图 6-2-3　“CSS 规则定义”对话框中的“方框”属性

表 6-2-5　方框的“Clear”和“Float”属性及说明

属性	说明
Clear	指定元素的左侧或右侧不允许浮动的元素，其中 left 表示在左侧不允许浮动元素，right 表示在右侧不允许浮动元素，both 表示在左右两侧均不允许浮动元素
Float	定义元素在哪个方向浮动，其中 left 表示元素向左浮动，right 表示元素向右浮动，none 为默认值，表示元素不浮动

六、使用“CSS 规则定义”对话框设置边框的属性

在“CSS 规则定义”对话框的“分类”中选择“边框”，可设置“边框”属性，如图 6-2-4 所示，“边框”属性及其说明见表 6-2-6。

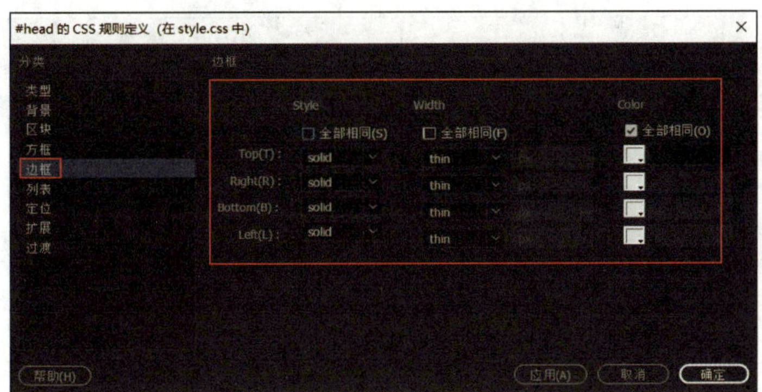

图 6-2-4　“CSS 规则定义”对话框中的“边框”属性

表 6-2-6 “边框”属性及其说明

属性	说明
Style	设置边框线的样式，其中初始值为 none 表示无样式，dotted 表示点线，dashed 表示虚线，solid 表示实线，double 表示双线，groove 表示槽线，ridge 表示脊线，inset 表示内凹，outset 表示外凸，Top、Right、Bottom、Left 用来指定设置的 4 个边（上边框、右边框、底边框、左边框）
Width	设置边框线的宽
Color	设置边框线的颜色

七、使用“CSS 规则定义”对话框设置“列表”的属性

在“CSS 规则定义”对话框的“分类”中选择“列表”，可设置“列表”的属性，如图 6-2-5 所示，“列表”属性及其说明见表 6-2-7。

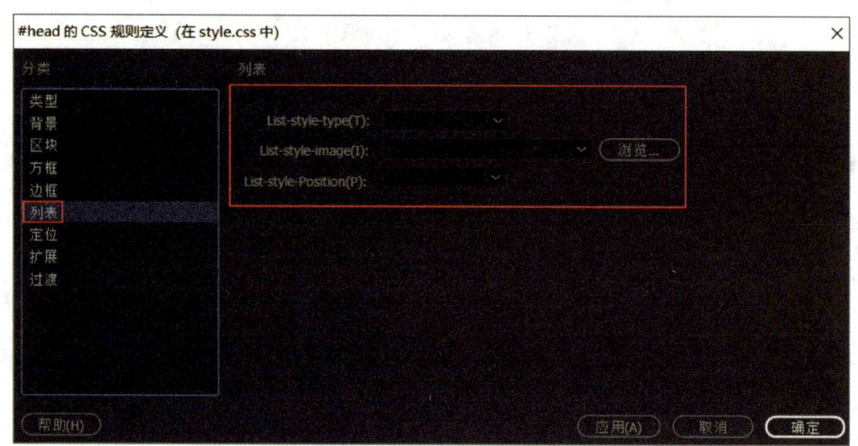

图 6-2-5 “CSS 规则定义”对话框中的“列表”属性

表 6-2-7 “列表”属性及其说明

属性	说明
List-style-image	设置使用图像来替换列表项的标记
List-style-type	设置列表项标记的类型，分为无序列表和有序列表两类 在有序列表中，decimal 表示数字，lower-roman 表示小写罗马字符，upper-roman 表示大写罗马字符，lower-alpha 表示小写字母，upper-alpha 表示大写字母，none 表示无 在无序列表中，disk 表示实点，circle 表示圆圈，square 表示方块
List-style-position	设置在何处放置列表项标记

一、美化导航栏

1. 新建存放导航栏的盒子的样式“#nav”

（1）打开婚庆策划网的网页文件及本项目任务 1 中新建的样式表文件，单击“窗口”→“设计器”命令，显示“CSS 设计器”面板。单击“CSS 设计器”面板上“选择器”选项区中的“+”按钮，在出现的文本框中输入“#nav”后按 Enter 键，新建选择器“#nav”，如图 6-2-6 所示，在“CSS 设计器”面板上可看到新增的 id 选择器“#nav”。

（2）单击“CSS 设计器”面板上“属性”选项区中的“布局”按钮，在“width”后的文本框中输入“960 px”，在“height”后的文本框中输入“55 px”，在“margin”后的文本框中输入“0 auto”，单击“clear”后的第三个按钮，选择“Both”，清除左右浮动，如图 6-2-6 所示。

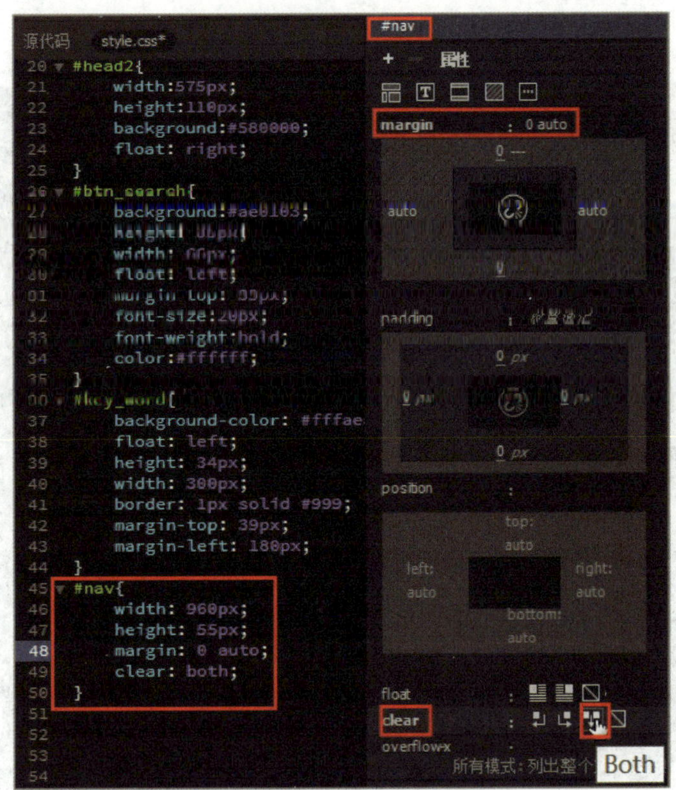

图 6-2-6　新建 id 选择器“#nav”

（3）单击“CSS 设计器”面板上“属性”选项区中的“背景”按钮，在“background-color”后的文本框中输入颜色值“#ae0103”，为导航栏设置背景色，如图 6-2-7 所示。

图 6-2-7　为 id 选择器“#nav”增加“背景”属性

2. 新建导航栏列表项的样式“#nav li”

（1）单击“CSS 设计器”面板上“选择器”选项区中的“+”按钮，在出现的文本框中输入“#nav li”后按 Enter 键，新建复合选择器“#nav li”，如图 6-2-8 所示。

（2）单击“CSS 设计器”面板上“属性”选项区的“布局”按钮，在“width”后的文本框中输入“110 px”，在“margin”后的左侧文本框中输入“40 px”，在“padding”的上部文本框中输入“10 px”，单击“float”后的第一个按钮，设置向左浮动，如图 6-2-8 所示。

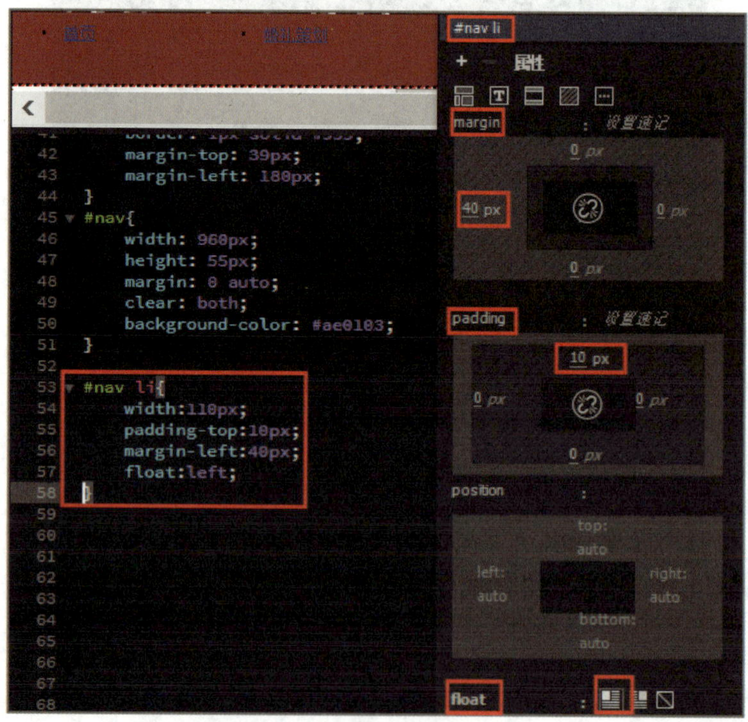

图 6-2-8　新建选择器“#nav li”

（3）单击“CSS 设计器”面板上“属性”选项区的“文本”按钮，在“line-height”后的文本框中输入“40 px”，设置行高为 40 px；单击“text-align”后的第二个按钮，设置“居中对齐”；单击“list-style-type”后的按钮，从弹出的下拉列表中选择“none”，设置取消项目符号，如图 6-2-9 所示。

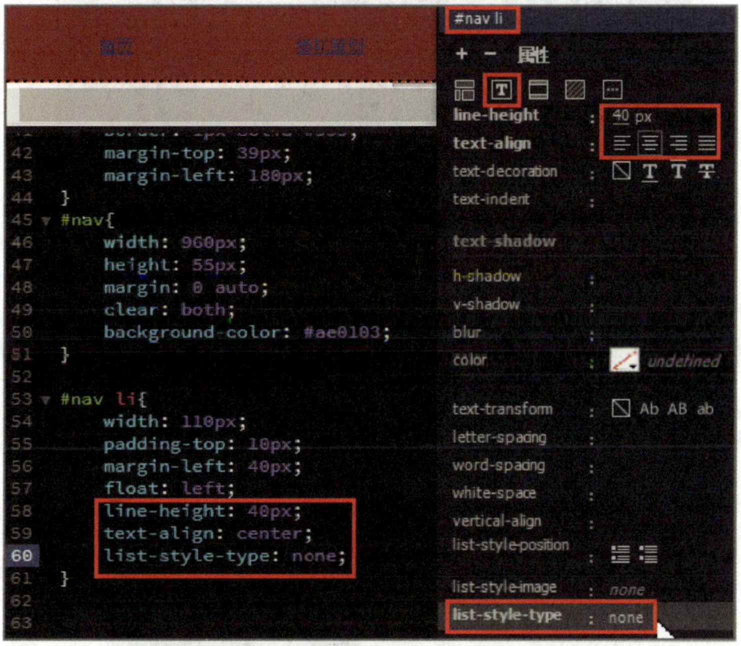

图 6-2-9　为选择器“#nav li”增加文本属性

保存样式表文件“style.css”，在默认浏览器中预览网页，效果如图 6-2-10 所示，可看到导航栏的变化。

图 6-2-10　预览网页，查看导航栏的效果

3. 新建导航栏超链接的样式“#nav li a”

（1）单击“CSS 设计器”面板上“选择器”选项区中的“+”按钮，在出现的文本框中输入“#nav li a”后按 Enter 键，新建复合选择器“#nav li a”，如图 6-2-11 所示。

（2）单击“CSS 设计器”面板上“属性”选项区的“文本”按钮，在“color”后的文本框中输入“#ffffff”，设置颜色为“白色”；在“font-size”后的文本框中输入“20 px”，设置字号为“20 px”；在“font-weight”后的文本框中单击，选择弹出的下拉列表中的“bold”，设置加粗效果；单击“text-decoration”后的第一个按钮，选择“none”，取消下划线等特殊效果，如图 6-2-11 所示。

图 6-2-11 新建选择器 “#nav li a” 并增加 “文本” 属性

（3）单击“CSS 设计器”面板上“属性”选项区的“布局”按钮，在“display”后的文本框中单击，在弹出的下拉列表中选择“block”，设置为“块”，如图 6-2-12 所示。

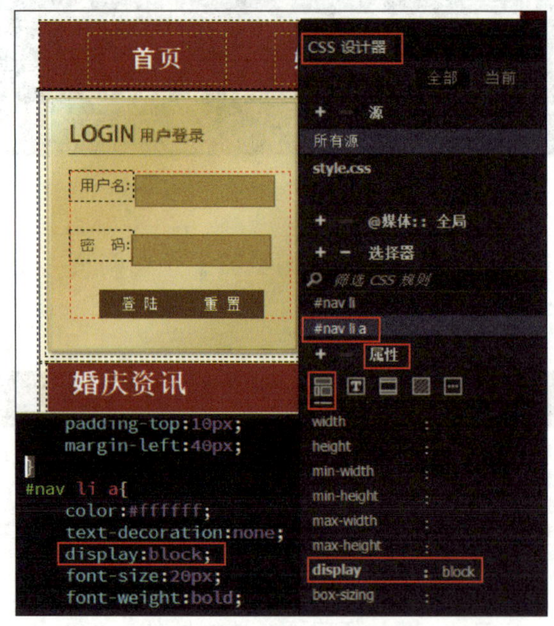

图 6-2-12 为选择器 “#nav li a” 增加 “display” 属性

4. 新建导航栏超链接在鼠标光标移上去的样式“#nav li a:hover”

（1）单击“CSS 设计器”面板上“选择器”选项区中的“+”按钮，在出现的文本框中输入“#nav li a:hover”后按 Enter 键，新建伪类选择器“#nav li a:hover”，如图 6-2-13a 所示。

（2）单击“CSS 设计器”面板上“属性”选项区的“文本”按钮，在“color”后的文本框中输入“#8b1f1c”，设置文本“颜色”，在浏览器中，当鼠标光标移动到超链接上时有改变颜色的效果；在“font-size”后的文本框中输入“字号”为“24 px”，在浏览器中，当鼠标光标移动到超链接上时，有字号放大效果；在“font-weight”后的文本框单击，选择弹出的下拉列表中的“bold”，设置加粗效果，如图 6-2-13a 所示。

（3）单击“CSS 设计器”面板上“属性”选项区的“背景”按钮，在“background-color”后的文本框中输入“#FFF”，设置“背景”颜色，在浏览器中，当鼠标光标移动到超链接上时有背景改变的效果，如图 6-2-13b 所示。

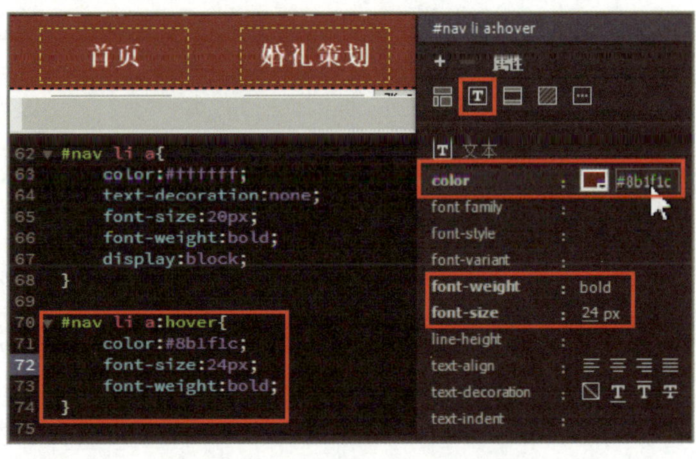

a）

b）

图 6-2-13　新建伪类选择器并增加属性

a）新建选择器“#nav li a:hover”　b）为“#nav li a:hover”增加属性

保存样式表文件“style.css”，在默认浏览器中预览网页，效果如图 6-2-14 所示，移动鼠标光标到导航栏中的超链接上，可看到动态效果。

图 6-2-14 导航栏预览网页效果

小提示

导航栏也称为菜单，由超链接构成，利用它可以方便快捷地打开网站的各个功能版块，将网站的功能完整地体现在页面上。好的导航栏还可以使网站的易用性得到更好的体现。

二、美化登录表单

1. 新建存放网页主要内容部分的盒子的样式“#main”

（1）单击“CSS 设计器”面板上“选择器”选项区中的“+”按钮，在出现的文本框中输入“#main”后按 Enter 键，新建 id 选择器“#main”，如图 6-2-15 所示。

（2）单击“CSS 设计器”面板上“属性”选项区的“布局”按钮，在“width”后的文本框中输入“960 px”，在“height”后单击，从弹出的下拉列表中选择“auto”，在“margin”后的文本框中输入“0 auto”，设置盒子“width”为“960 px”、“height”为“auto”、“margin”上下为“0 px”、左右为“auto”，盒子水平居中对齐。

（3）在样式表文件“style.css”的代码视图中输入注释内容“/* 设置主体页面结构属性 */”，如图 6-2-15 所示。

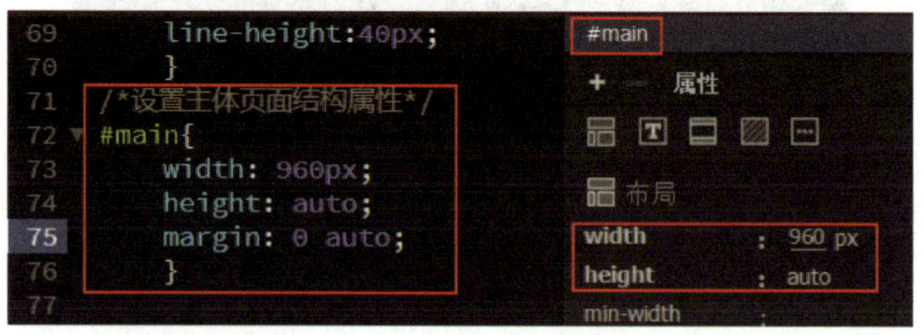

图 6-2-15 新建 id 选择器“#main”

（4）单击“CSS 设计器”面板上“属性”选项区的“背景”按钮，在“background-color”后的文本框中输入“#FFFAEA”，设置“背景色”，如图 6-2-16 所示。

（5）单击“CSS 设计器”面板上“属性”选项区的“边框”按钮，在“width”后的文本框中输入“1 px”，在“style”后单击，从弹出的下拉列表中选择“solid”，在“color”后的文本框中输入“#580000”，设置盒子“边框线”的“线形”“线宽”和“颜色”，如图 6–2–16 所示。

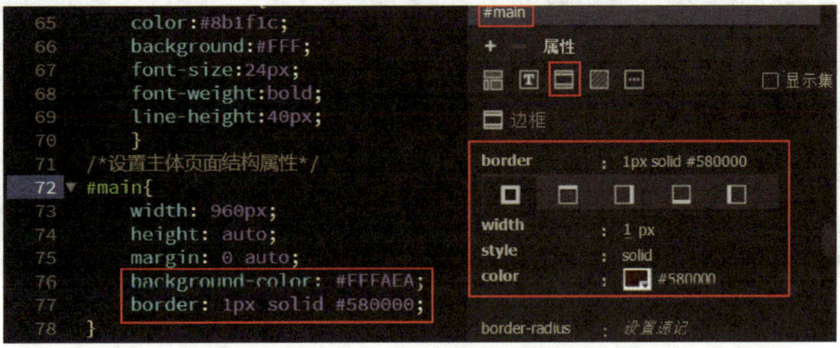

图 6–2–16 增加背景属性和边框属性

2. 新建存放登录表单和 banner 的盒子的样式“#m1”

（1）单击“CSS 设计器”面板上“选择器”选项区中的“+”按钮，在出现的文本框中输入“#m1”后按 Enter 键，新建 id 选择器“#m1”，如图 6–2–17 所示。

（2）单击“CSS 设计器”面板上“属性”选项区中的“布局”按钮，在“width”后的文本框中输入“950 px”，在“height”后的文本框中输入“210 px”，在“padding”后的文本框中输入“5 px”，设置内边距均为“5 px”，如图 6–2–17 所示。

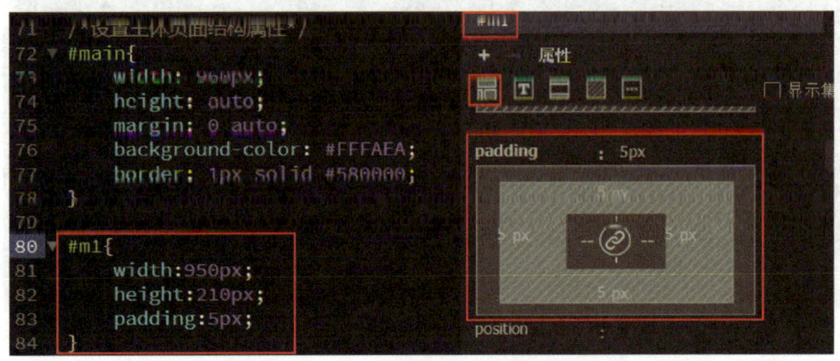

图 6–2–17 新建 id 选择器“#m1”

3. 新建存放登录表单的盒子的样式“.login”

（1）单击“CSS 设计器”面板上“选择器”选项区中的“+”按钮，在出现的文本框中输入“.login”后按 Enter 键，新建美化登录表单的类选择器“.login”。

（2）单击“CSS 设计器”面板上“属性”选项区中的“布局”按钮，在“width”后的文本框中输入“177 px”，在“height”后的文本框中输入“140 px”，在“padding”

后的上、右、下、左文本框中依次输入“60 px”“10 px”“10 px”和“20 px”，设置登录表单内边距，单击“float”后的第一个按钮，设置向左浮动，如图 6-2-18 所示。

```
#m1{
    width:950px;
    height:210px;
    padding:5px;
}
.login{
    height:140px;
    width:177px;
    float:left;
    padding:60px 10px 10px 20px;

}
```

.login
属性
auto auto
bottom:
auto
float
clear
overflow-x
overflow-y

图 6-2-18　新建类选择器“.login”

（3）单击“CSS 设计器”面板上“属性”选项区中的“文本”按钮，单击“text-align”后的第二个按钮，设置居中对齐。

（4）单击“CSS 设计器”面板上“属性”选项区中的“背景”按钮，单击“background-image”区 url 文本框右侧的按钮，在弹出的对话框中选择背景图像“images/login_bj.jpg”；单击“background-image”区“background-repeat”后的第 4 个按钮，设置背景图像不重复，如图 6-2-19 所示。

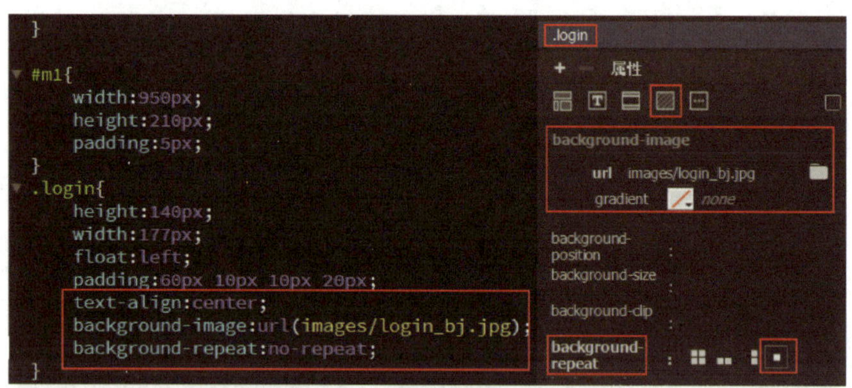

图 6-2-19　为类选择器“.login”增加文本属性和背景属性

4. 新建登录表单中提示文本的样式“.login label”

（1）单击“CSS 设计器”面板上“选择器”选项区中的“+”按钮，在出现的文本框中输入“.login label”后按 Enter 键，新建选择器“.login label”。

（2）单击“CSS 设计器”面板上“属性”选项区中的“布局”按钮，在“width”后的文本框中输入“50 px”，在“display”后的按钮上单击，选择弹出的下拉列表中的“block”，如图 6-2-20 所示。

```
.login{
    height:140px;
    width:177px;
    float:left;
    padding:60px 10px 10px 20px;
    text-align:center;
    background-image:url(images/login_bj.jpg);
    background-repeat:no-repeat;
}
.login label{
    display:block;
    width:50px;
    }
```

.login label
+ — 属性
布局
width : 50 px
height :
min-width :
min-height :
max-width :
max-height :
display : block

图 6-2-20　新建选择器“.login label”

（3）单击“CSS 设计器”面板上“属性”选项区中的“文本”按钮，在“color”后的文本框中输入“#6d520d”，设置文本颜色；在“line-height”后的文本框中输入“24 px”，设置行高；单击“text-align”后的第三个按钮，设置右对齐，如图 6-2-21 所示。

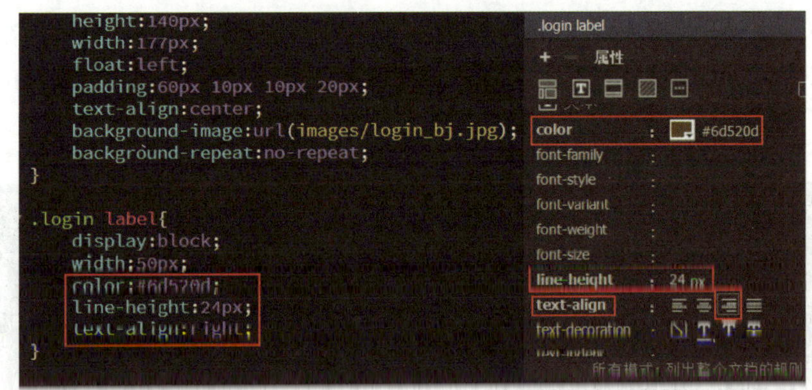

图 6-2-21　为选择器“.login label”增加文本属性

5. 新建登录表单中文本框和密码框的样式“#user_pwd，#user_name”

（1）单击“CSS 设计器”面板上“选择器”选项区中的“+”按钮，在出现的文本框中输入“#user_pwd，#user_name”后按 Enter 键，新建选择器“#user_pwd，#user_name”。

（2）单击“CSS 设计器”面板上“属性”选项区中的“布局”按钮，在“width”后的文本框中输入“110 px”，在“height”后的文本框中输入“24 px”，在“position”后的按钮上单击，选择弹出的下拉列表中的“relative”，在“position”区“left”下的文本框中输入“20 px”，在“position”区“top”下的文本框中输入“–20 px”，设置文本框、密码框相对其原始位置定位：从元素的原始位置距离左侧增加 20 像素、距离顶部减少 20 像素，如图 6-2-22 所示。

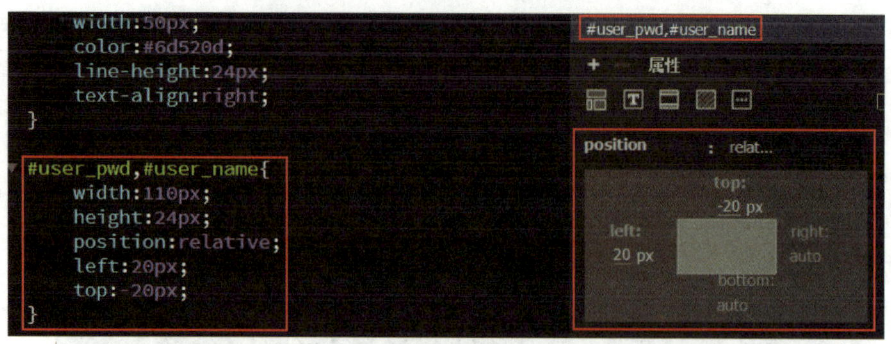

图 6-2-22　新建选择器 “user_pwd，#user_name”

（3）单击 “CSS 设计器” 面板上 “属性” 选项区中的 “文本” 按钮，在 “color” 后的文本框中输入 “#FFFFFF”，设置文本 “颜色”；在 “line-height” 后的文本框中输入 “24 px”。

（4）单击 “CSS 设计器” 面板上 “属性” 选项区中的 “背景” 按钮，在 “background-color” 后的文本框中输入 “#c4a354”，设置 “背景色”。

（5）单击 “CSS 设计器” 面板上 “属性” 选项区中的 “边框” 按钮，在 “border” 区中 “width” 后的文本框中输入 “1 px”，在 “style” 后单击，从弹出的下拉列表中选择 “solid”，在 “color” 后的文本框中输入 “#9c750e”，如图 6-2-23 所示。

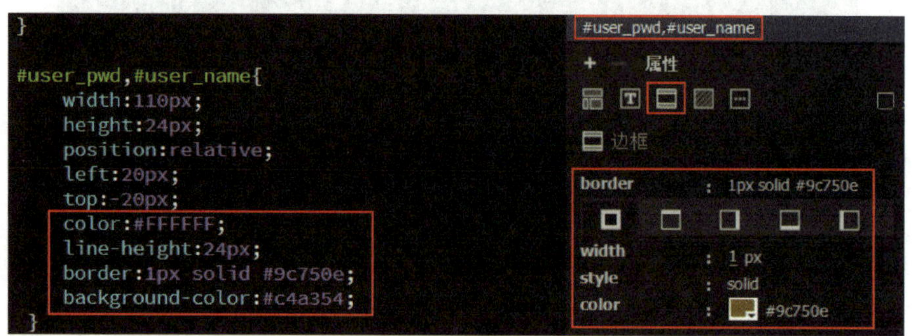

图 6-2-23　为选择器 “user_pwd，#user_name” 增加文本、背景、边框属性

6. 新建登录表单中 “登录” 按钮和 “重置” 按钮的样式 “#login_submit，#login_reset”

（1）单击 “CSS 设计器” 面板上 “选择器” 选项区中的 “+” 按钮，在出现的文本框中输入 “#login_submit，#login_reset” 后按 Enter 键，新建选择器 “#login_submit，#login_reset”。

（2）单击 “CSS 设计器” 面板上 “属性” 选项区中的 “背景” 按钮，在 “background-color” 后的文本框中输入 “#795a23”，设置背景色。

（3）单击“CSS 设计器”面板上“属性”选项区中的“布局”按钮，在“width”后的文本框中输入“66 px”，在“height”后的文本框中输入“23 px”。

（4）单击“CSS 设计器”面板上“属性”选项区中的“文本”按钮，在“color”后的文本框中输入“#FFFFFF”，设置文本颜色。

（5）单击“CSS 设计器”面板上“属性”选项区中的“边框”按钮，在“border”后的文本框中输入“none”，设置无边框，如图 6-2-24 所示。

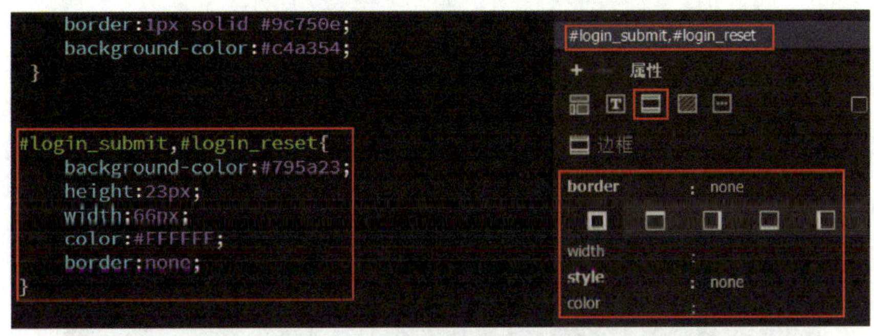

图 6-2-24 新建选择器“#login_submit，#login_reset”

（6）保存样式表文件“style.css”，切换到网页的代码视图，添加代码将样式应用在登录表单中，如图 6-2-25 所示。

```
<div id="main">
  <div id="m1">
    <div class="login">
      <form>
        <label>用户名: </label>
        <input type="text" id="user_name"size="15" maxlength="8"/>
        <label>密 码: </label>
        <input type="password" id="user_pwd" size="15" maxlength="8"/>
        <input type="submit" id="login_submit" value="登 录" />
        <input type="reset" id="login_reset" value="重 置"/>
      </form>
    </div>
```

图 6-2-25 登录表单的样式定义和应用

在默认浏览器中预览网页，效果如图 6-2-26 所示。

图 6-2-26 登录表单应用样式后的预览效果

三、美化 banner

1. 单击“CSS 设计器”面板上“选择器”选项区中的“+”按钮，在出现的文本框中输入“.ad”后按 Enter 键，新建类选择器“.ad”。

2. 单击“CSS 设计器”面板上“属性”选项区中的“布局”按钮，在“width”后的文本框中输入“725 px”；在“height”后的文本框中输入“210 px”；在“margin”区的左侧文本框中输入“10 px”，设置左边距为“10 px”；单击“float”后的第一个按钮，选择“left”属性值，设置向左浮动，如图 6-2-27 所示。

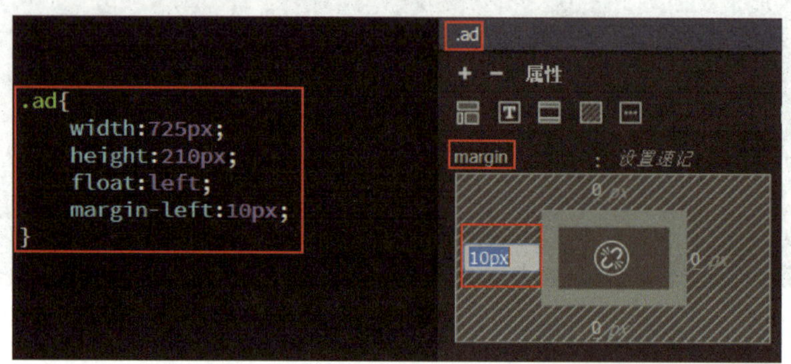

图 6-2-27　新增的类选择器“.ad”及其代码

3. 切换到网页的代码视图，添加代码将类样式应用到“banner”元素中，如图 6-2-28 所示。

图 6-2-28　新建类选择器“.ad”并应用

四、美化婚庆资讯栏目

1. 新建存放婚庆资讯和婚礼秀的盒子的样式

（1）单击“CSS 设计器”面板上“选择器”选项区中的“+”按钮，在出现的文本框中输入“#m2”后按 Enter 键，新建 id 选择器“#m2”，如图 6-2-29 所示。

（2）单击“CSS 设计器”面板上“属性”选项区中的“布局”按钮，在“width”后的文本框中输入“960 px”，在“height”后的文本框中输入“279 px”，如图 6-2-29 所示。

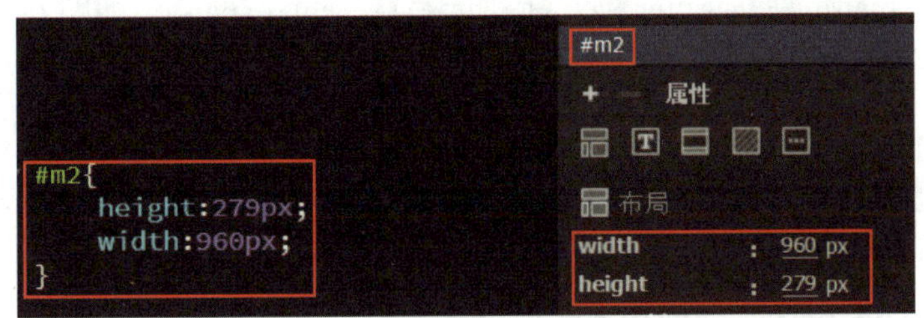

图 6-2-29　新建 id 选择器“#m2”

2. 新建存放婚庆资讯栏目的盒子的样式

（1）单击“CSS 设计器”面板上“选择器”选项区中的“+”按钮，在出现的文本框中输入“.hlzx”后按 Enter 键，新建选择器“.hlzx”，如图 6-2-30 所示。

（2）单击“CSS 设计器”面板上“属性”选项区中的“布局”按钮，在“width”后的文本框中输入“596 px”；在“height”后的文本框中输入“279 px”；在“margin”选项区的左侧文本框中输入“6 px”，设置左边距为“6 px”；单击“float”后的第一个按钮，设置向左浮动，如图 6-2-30 所示。

（3）单击“CSS 设计器”面板上“属性”选项区的“背景”按钮，在“background-color”后的文本框中输入“#f7efca”，设置“背景色”，如图 6-2-30 所示。

（4）切换到网页的代码视图，添加样式引用代码 <div class="hlzx">。

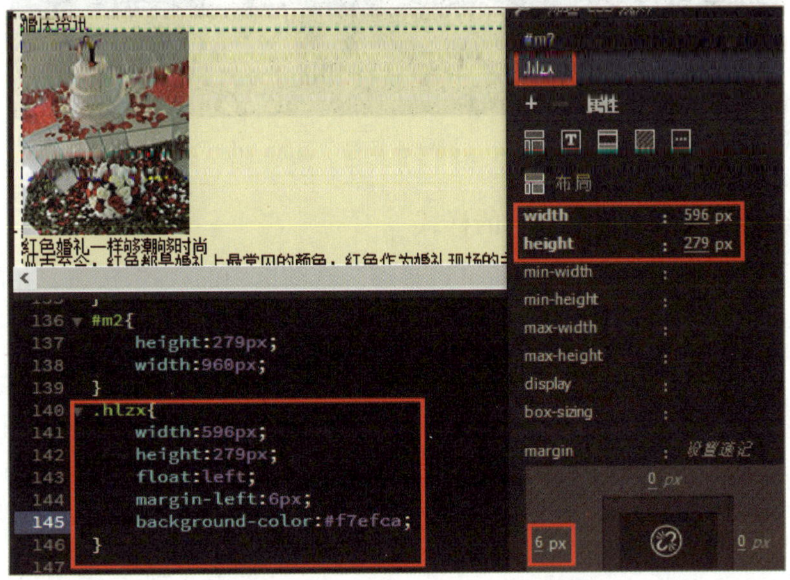

图 6-2-30　新建类选择器“.hlzx”

3. 新建婚庆资讯栏目标题的样式

（1）单击“CSS 设计器”面板上“选择器”选项区中的“+”按钮，在出现的文本框中输入“.hlzx span”后按 Enter 键，新建选择器“.hlzx span”，如图 6-2-31 所示。

（2）单击“CSS 设计器”面板上“属性”选项区中的“布局”按钮，在“width”后的文本框中输入“576 px”；在“height”后的文本框中输入“35 px”；在“padding”区的上、右、下、左文本框中依次输入“5 px”“0 px”“0 px”“20 px”，设置内边距；单击“float”后的第一个按钮，设置向左浮动，如图 6-2-31 所示。

（3）单击“CSS 设计器”面板上“属性”选项区中的“文本”按钮，在“color”后的文本框中输入“#FFFFFF”，设置颜色为“白色”；在“font-size”后的文本框中输入“22 px”，设置字号为“22 px”；在“font-weight”后的文本框中单击，选择列表中的“bold”，设置加粗效果，如图 6-2-31 所示。

（4）单击“CSS 设计器”面板上“属性”选项区中的“文本”的背景按钮，在“background”后的文本框中输入“#ae0103”，设置“背景色”，如图 6-2-31 所示。

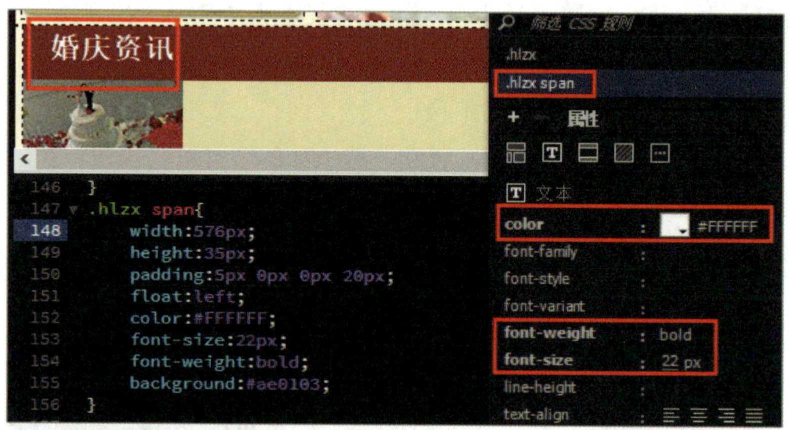

图 6-2-31　新建选择器“.hlzx span”

4. 新建婚庆资讯栏目中图片的样式

（1）单击“CSS 设计器”面板上“选择器”选项区中的“+”按钮，在出现的文本框中输入“.hlzx_ad img”后按 Enter 键，新建选择器“.hlzx_ad img”，如图 6-2-32 所示。

（2）单击“CSS 设计器”面板上“属性”选项区中的“布局”按钮，在“width”后的文本框中输入“118 px”；在“height”后的文本框中输入“145 px”；在“margin”区的上、右、下、左文本框中依次输入“20 px”“0 px”“0 px”和“20 px”，设置外边距；单击“float”后的第一个按钮，设置向左浮动，如图 6-2-32 所示。

（3）单击“CSS 设计器”面板上“属性”选项区中的“边框”按钮，在“border”区中“width”后的文本框中输入“1 px”。在“style”后单击，从弹出的列表中选择

“solid”。在“color”后的文本框中输入“#7b0002”，设置边框线的线形、线宽和线的颜色，如图 6-2-32 所示。

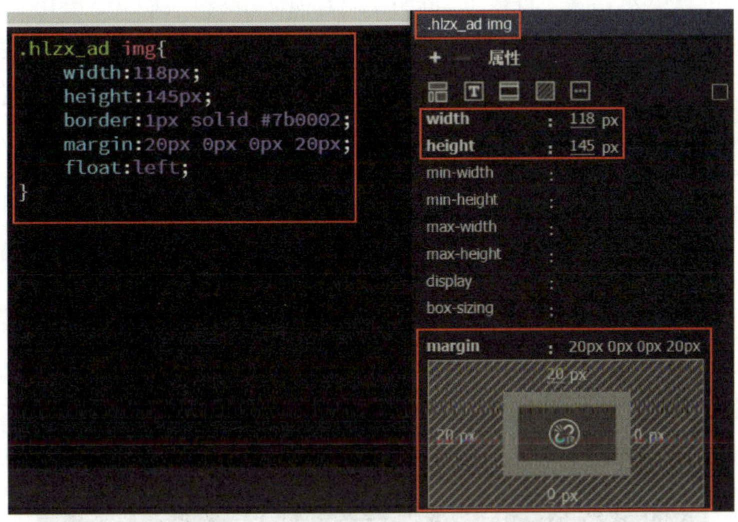

图 6-2-32　新建选择器“.hlzx_ad img”

切换到网页的代码视图窗口，查看将样式应用到婚庆资讯栏目图片中的代码。

5. 新建婚庆资讯栏目中自定义列表的样式

（1）单击“CSS 设计器”面板上“选择器”选项区中的“+”按钮，在出现的文本框中输入“.hlzx_ad dl”后按 Enter 键，新建选择器“.hlzx_ad dl”。

（2）单击“CSS 设计器”面板上“属性”选项区中的“布局”按钮，在“width”后的文本框中输入“360 px”；在“margin”区后的上，右，下，左文本框中依次输入“5 px”“0 px”“0 px”和“40 px”，设置外边距；单击“float”后的第一个按钮，设置向左浮动，如图 6-2-33 所示。

图 6-2-33　新建选择器“.hlzx_ad dl”

（3）单击“CSS 设计器”面板上“选择器”选项区中的“+”按钮，在出现的文本框中输入“.hlzx_ad dt”后按 Enter 键，新建选择器“.hlzx_ad dt”。

（4）单击“CSS 设计器”面板上“属性”选项区中的“文本”按钮，在“color”后的文本框中输入“#582c00”，设置文本“颜色”；在“line-height”后的文本框中输入“30 px”，设置“行高”；在“font-weight”后的文本框中单击，选择列表中的“bold”，设置加粗效果，如图 6-2-34 所示。

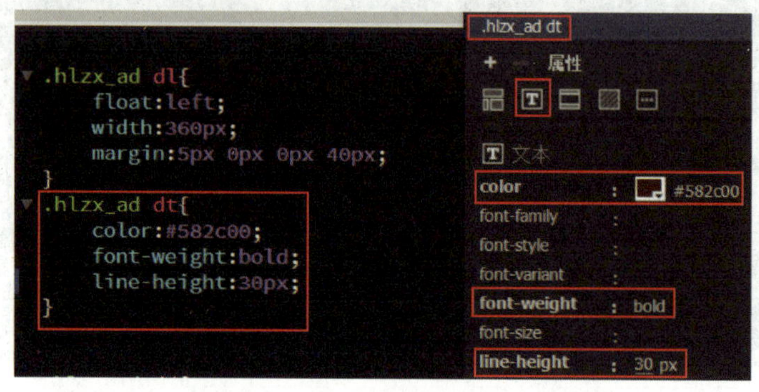

图 6-2-34 新建选择器“.hlzx_ad dt”

（5）单击“CSS 设计器”面板上“选择器”选项区中的“+”按钮，在出现的文本框中输入“.hlzx_ad dd”后按 Enter 键，新建选择器“.hlzx_ad dd”。

（6）单击“CSS 设计器”面板上“属性”选项区中的“文本”按钮，在“color”后的文本框中输入“#a1411d”，设置文本“颜色”；在“line-height”后的文本框中输入“20 px”，设置“行高”；在“text-align”后选中第 4 个按钮，设置“两端对齐”；在“text-indent”后的文本框中输入“20 px”，设置“首行缩进”为“20 px”，如图 6-2-35 所示。

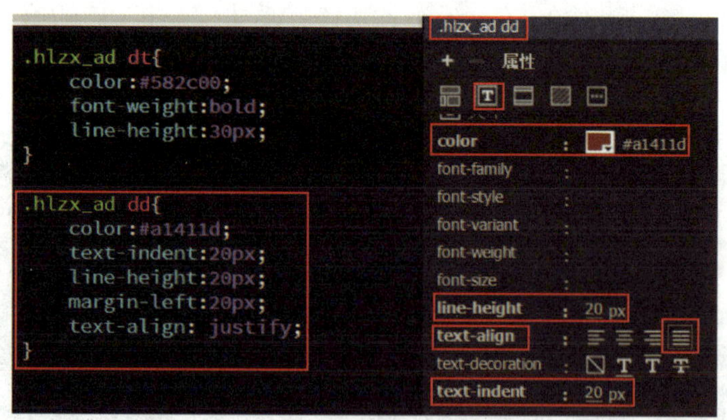

图 6-2-35 新建选择器“.hlzx_ad dd”

6. 新建婚庆资讯栏目列表的样式

（1）单击“CSS 设计器”面板上“选择器”选项区中的“+”按钮，在出现的文本框框中输入“.hlzx_ad ul”按 Enter 键，新建选择器“.hlzx_ad ul”。

单击“CSS 设计器”面板上“属性”选项区中的“布局”按钮，在“width”后的文本框中输入“310 px”；在“margin”区后的左文本框中输入“40 px”，设置“外边距”；单击“float”后的第一个按钮，设置向左浮动，如图 6–2–36 所示。

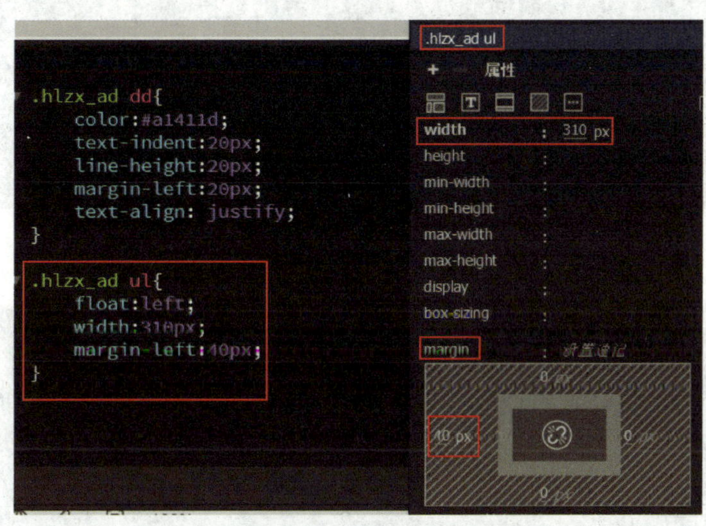

图 6–2–36　新建选择器“.hlzx_ad ul”

（2）单击“CSS 设计器”面板上“选择器”选项区中的“+”按钮，在出现的文本框中输入“.hlzx_ad ul li”后按 Enter 键，新建选择器“.hlzx_ad ul li”。

单击“CSS 设计器”面板上“属性”选项区中的“文本”按钮，在“color”后的文本框中输入“#580c00”，设置文本“颜色”；在“line-height”后的文本框中输入“25 px”，设置“行高”；在“text-indent”后的文本框中输入“15 px”，设置“首行缩进”15 px，如图 6–2–37 所示。

单击“CSS 设计器”面板上“属性”选项区中的“布局”按钮，在“height”后的文本框中输入“25 px”。

（3）单击“CSS 设计器”面板上“属性”选项区中的“文本”按钮，单击“list-style”后的文本框，输入“none”，设置取消列表项目默认符号，如图 6–2–37 所示。

（4）单击“CSS 设计器”面板上“选择器”选项区中的“+”按钮，在出现的文本框中输入“.hlzx_ad ul li a:link，.hlzx_ad ul li a:visited”后按 Enter 键，新建伪类选择器“.hlzx_ad ul li a:link，.hlzx_ad ul li a:visited”。

单击“CSS 设计器”面板上“属性”选项区中的“文本”按钮，在“color”后的文本框中输入“#580c00”，设置文本“颜色”；单击“text-decoration”后的第一个按钮，选取“none”，设置无下划线等特殊效果，如图 6–2–38 所示。

```
.hlzx_ad ul{
    float:left;
    width:310px;
    margin-left:40px;
}

.hlzx_ad ul li{
    list-style:none;
    background:url(images/lbbj.gif)
    height:25px;
    line-height:25px;
    color:#580c00;
    text-indent:15px;
}
```

图 6-2-37　新建选择器“.hlzx_ad ul li”

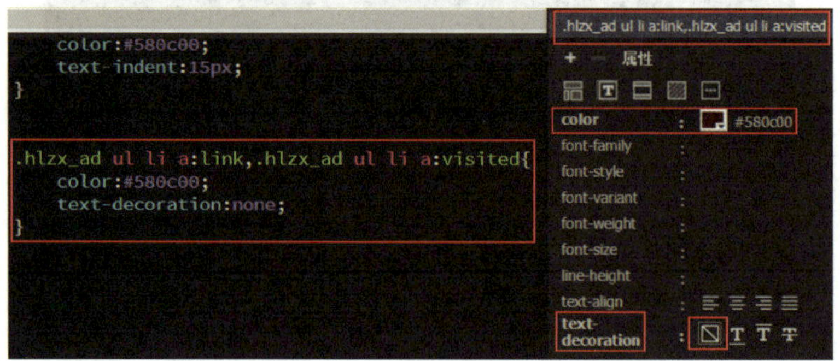

图 6-2-38　新建选择器“.hlzx_ad ul li a:link，.hlzx_ad ul li a:visited”

（5）单击“CSS 设计器”面板上“选择器”选项区中的“+”按钮，在出现的文本框中输入“.hlzx_ad ul li a:hover，.hlzx_ad ul li a:active”后按 Enter 键，新建伪类选择器“.hlzx_ad ul li a:hover，.hlzx_ad ul li a:active”。

单击“CSS 设计器”面板上“属性”选项区中的“文本”按钮，在“color”后的文本框中输入“#9e3423”，设置文本“颜色”；单击“text-decoration”后的第一个按钮，选择“none”，设置无下划线等特殊效果，如图 6-2-39 所示。

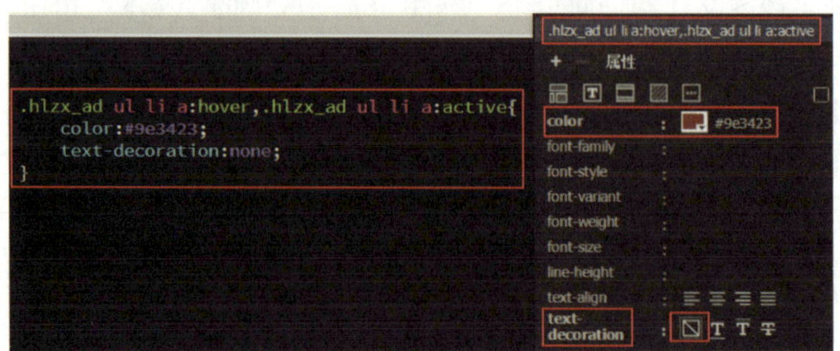

图 6-2-39　新建选择器“.hlzx_ad ul li a:hover，.hlzx_ad ul li a:active”

五、美化婚礼秀栏目

1. 新建存放婚礼秀栏目的盒子的样式

（1）单击“CSS 设计器”面板上“选择器”选项区中的“+”按钮，在出现的文本框中输入“.show”后按 Enter 键，新建选择器“.show”。

（2）单击“CSS 设计器”面板上“属性”选项区中的“布局”按钮，在“width”后的文本框中输入“335 px”；在“height”后的文本框中输入“279 px”；在“margin”右侧的文本框中输入“6 px”，设置右边距为“6 px”；单击“float”后的第二个按钮，设置“向右浮动”。

（3）单击“CSS 设计器”面板上“属性”选项区中的“背景”按钮，在“background-color”后的文本框中输入“#f7efca”，设置“背景色”，如图 6-2-40 所示。

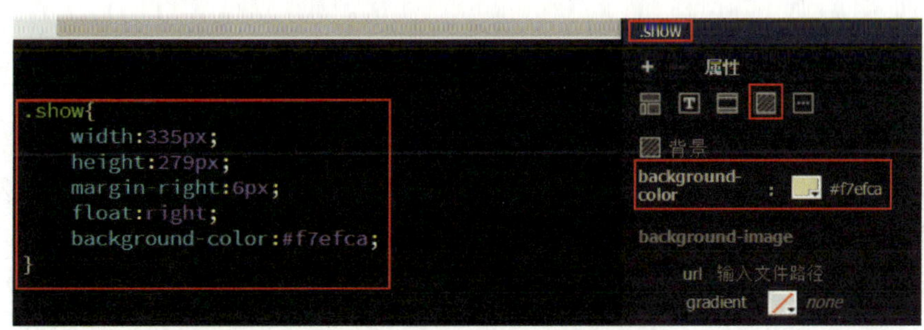

图 6-2-40　新建选择器“.show”

2. 新建婚礼秀栏目标题的样式

（1）单击“CSS 设计器”面板上“选择器”选项区中的“+”按钮，在出现的文本框中输入“.show span”后按 Enter 键，新建选择器“.show span”。

（2）单击“CSS 设计器”面板上“属性”选项区中的“布局”按钮，在“width”后的文本框中输入“316 px”；在“height”后的文本框中输入“35 px”；在“padding”区中的上、右、下、左文本框中依次输入“5 px”“0 px”“0 px”和“20 px”，设置内边距；单击“float”后的第一个按钮，设置向左浮动。

（3）单击“CSS 设计器”面板上“属性”选项区中的“文本”按钮，在“color”后的文本框中输入“#FFFFFF”，设置颜色为“白色”；在“font-size”后的文本框中输入“22 px”，设置字号为“22 px”；在“font-weight”后的文本框单击，选择列表中的“bold”，设置加粗效果。

（4）单击“CSS 设计器”面板上“属性”选项区中的“背景”按钮，在“background”后的文本框中输入“#ae0103”，设置“背景色”，如图 6-2-41 所示。

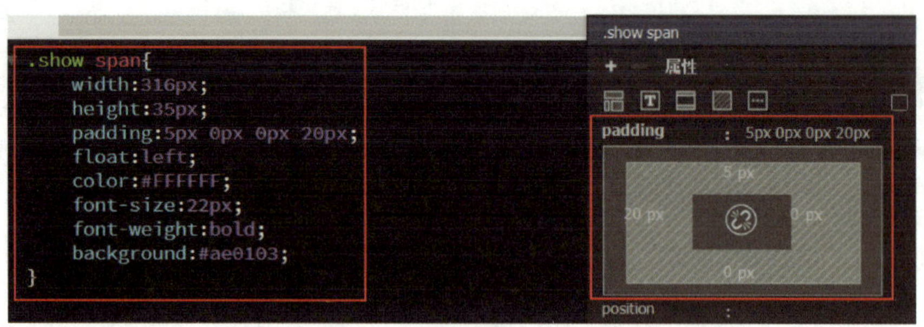

图 6-2-41　新建选择器“.show span”

3. 新建婚礼秀栏目中视频的样式

（1）单击“CSS 设计器”面板上“选择器”选项区中的“+”按钮，在出现的文本框中输入“.show .video”后按 Enter 键，新建选择器“.show .video”。

（2）单击“CSS 设计器”面板上“属性”选项区中的“布局”按钮，在“margin”区中的上、左文本框中依次输入“20 px”和“50 px”，设置“外边距”。

（3）单击“CSS 设计器”面板上“属性”选项区中的“边框”按钮，在“border”区中“width”后的文本框中输入“6 px”，在“style”后单击，从弹出的列表中选择“solid”，在“color”后的文本框中输入“#b69e63”，设置边框线的线形、线宽和线的颜色，如图 6-2-42 所示。

（4）切换到网页的代码视图，添加代码 <div class="show">，将类样式应用到存放婚礼秀的盒子中。

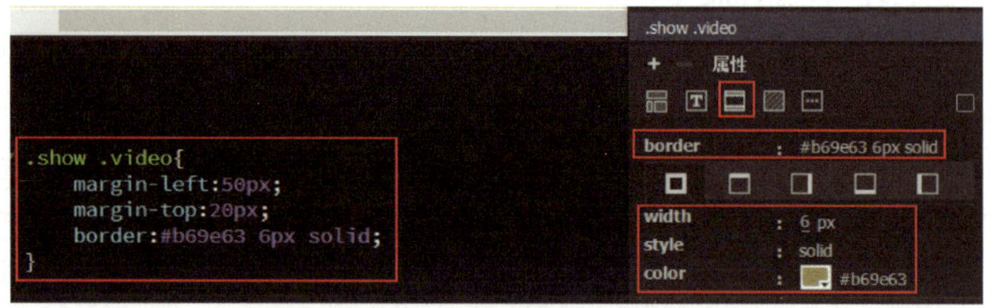

图 6-2-42　新建选择器“.show .video”

小技巧

利用代码复制和修改的方式快速新建网页样式

通过观察网页美化最终效果可以发现，婚庆资讯栏目标题和婚礼秀栏目标题外观基本一致，可在样式表文件窗口中复制创建好的婚庆资讯栏目标题的样式并修改，生成婚礼秀栏目标题的样式。

1. 在样式表文件窗口中找到并选中婚庆资讯栏目标题的样式代码，按组合快捷键 Ctrl+C 复制。

2. 在样式表文件窗口中移动光标到婚礼秀栏目标题样式代码要出现的位置，按组合快捷键 Ctrl+V 粘贴代码，将选择器名称“.hlzx span”修改为“.show span”，将样式代码“width”后的数字改为“316”，添加代码“padding:5 px 0 px 0 px 20 px;”然后保存即可，如图 6-2-43 所示。

```
.hlzx span{
    width:576px;
    height:35px;
    float:left;
    color:#FFFFFF;
    font size:22px;
    font weight:bold;
    background:#ae0103;
}
```

a）

```
.show span{
    width:316px;
    height:35px;
    padding:5px 0px 0px 20px;
    float:left;
    color:#FFFFFF;
    font size:22px;
    font weight:bold;
    background:#ae0103;
}
```

b）

图 6-2-43 用代码复制和修改的方式新建网页样式
a）选择器“.hlzx span” b）选择器“.show span”

仿照上述方法和步骤，美化嗨浪婚纱作品欣赏、友情链接和版权信息三个栏目，网页最终效果如图 6-2-44 所示。

图 6-2-44 网页最终效果

任务 3　布局婚庆策划网页

1. 了解盒子模型的原理和用法。
2. 了解网页浮动布局的原理和常用布局方法。
3. 了解重构网页常用的 HTML 元素。
4. 了解 float 和 clear 属性的用法。
5. 能插入 div、段落等块元素，引用 CSS 样式控制其大小、位置和显示方式。

本任务是一个用 div、段落等块元素布局婚庆策划网页的实例，效果如图 6-3-1 所示。通过本任务的学习，可以掌握利用“插入”面板、设计视图、代码视图来插入 div、段落等块元素，引用 CSS 来布局网页的过程和方法，熟悉网页布局和配色技巧。

图 6-3-1　婚庆策划网页布局效果

一、盒子模型实际尺寸的计算方式

CSS 把存放网页元素的容器看作是一个盒子，每个盒子都由元素的内容（content）、内边距（padding）、边框（border）和外边距（margin）组成，如图 6–3–2 所示。

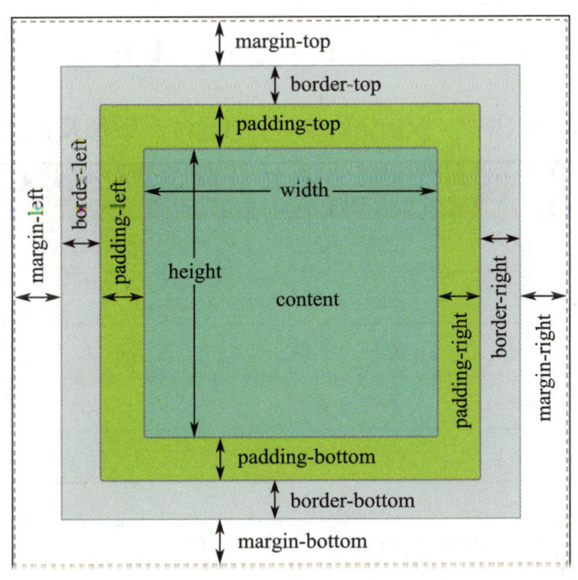

图 6–3–2　盒子模型示意图

小提示

使用 width 与 height 属性为网页元素设置宽度和高度时，实际上设置的是内容（content）的宽度和高度，而不是盒子的实际大小。

盒子实际尺寸的计算方式见表 6–3–1。

表 6–3–1　盒子实际尺寸的计算方式

计算项目	说明
实际 width 尺寸	width+padding−left+padding−right+border−left+border−right+margin−left+margin−right

续表

计算项目	说明
实际 height 尺寸	height+padding−top+padding−bottom+border−top+border−bottom+margin−top+margin−bottom

border 为盒子的边框，它具有 border−style（边框样式）、border−width（边框宽度）和 border−color（边框颜色）属性。

1. border−style（边框样式）

border−style 属性用于设置边框的样式，其属性、取值及说明见表 6−3−2。

表 6−3−2　border−style 的属性、取值及说明

属性	取值	说明
border−style	none	没有边框，即忽略所有边框的宽度，为默认值
	solid	边框为单实线
	dashed	边框为虚线
	dotted	边框为点线
	double	边框为双实线

2. border−width（边框宽度）

border−width 属性用于设置边框的宽度，单位为像素（px），其常用属性及说明见表 6−3−3。

表 6−3−3　border−width 的常用属性及说明

常用属性	说明
border−top−width	上边框宽度
border−right−width	右边框宽度
border−bottom−width	下边框宽度
border−left−width	左边框宽度
border−width	上边框宽度 [右边框宽度　下边框宽度　左边框宽度]

3. border−color（边框颜色）

border−color 属性用于设置边框的颜色，其常用属性及说明见表 6−3−4。

表 6-3-4　border-color 的常用属性及说明

常用属性	说明
border-top-color	上边框颜色
border-right-color	右边框颜色
border-bottom-color	下边框颜色
border-left-color	左边框颜色
border-color	上边框颜色［右边框颜色　下边框颜色　左边框颜色］

二、块元素、行内元素、行内块元素与 div

1. 块元素

块元素是指属性 display 为 block 的元素，通常使用块元素搭建布局。

常用的块元素主要有 p、div、ul、ol、li、dl、dt、dd、h1～h6、hr、form、table、blockquote、fieldset、menu 等。

2. 行内元素

行内元素也称内联元素，是指其属性 display 为 inline 的元素，行内元素可以和相邻的行内元素共占一行，使宽和高的属性值不生效，完全靠内容撑开宽和高。通常使用行内元素来进行文字、小图标的搭建。

常用的行内元素主要有 a、span、strong、b、i、u、label、br、big、font、select、strike、sub、sup 等。

3. 行内块元素

行内块元素结合了行内元素和块元素，不仅使宽和高的属性值生效，还可以使多个元素在一行内显示。

常用的行内块元素主要有 img、input、textarea 等。

4. div

div 是英文 division 的缩写，<div> 标记就是一个块容器标记，<div> 与 </div> 之间相当于一个容器，它可以将网页文档分割为独立的、不同的部分，以容纳段落、标题、图像、列表等各种网页元素，通过与 id、class 等属性配合，实现网页的规划和布局。大多数 HTML 标记都可以嵌套在 <div> 标记中，<div> 中还可以嵌套多层 <div>。

三、CSS 的布局属性和定位属性

1. 布局属性

（1）控制浮动的属性

控制浮动的属性包括 float、clear 属性，其属性的取值及说明见表 6-3-5。

表 6-3-5　控制浮动的属性的取值及说明

属性	取值	说明
float	none	元素不浮动，为默认值
	left	元素向左浮动
	right	元素向右浮动
	inherit	元素继承父元素的 float 属性
clear	none	两边可以浮动，为默认值
	left	不允许左边有浮动元素
	right	不允许右边有浮动元素
	inherit	元素继承父元素的 clear 属性
	both	两边不允许有浮动元素

（2）控制溢出（overflow）的属性

控制溢出（overflow）的属性用于设置元素的内容超过其指定高度及宽度时，元素内容溢出盒子时的显示方式。overflow 属性的取值及说明见表 6-3-6。

表 6-3-6　overflow 属性的取值及说明

取值	说明
visible	默认值，表示不裁剪内容，也不添加滚动条，超出的内容会显示在元素盒子之外
auto	表示在需要时裁剪内容，并自动添加滚动条，以便查看其余的内容
hidden	表示将超出的内容裁剪掉，并且裁剪掉的内容不可见
scroll	表示总是显示滚动条
inherit	表示从父元素继承 overflow 属性的值

小提示

overflow 属性只作用于指定高度的块元素上。

（3）控制显示（display）的属性

控制显示（display）的属性用于设置元素的显示方式，display 属性的取值及说明见表 6-3-7。

表 6-3-7 display 属性的取值及说明

取值	说明
none	表示该元素被隐藏起来，且隐藏的元素不会占用任何空间
block	表示该元素显示为块元素，元素前后会有换行符，可以设置它的宽度和上、右、下、左的内外边距
inline	表示该元素被显示为内联元素，元素前后没有换行符，也无法设置宽、高、内边距和外边距
inline-block	表示该元素为行内元素，但具有块元素的某些特性，可以设置 width 和 height 属性，保留了行内元素不换行的特性
table	表示该元素作为块元素的表格显示，还有许多有关表格元素的显示方式属性
inherit	表示继承父元素的 display 属性的设置

元素可见性的属性 visibility 用于设置一个元素是否显示。visibility 属性的取值及说明见表 6-3-8。

表 6-3-8 visibility 属性的取值及说明

取值	说明
hidden	表示元素隐藏
visible	表示元素可见
collapse	主要用来隐藏表格的行或列，隐藏的行或列能被其他内容使用，对于表格外的其他对象，其作用等同于 hidden
inherit	表示继承父元素的可见性

小提示

visibility:hidden 属性与 display:none 属性不同，通过 visibility:hidden 属性设置为隐藏元素后，元素占据的空间仍然保留，但通过 display:none 属性设置为不保留占用的空间后，就像页面不存在一样。

如果希望元素为可见，其父元素也必须是可见的。

2. 定位属性

（1）定位位置属性

定位位置属性 top、right、bottom、left 用于定位元素的位置，其属性的取值及说明见表 6-3-9。

表 6-3-9 定位位置属性的取值及说明

属性	取值	说明
top	auto | length	用于设置定位元素相对对象的顶边偏移的距离，取值为正数表示向下偏移，取值为负数表示向上偏移
right	auto | length	用于设置定位元素相对对象的右边偏移的距离，取值为正数表示向左偏移，取值为负数表示向右偏移
bottom	auto | length	用于设置定位元素相对对象的底边偏移的距离，取值为正数表示向上偏移，取值为负数表示向下偏移
left	auto | length	用于设置定位元素相对对象的左边偏移的距离，取值为正数表示向右偏移，取值为负数表示向左偏移

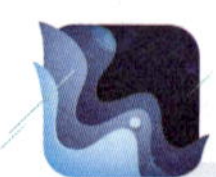

小提示

1. 必须定义定位方式属性 position 的值为 absolute 或者 relatve，定位位置属性的取值方可生效。

2. left 用于设置对象与其最近的已定位父元素左边相关的位置。left 和 right 在一个样式中只能使用其一，不能两者同时设置。类似地，top 和 bottom 对一个元素来说也只能使用其一。

3. CSS 规定，如果水平方向同时设置了 left 和 right，则以 left 为准。同样地，如果在垂直方向同时设置了 top 和 bottom，则以 top 为准。

4. auto 无特殊定位，根据 HTML 定位规则在文档流中分配。

5. length 可使用 px、cm、% 等单位设置定位元素与相对对象的偏移距离，可使用负值。

（2）定位方式（position）属性

定位方式（position）属性用于设置元素的定位类型，其属性的取值及说明见表 6-3-10。

表 6-3-10 position 属性的取值及说明

取值	说明
static	为默认值，表示没有定位，元素出现在正常的文档流中，而忽略 top、left、bottom、right 或者 z-index 属性的声明
absolute	表示生成绝对定位的元素，绝对定位元素的位置相对于最近的已定位父元素，如果元素没有已定位的父元素，那么相对于页面定位，元素的位置通过 top、left、bottom、right 来规定，absolute 定位的元素易造成和其他元素重叠的后果

续表

取值	说明
relative	表示生成相对定位的元素，相对于其正常位置进行定位，不脱离文档流，但将依据 top、left、bottom、right 等属性在正常文档流中偏移。相对定位元素经常被用来作为绝对定位元素的容器
sticky	也可以称为黏性定位。position:sticky 基于用户的滚动位置来定位。黏性定位依赖于用户的滚动，在 position:relative 与 position:fixed 定位之间切换。其行为就像 position:relative，而当页面滚动超出目标区域时，它的表现就像 position:fixed 一样固定在目标位置。指定 top、right、bottom 或 left 4 个阈值的其中之一，才可使黏性定位生效，否则其行为与相对定位相同，Microsoft Edge 15 及更早的 IE 版本不支持 sticky 定位
fixed	其包含元素的位置相对于浏览器窗口是固定的，fixed 定位使元素的位置与文档流无关，因此，不占据空间。fixed 定位的元素易和其他元素重叠

（3）层叠顺序（z-index）属性

层叠顺序（z-index）属性用于设置对象的层叠顺序（哪个元素应该放在前面或后面），其属性的取值及说明见表 6-3-11。

表 6-3-11　z-index 属性的取值及说明

取值	说明
auto	即层叠顺序与其父元素相同，默认值为 auto
length	为无单位的整数值，可为负数，用于设置目标对象的层叠顺序，其数值越大，所在的层级越高，即覆盖在其他层级之上。该属性仅在 position:absolute 时有效

一、分析网页整体布局

1. 在 Dreamweaver CC 中，打开应用样式表的婚庆策划网页文件，预览网页，效果如图 6-3-1 所示。

2. 查看网页效果，可发现该网页居中显示，共分五块。其中，第一块放置网站 logo 和搜索框（头部）；第二块放置导航；第三块放置用户登录、轮播图、婚庆资讯、视频展示、婚纱图像展示；第四块放置友情链接；第五块放置底部版权信息。

基于以上分析，整体网页布局效果如图 6-3-3 所示。

二、构建 HTML 主体结构

1. 新建站点文件夹“hlzxw”，在该文件夹下新建“image”文件夹，将网页需要的图像复制到“images”中；在文件夹“hlzxw”下新建“style”文件夹，将本项目任务 1 和任务 2 创建的网页样式表文件“style.css”复制到“style”中。

建立站点“hunlizxw”，设置图像默认文件夹为“images”，在站点根目录下新建网页文件“index.html”，效果如图 6-3-4 所示。

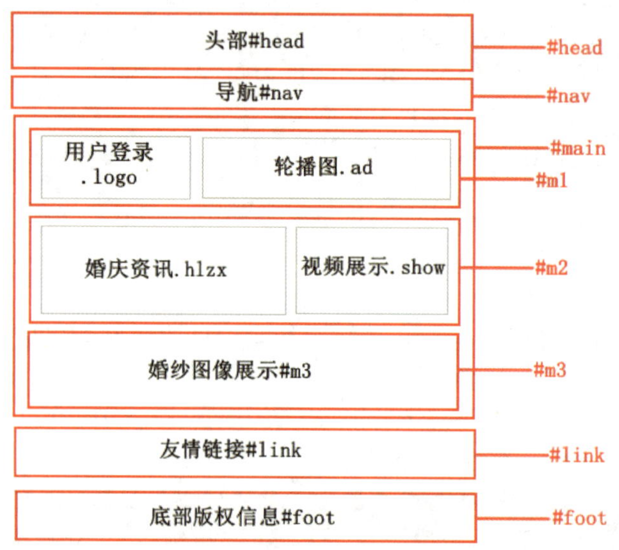

图 6-3-3　整体网页布局效果

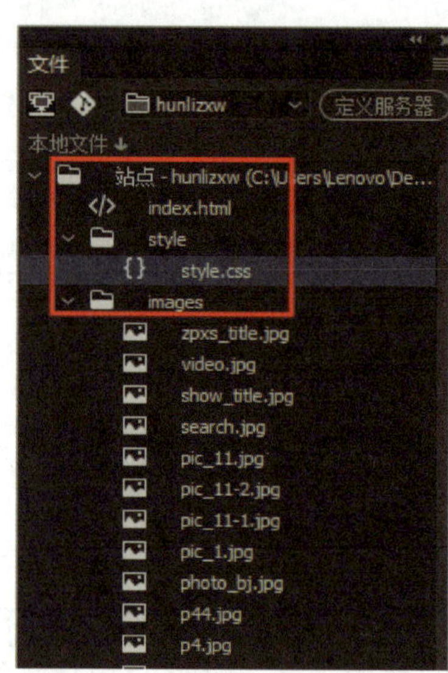

图 6-3-4　站点“hunlizxw”的结构

2. 打开新建的网页文件“index.html”，切换到拆分视图，单击“插入”面板上的“div”按钮，在弹出的对话框中“ID”后的文本框中输入“head”，单击“确定”按钮，插入一个存放“头部”网页元素的盒子，如图 6-3-5 所示。

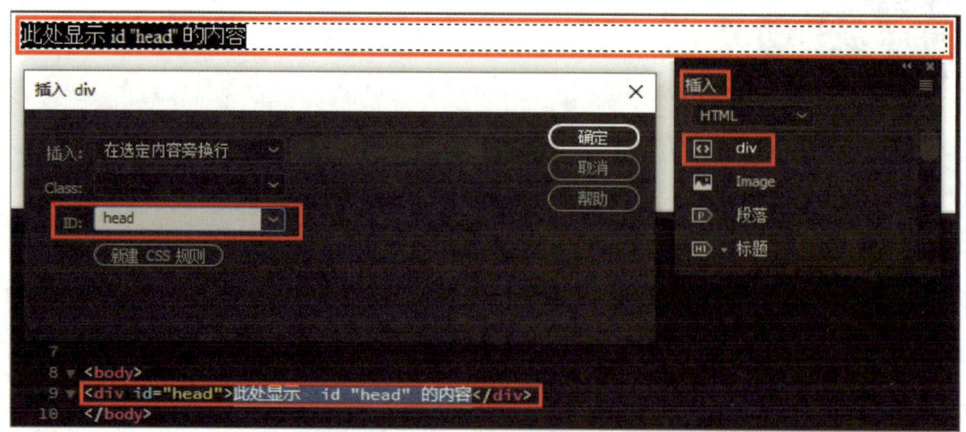

图 6-3-5　插入“id”为“head”的 div

3. 在设计视图中“id”为“head”的div下面单击，移动鼠标光标到该div的下面；单击“插入”面板上的“div”按钮，在弹出的对话框中“ID”后的文本框中输入“nav”，单击“确定”按钮，插入一个存放“导航”元素的盒子。

4. 移动鼠标光标到存放“导航栏”元素的盒子下面，单击“插入”面板上的“div”按钮，在弹出的对话框中“ID”后的文本框中输入“main”，单击“确定”按钮，插入一个存放“用户登录、轮播图、婚庆资讯、视频展示、婚纱图像展示”元素的盒子。

5. 移动鼠标光标到存放“用户登录、轮播图、婚庆资讯、视频展示、婚纱图像展示”元素的盒子下，单击“插入”面板上的“div”按钮，在弹出的对话框中“ID”后的文本框中输入“link”，单击“确定”按钮，插入一个存放“友情链接”元素的盒子。

6. 移动鼠标光标到存放“友情链接”元素的盒子下，单击“插入”面板上的“div”按钮，在弹出的对话框中“ID”后的文本框中输入“foot”，单击“确定”按钮，插入一个存放“底部版权信息”元素的盒子。

盒子的位置和标签代码的嵌套关系、网页代码及效果如图6-3-6所示。

此处显示 id "head" 的内容
此处显示 id "nav" 的内容
此处显示 id "main" 的内容
此处显示 id "link" 的内容
此处显示 id "foot" 的内容

```
<!doctype html>
<html>
<head>
<meta charset="utf-8">
<title>无标题文档</title>
</head>

<body>
<div id="head">此处显示  id "head" 的内容</div>
<div id="nav">此处显示  id "nav" 的内容</div>
<div id="main">此处显示  id "main" 的内容</div>
<div id="link">此处显示  id "link" 的内容</div>
<div id="foot">此处显示  id "foot" 的内容</div>
</body>
</html>
```

图6-3-6 插入“id”分别为“head”“nav”“main”“link”和“foot”的div

小提示

在设计视图中存放“友情链接”元素的盒子下单击，移动鼠标光标到存放“友情链接”元素的盒子下，可将插入的div和存放“友情链接”元素的盒子上下排列。

如果不在设计视图中存放“友情链接”元素的盒子下单击，鼠

标光标默认在刚插入的盒子中，此时插入的盒子是鼠标光标所在盒子的子盒子，如图 6-3-7 所示，注意观察新插入盒子的位置和标签代码的嵌套关系。

此处显示 id "head" 的内容
此处显示 id "nav" 的内容
此处显示 id "main" 的内容
此处显示 id "link" 的内容

```
<!doctype html>
<html>
<head>
<meta charset="utf-8">
<title>无标题文档</title>
</head>

<body>
<div id="head">此处显示  id "head" 的内容</div>
<div id="nav">此处显示  id "nav" 的内容</div>
<div id="main">此处显示  id "main" 的内容</div>
<div id="link">
  <div id="foot">此处显示  id "link" 的内容</div>
</div>
</body>
</html>
```

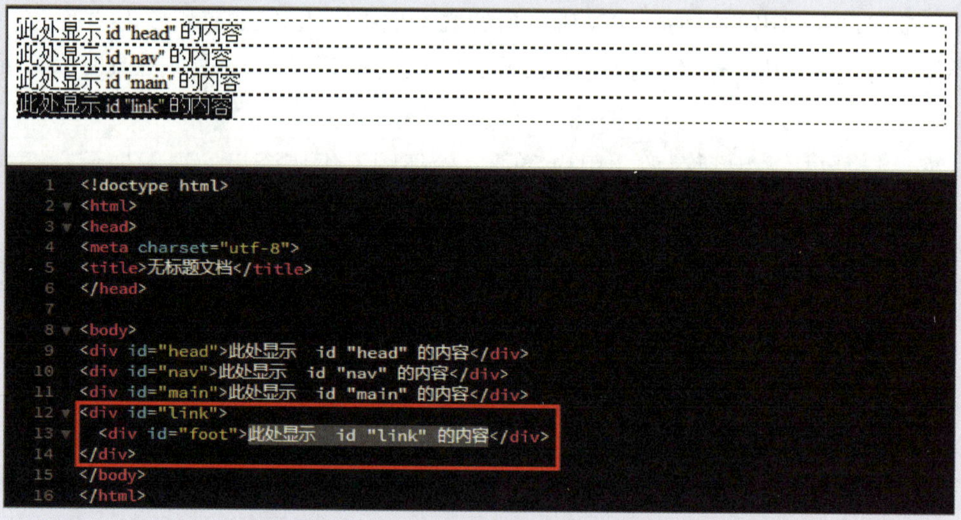

图 6-3-7　插入盒子的位置和标签代码的嵌套关系

三、完善头部 HTML 结构

1. 在设计视图中存放“头部”元素的盒子中单击，移动光标到存放“头部”元素的盒子中，删去不需要的内容：此处显示 id "head" 的内容。

2. 单击“插入”面板上的“Image”按钮，在弹出的对话框中选择需要插入的“logo.jpg”，单击“确定”按钮，如图 6-3-8 所示。

图 6-3-8　插入 logo

3. 在设计视图中插入的“logo.jpg”右侧单击，移动光标至该图像右侧，单击“插入”面板上的“表单”按钮，插入一个表单域，在代码视图中将该表单的“id”改为“head2”，如图 6-3-9 所示。

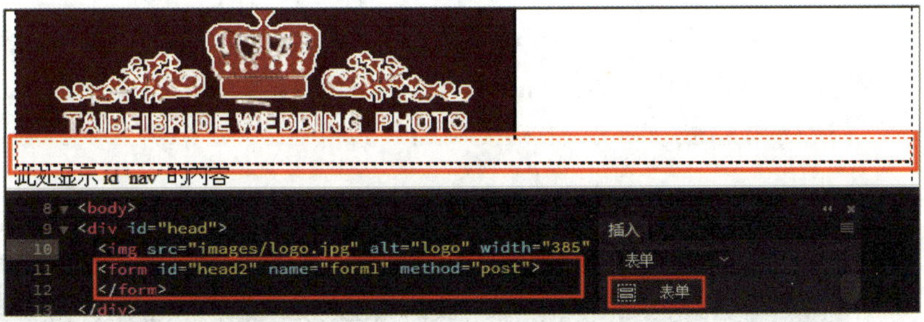

图 6-3-9 插入一个表单域

4. 在设计视图插入的表单域中单击，移动光标到表单域中。单击“插入”面板上的“文本”按钮，插入一个文本框，在代码视图中将该文本框的“id”改为“key_word”，删去不需要的文本“Text Field:”，如图 6-3-10 所示。

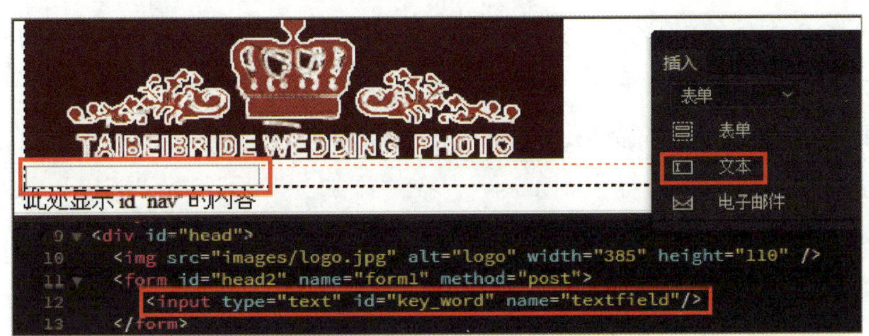

图 6-3-10 插入一个文本框

5. 在设计视图插入的文本框后单击，移动光标到文本框后，单击“插入”面板上的“按钮”按钮，插入一个按钮，在代码视图中将按钮的“id”属性的值改为“btn_search”，将“value”属性的值改为“搜索”，如图 6-3-11 所示。

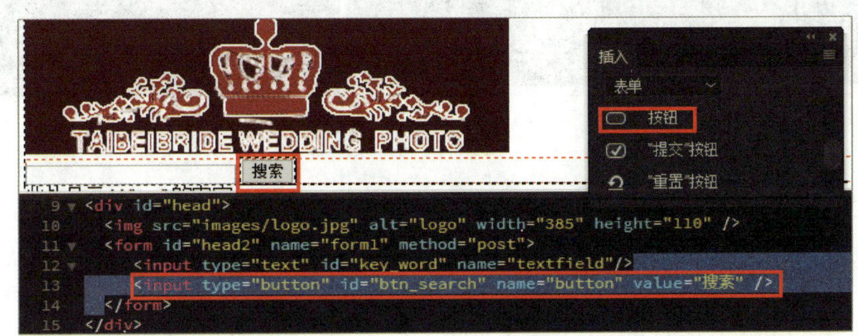

图 6-3-11 插入一个按钮

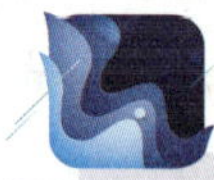

小技巧

利用代码视图净化和格式化代码

比较图 6-3-12 与图 6-3-11 的网页代码，可发现在图 6-3-12 中删去 <form> 标签、<input> 标签、<img> 标签中不需要的文本后，网页代码内容变少了，标签代码的嵌套关系层次分明，更方便查看和维护。

```
<div id="head">
  <img src="images/logo.jpg" alt="logo"  />
  <form id="head2"  method="post">
    <input type="text" id="key_word"/>
    <input type="button" id="btn_search" value="搜索" />
  </form>
</div>
```

图 6-3-12　调整代码

6. 将任务 2 中建好的样式表文件“style.css”复制到网站的文件夹“style”中。

7. 单击“CSS 设计器”面板上“源”选项区中的“+”按钮，在弹出的菜单中选择“附加现有的 CSS 文件”命令，在弹出的对话框中的“文件 /URL”后单击“浏览”按钮，在弹出的对话框中选择“style.css”，在“添加为”后选择“链接”，如图 6-3-13 所示，单击“确定”按钮。

注意观察网页外观的变化和代码中引用 CSS 的代码，如图 6-3-14 所示。

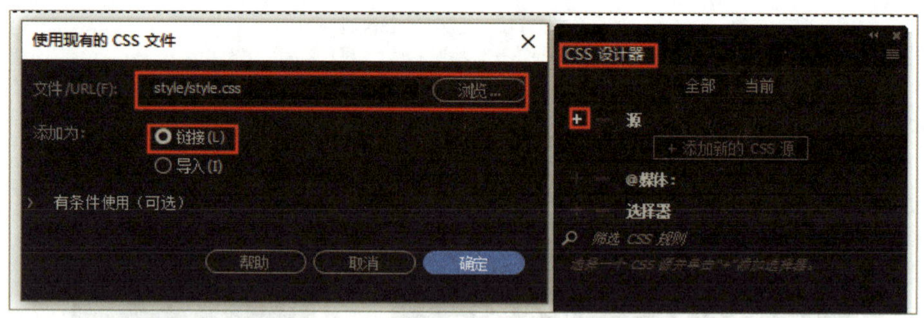

图 6-3-13　“使用现有的 CSS 文件”对话框

四、完善导航栏 HTML 结构

1. 在设计视图中存放“导航”元素的盒子中单击，移动光标到存放“导航”元素的盒子中，删去不需要的内容：此处显示 id "nav" 的内容。

2. 输入文本“首页”后按 Enter 键。采用类似方法，依次输入“婚礼策划”“婚庆作品”“婚纱摄影”“婚礼用品”和“联系我们”后分别按 Enter 键，插入 6 个段落，输入导航栏的内容，如图 6–3–15 所示。

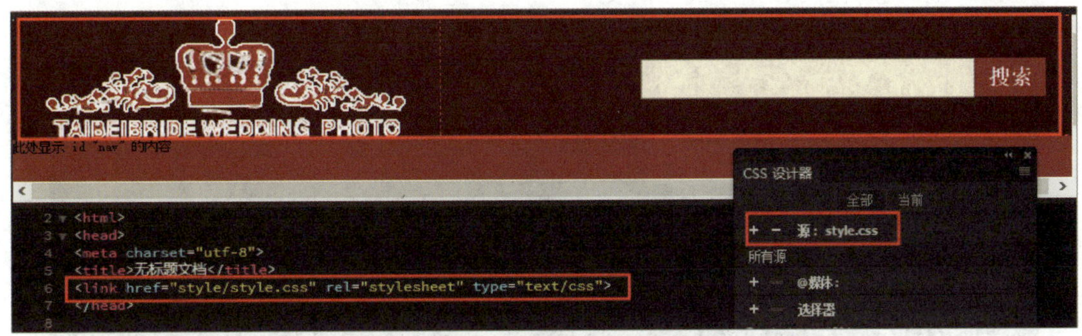

图 6–3–14　给网页附加现有的“style.css”

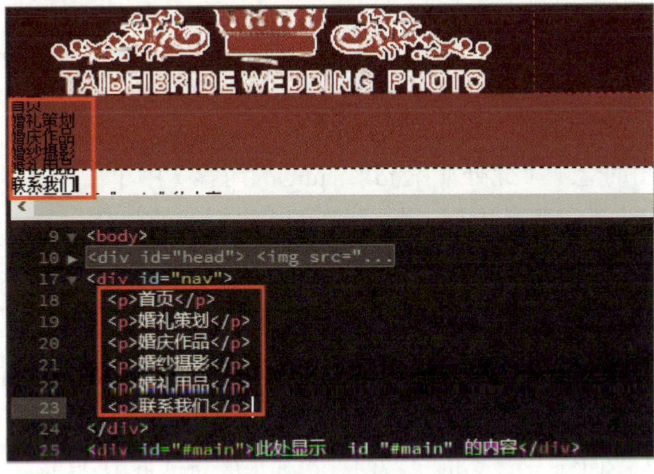

图 6–3–15　输入导航栏的文本

3. 显示“属性”面板，在设计视图中选中导航栏中输入的 6 个段落，单击“属性”面板上的无序列表按钮，给 6 个段落加上无序列表标签，如图 6–3–16 所示。

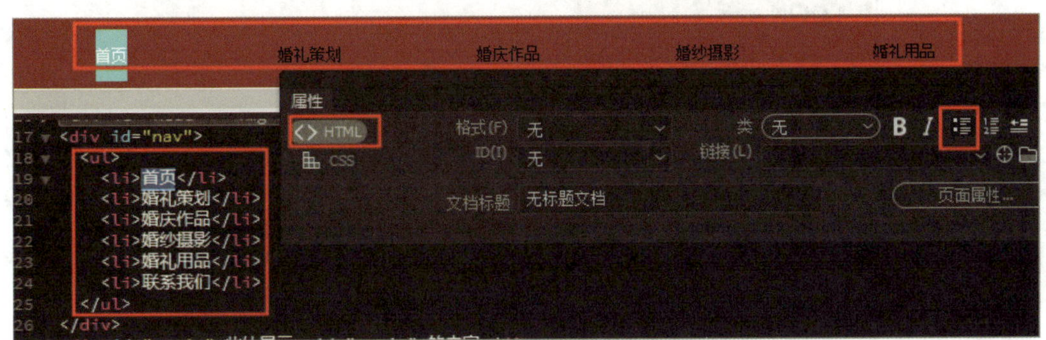

图 6–3–16　将导航栏文本设置为无序列表

4. 在设计视图中选中导航栏中输入的“首页”，单击“属性”面板上“链接”后的文本框，输入“#”，设置“首页”为“空链接”，如图 6-3-17 所示，注意观察导航栏外观的变化和代码视图中相关代码的变化。

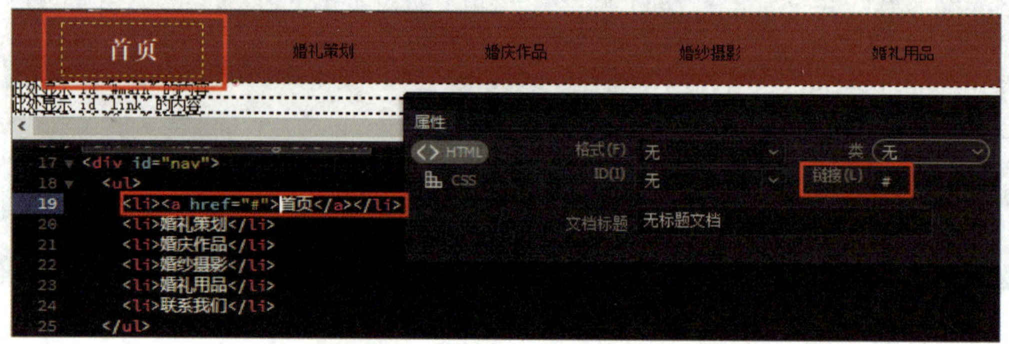

图 6-3-17　给导航栏中的文本“首页”加上超链接标签

5. 采用类似方法，将导航栏中的其他 5 个列表项设置为“空链接”。

五、完善主体登录区 HTML 结构

1. 在设计视图的盒子（此处显示 id "main" 的内容）中单击，移动光标到存放主体元素的盒子中，删去不需要的内容：此处显示 id "main" 的内容。

2. 单击“插入”面板上的“div”按钮，在弹出的对话框中“ID”后的文本框中输入“m1”，单击“确定”按钮，插入一个存放“用户登录、轮播图”元素的盒子。

3. 在盒子（此处显示 id "m1" 的内容）中单击，删去不需要的内容：此处显示 id "m1" 的内容。

4. 单击“插入”面板上的“div”按钮，在弹出的对话框中“Class”后的文本框中输入“login”，单击“确定”按钮，插入一个存放“用户登录”元素的盒子，如图 6-3-18 所示。

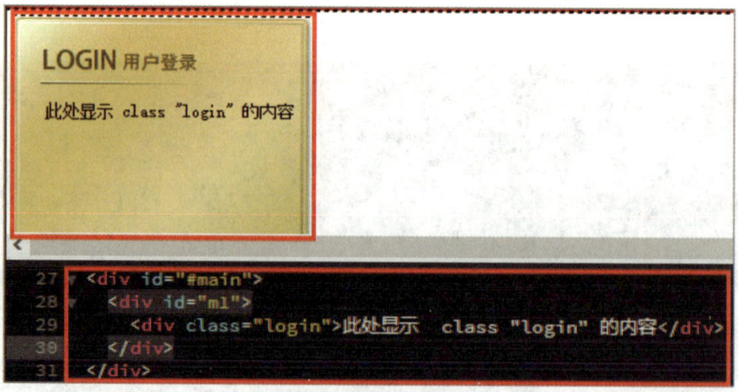

图 6-3-18　插入 id 分别为“main”和“m1”以及 class 为“login”的 div

5. 在盒子（此处显示 class "login" 的内容）中单击，删去不需要的内容：此处显示 class "login" 的内容。

6. 单击“插入”面板上的“表单”按钮，插入一个表单域。

7. 在表单域中单击，单击“插入”面板上的“标签”按钮，插入一个标签。

8. 在表单域中单击，单击“插入”面板上的“文本”按钮，插入一个文本框。

9. 在代码视图中的标签“<label>”与“</label>”之间添加文本“用户名:”，如图 6-3-19 所示，注意观察用户登录内容的变化和标签代码的嵌套关系。

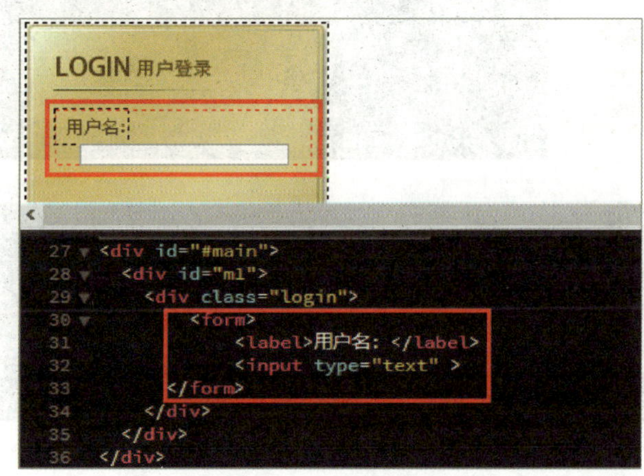

图 6-3-19　插入表单域和文本框

10. 在代码视图中找到第 8 步中插入的文本框代码，添加代码：id="user_name"，如图 6-3-20 所示。

11. 在设计视图中选中该文本框，在“属性”面板上“Size”后的文本框中输入“8”，在“MaxLength”后的文本框中输入“15”，如图 6-3-20 所示。

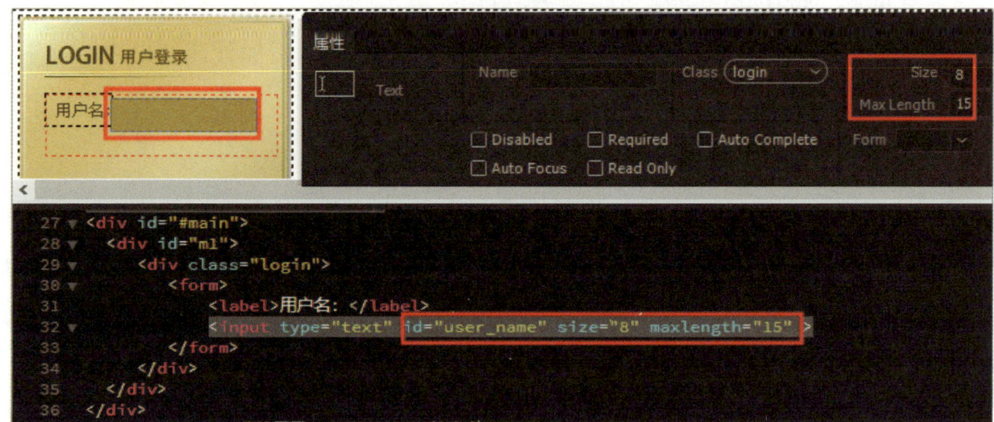

图 6-3-20　修改文本框的代码和属性

12. 在表单域中单击，单击“插入”面板上的“标签”按钮，插入一个标签。在代码视图中标签“<label>”与“</label>”之间添加“密   码 :”。

13. 移动光标到“标签”按钮后，单击“插入”面板上的“密码”按钮，插入一个密码框。在代码视图中找到刚插入的代码，添加代码：id="user_pwd"。

在设计视图中选中该密码框，在“属性”面板上“Size”后的文本框中输入“8”，在“MaxLength”后的文本框中输入“15”，如图 6–3–21 所示。

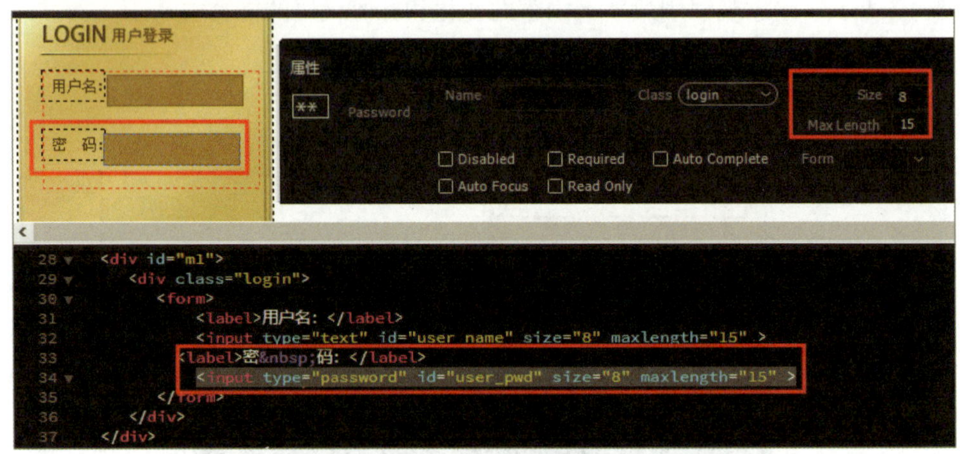

图 6–3–21　插入密码框

14. 移动光标到密码框后，单击“插入”面板上的“提交”按钮，插入一个“提交”按钮。

15. 在代码视图中找到刚插入的“提交”按钮的代码，添加代码：id="login_submit" value=" 登录 "。

16. 移动光标到刚插入的“提交”按钮后，单击“插入”面板上的“重置”按钮，插入一个“重置”按钮。

17. 在代码视图中找到刚插入的“重置”按钮的代码，添加代码：id="login_reset" value=" 重置 "，如图 6–3–22 所示。

六、完善主体图片轮播区 HTML 结构

1. 在代码视图中把已调试好的代码折叠起来，以方便查找和调试代码。

2. 移动光标到存放登录框的盒子后，单击“插入”面板上的“div”按钮，在弹出的对话框中“Class”后的文本框中输入“ad”，单击“确定”按钮，插入一个存放轮播图元素的盒子。

3. 删去存放轮播图元素的盒子中不需要的内容：此处显示 class"ad" 的内容，单击“插入”面板上的“Image”按钮，在弹出的对话框中选择需要插入的轮播图像，单击

“确定”按钮。

4. 预览网页效果，未达到预期设想。检查代码可发现文本框、密码框属性设置错误，将 size="8" maxlength="15" 改为 size="15" maxlength="8"，保存并预览效果正常，如图 6-3-23 所示。

用户名:

密　码:

登 录　　重 置

```
<div class="login">
  <form>
    <label>用户名: </label>
    <input type="text" id="user_name"size="8" maxlength="15"/>
    <label>密 码: </label>
    <input type="password" id="user_pwd" size="8" maxlength="15"/>
    <input type="submit" id="login_submit" value="登 录" />
    <input type="reset" id="login_reset" value="重 置"/>
  </form>
```

图 6-3-22　插入“提交”和“重置”按钮并修改其属性

图 6-3-23　插入“class”为“ad”的 div 并修改文本框、密码框的代码

七、完善主体婚庆资讯区 HTML 结构

1. 在代码视图中把已调试好的“头部”“导航”“用户登录”和“轮播图”的代码折叠起来。

2. 在代码视图中移动光标到存放“用户登录”和“轮播图”的盒子“m1”之后，按 Enter 键换行，单击“插入”面板上的“div”按钮，在弹出的对话框中的“ID”后的文本框中输入“m2”，单击“确定”按钮，插入一个存放“婚庆资讯”和“婚庆视频”元素的盒子。

3. 删去盒子中不需要的内容：此处显示 id "m2" 的内容，单击“插入”面板上的“div”按钮，在弹出的对话框中的“Class”后的文本框中输入“hlzx”，单击“确定”按钮，插入一个存放“婚庆资讯”元素的盒子。

4. 删去盒子中不需要的内容：此处显示 class "hlzx" 的内容，输入代码：<span>婚庆资讯</span>，制作“婚庆资讯”的标题，如图 6-3-24 所示。

```
<div id="head"> <img src="...
<div id="nav"> <ul> <li><a...
<div id="main">
    <div id="m1"> <div class="...
    <div id="m2">
        <div class="hlzx">
            <span>婚庆资讯</span>
        </div>
    </div>
</div>
```

图 6-3-24 插入“id”为“m2”的 div 和“class”为“hlzx”的 div

小提示

在代码视图中单击行号右边的三角符号，把已调试好的“头部”“导航”“用户登录”和“轮播图”的代码折叠起来，以方便查看和调试代码，如图 6-3-24 所示，可发现“头部”和“导航”的代码均已折叠。

5. 在代码视图中移动光标到“婚庆资讯”的标题的代码之后，按 Enter 键换行；单击“插入”面板上的“div”按钮，在弹出的对话框中的“Class”后的文本框中输入“hlzx_ad”，单击“确定”按钮，插入一个存放“婚庆资讯”内容的盒子，如图 6-3-25 所示。

6. 单击“插入”面板上的“Image”按钮，在弹出的对话框中选择需要插入的图像，单击“确定”按钮；在代码视图中删去图像代码中的代码：width="118" height="145"，如图 6-3-25 所示。

```
<div id="head"> <img src="...
<div id="nav"> <ul> <li><a...
<div id="main">
    <div id="m1"> <div class="...
    <div id="m2">
        <div class="hlzx">
            <span>婚庆资讯</span>
            <div class="hlzx_ad">
              <img src="images/pic_1.jpg" alt="最新图片" />
            </div>
        </div>
    </div>
</div>
```

图 6-3-25　插入“class”为“hlzx_ad”的 div，在其中插入图像

7. 在代码视图中移动光标到图像的代码之后，按 Enter 键换行，输入自定义列表的代码内容：<dl><dt> 红色婚礼一样够潮够时尚 </dt><dd> 从古至今……下面就和大家说说如何布置红色婚礼现场。</dd></dl>，如图 6-3-26 所示。

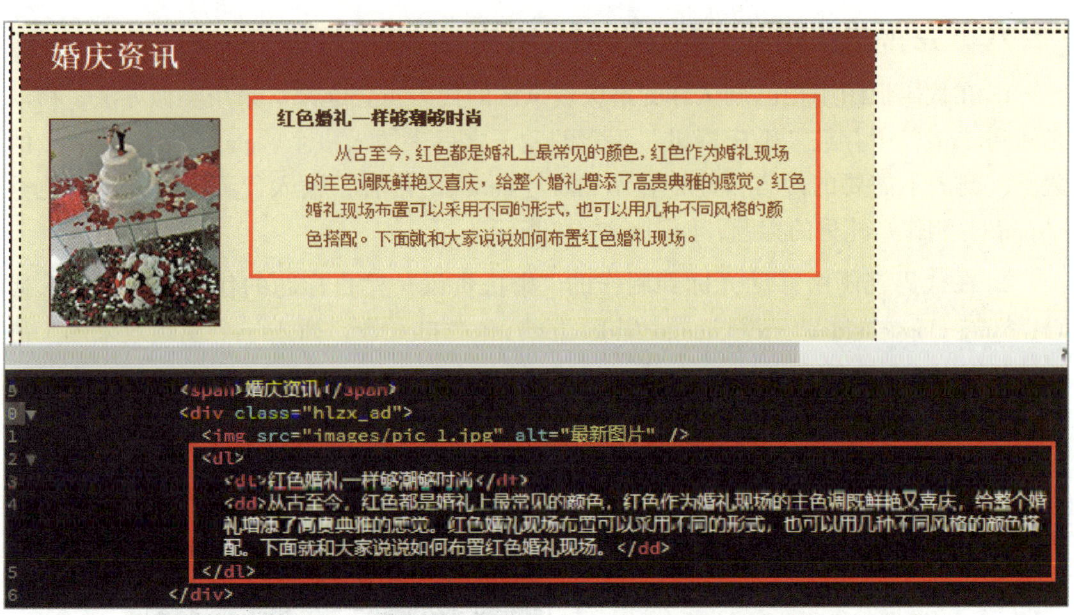

图 6-3-26　在代码视图中输入自定义列表的代码

8. 在代码视图中移动光标到自定义列表代码之后，按 Enter 键换行，输入列表的代码内容：<ul><li><a href="#" target="_blank">【人气爆款】海景基地 | 奥帆中心 / 浪漫 4999 元 </a></li><li><a href="#" title="" target="_blank">【高级定制】中式 | 韩式 | 欧式 | 唯美婚纱照 6899 元 </a></li><li><a href="#" title="" target="_blank">【店庆】靓靓新娘婚纱摄影 20 周年 2999 元 </a></li><li><a href="#" title="" target="_blank">【520】婚礼策划婚纱摄影 1999 元 </a></li></ul>，如图 6-3-27 所示。

```
<ul>
  <li><a href="#" title="" target="_blank">【人气爆款】海景基地|奥帆中心|浪漫4999元</a></li>
  <li><a href="#" title="" target="_blank">【高级定制】中式|韩式|欧式|唯美婚纱照6899元</a></li>
  <li><a href="#" title="" target="_blank">【店庆】靓靓新娘婚纱摄影20周年2999元</a></li>
  <li><a href="#" title="" target="_blank">【520】婚礼策划婚纱摄影1999元</a></li>
</ul>
```

图 6-3-27　在代码视图中输入列表的代码

八、完善主体婚礼秀区 HTML 结构

1. 在代码视图中把已调试好的婚庆资讯区的代码折叠起来。采用类似方法，移动光标到“m2”中存放“婚庆资讯”元素的盒子之后，插入一个“class”为“show”的盒子，删去不需要的内容：此处显示 class "show" 的内容，输入代码：<span>婚礼秀</span>，制作婚礼秀的标题，如图 6-3-28 所示。

2. 在代码视图中移动光标到制作的“婚庆资讯”栏目标题的代码之后，输入代码：<img class="video" src="images/video.jpg" alt="video"/>，插入一个视频效果图（待视频制作完成后再插入视频），如图 6-3-28 所示。

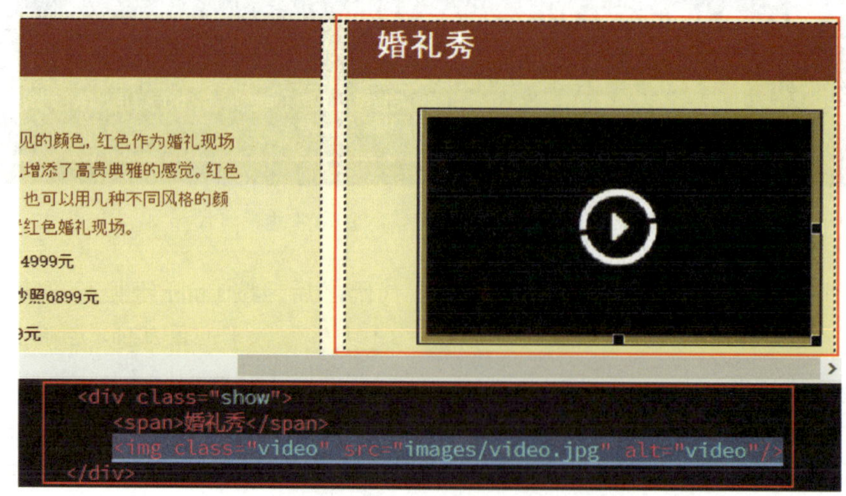

图 6-3-28　修改婚庆视频区代码，插入视频效果图

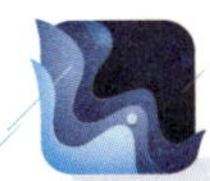

小技巧

利用代码复制方式快速输入列表代码

在代码视图中单击选中输入的第一个列表项的代码后，按组合快捷键 Ctrl+C 进行复制，移动光标到第二个列表项出现的位置，按组合快捷键 Ctrl+V 进行粘贴，再输入列表项的变化的文本即可，其余列表项代码的输入可以此类推，如图 6-3-29 所示。

```
<ul>
  <li><a href="#" title="" target="_blank">【人气爆款】海景基地|奥帆中心|浪漫4999元</a></li>
  <li><a href="#" title="" target="_blank">【高级定制】中式|韩式|欧式|唯美婚纱照6899元</a></li>
  <li><a href="#" title=" target="_blank">【店庆】靓靓新娘婚纱摄影20周年2999元</a></li>
  <li><a href="#" title=" target="_blank">【520】婚礼策划婚纱摄影1999元</a></li>
</ul>
```

图 6-3-29　复制代码并修改，生成列表代码

巩固练习

1. 仿照上述步骤，折叠已制作好的盒子“m2”的代码，移动光标到盒子“m2”的代码后，插入盒子“m3”，存放嗨浪婚纱作品并引用样式，如图 6-3-30 所示。

图 6-3-30　婚纱作品欣赏区效果

2. 仿照上述步骤，折叠已制作好的盒子“main”的代码，完善友情链接区、版权信息区 HTML 结构，网页预览效果如图 6-3-31 所示。

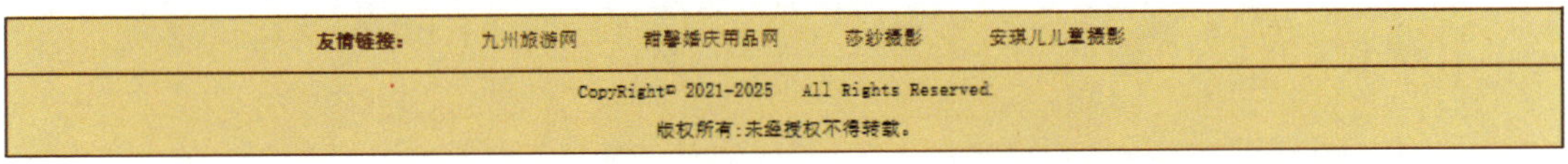

友情链接：　九州旅游网　甜馨婚庆用品网　莎纱摄影　安琪儿儿童摄影

CopyRight© 2021-2025　All Rights Reserved

版权所有：未经授权不得转载。

图 6-3-31　友情链接区、版权信息区效果

项目七
模板、库和浮动框架的应用

Dreamweaver CC 可以将同一个网站的各个网页中共同的元素和布局方式等制作成模板和库，再用模板和库制作网页，这样不仅可大大提高网站的制作和维护效率，而且能保持站点中网页风格的统一。此外，使用浮动框架还可以在浏览器中同时显示多个页面的内容，实现“画中画”的特殊效果。

本项目通过完成“用模板和库创建秋季五金商品交易会网页”“制作观众中心栏目框架网页”等任务，学习使用模板和库创建网页以及插入浮动框架同时显示多个网页的过程和方法，熟悉使用“资源”面板的技巧。

任务 1　用模板和库创建秋季五金商品交易会网页

1. 了解模板和库的概念、形式、作用及应用。
2. 能将现有的网页另存为模板。
3. 能用模板和库快速创建网页。
4. 能编辑模板，定义和修改可编辑区域与可选区域，管理模板和库。

任务描述

本任务是模板和库的应用实例（见图 7-1-1）。通过本任务的学习，可以掌握创建模板和库、用模板和库快速创建与更新网页的过程及方法，熟悉用“资源”面板管理模板和库项目的技巧。

图 7-1-1 用模板和库制作的网页效果

相关知识

一、模板

1. 模板的有关概念

模板是一种扩展名为 .dwt 的特殊类型的文件，类似于 Word 文档的模板文件。模板用于制作同一个网站的各张网页中“相同的”部分、设计“固定的”页面布局。基于模板创建的文档会继承模板的页面布局和“相同的”部分，并与模板保持链接关系，修改模板后，所有基于该模板创建的文档都可以自动更新。

模板中的区域可分为两部分，一部分区域对应基于模板创建的文档中不能编辑的部分，称为“不可编辑区域”；另一部分区域对应基于模板创建的文档中可以编辑的部

分，称为“可编辑区域”。

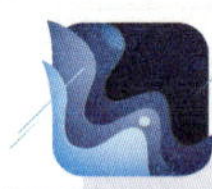

小提示

模板创建好后，系统默认所有区域都是不可编辑的，基于该模板创建的文档不可编辑，都一模一样，因此，模板中至少要包含一个可编辑区域。设置可编辑区域，需要在制作模板时或编辑模板时完成。使用模板可以控制大的设计区域，以及重复使用的完整的布局。

2. 模板的创建

模板的创建方法有以下两种。一种是新建空白模板，然后像制作普通网页一样插入内容；另一种是将已经制作好的普通网页文件转换为模板。

（1）新建空白模板

1）启动 Dreamweaver CC，单击“文件”→“新建”命令，打开“新建文档”对话框，在左侧的列表中选择“新建文档”，在“文档类型”列表中选择“HITML 模板”，在“布局”列表中选择“无”，如图 7-1-2 所示。

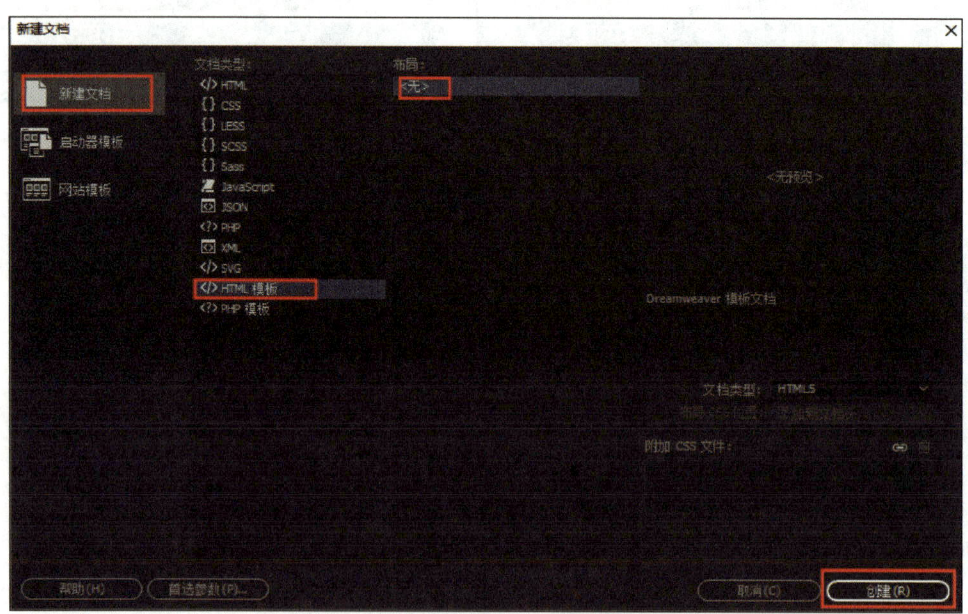

图 7-1-2 “新建文档”对话框

小提示

在创建模板之前，最好先定义站点，并将目标站点设置为当前站点，否则会导致模板存储位置出错。

2）单击“创建”按钮，创建一个模板，并进入编辑状态，如图 7–1–3 所示。

3）单击“文件”→“保存”命令，会弹出提示对话框，在该提示对话框中勾选“不再警告我”复选框，然后单击“确定”按钮，如图 7–1–4 所示。

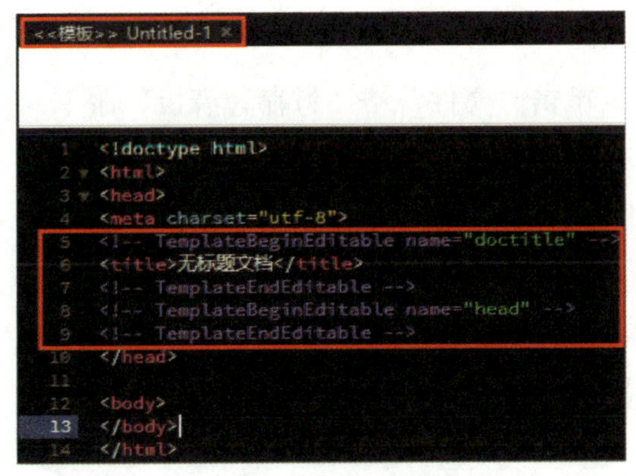

图 7–1–3　新建的模板及代码

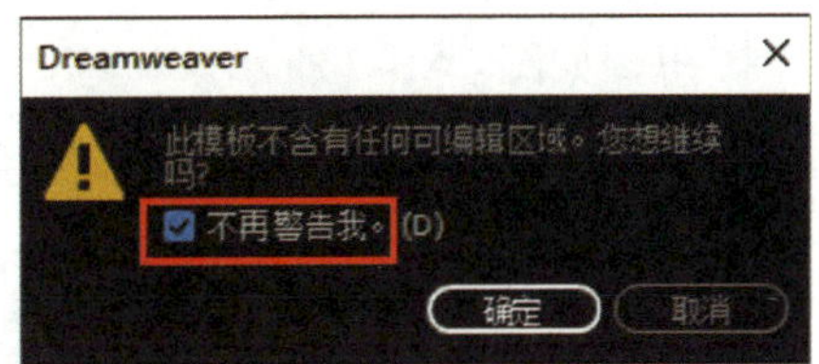

图 7–1–4　提示对话框

4）弹出“另存模板”对话框，在“站点”下拉列表中选择模板保存的站点（本项目站点为“moban”），在“另存为”文本框中输入模板的名称“t1”，然后单击“保存”按钮保存模板，如图 7–1–5 所示。

5）打开“文件”面板，可以看到其中多了一个名为“Templates”的文件夹，展开该文件夹，可以看到新建的模板“t1.dwt”，如图 7–1–6 所示。

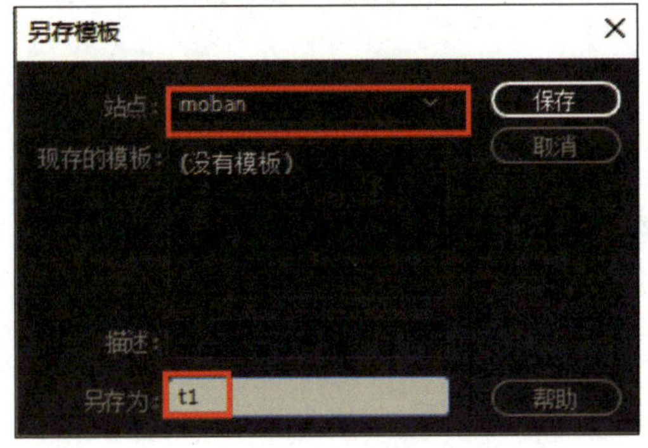

图 7–1–5　“另存模板”对话框

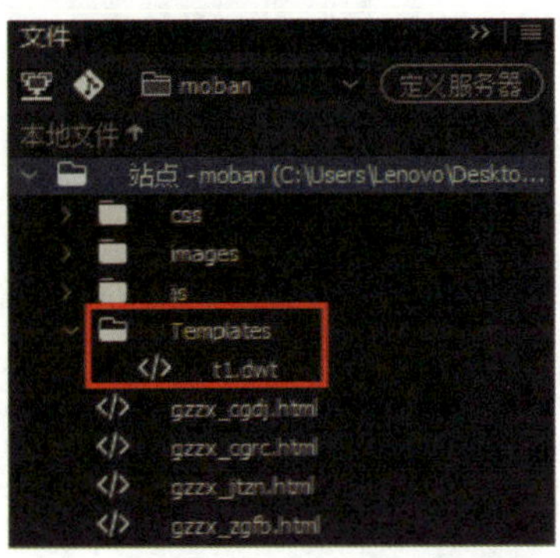

图 7–1–6　“文件”面板上的模板

6）继续像普通网页一样，输入模板内容后保存即可。

小提示

如果在创建模板时站点中还没有文件夹“Templates”，Dreamweaver CC 将在保存新建模板时自动创建该文件夹。站点中的模板都要保存在该文件夹中，不要将模板移动到文件夹“Templates”之外，或将任何非模板放在文件夹“Templates”中，否则会导致将来无法使用模板等一系列问题。

（2）将已经制作好的普通网页转换为模板

1）打开一个已经制作好的 HTML 文档，单击“文件”→“另存为模板”命令，打开“另存模板”对话框。

2）在“另存模板”对话框的“另存为”文本框中输入模板名称“t2”，并单击“保存”按钮，如图 7–1–7 所示。

3）弹出提示对话框，询问是否更新链接，一般情况下单击“是”按钮，如图 7–1–8 所示，这样就将当前打开的已制作好的 HTML 文档另存为模板“t2”。

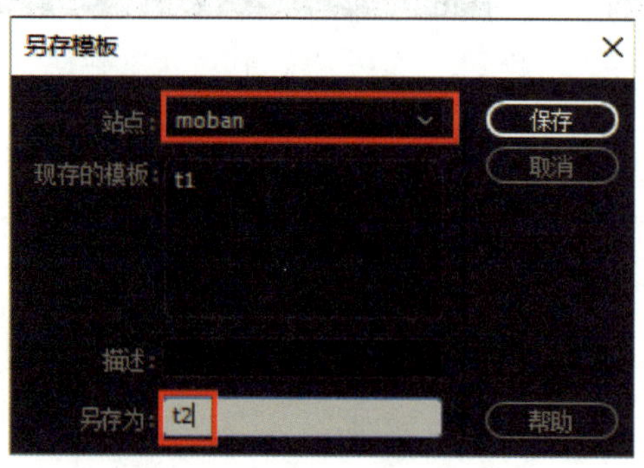

图 7–1–7 “另存模板”对话框

图 7–1–8 “更新链接”对话框

2. 模板的编辑

（1）设置可编辑区域

1）单击“文件”→“打开”命令，在“打开”对话框中选择要修改的模板文件如“t2.dwt”，单击“打开”按钮。

2）在打开的模板“t2.dwt”中将插入点移动到需创建为可编辑区域的位置，或选择要设置为可编辑区域的对象，如 div 或图像等，如图 7–1–9 所示。

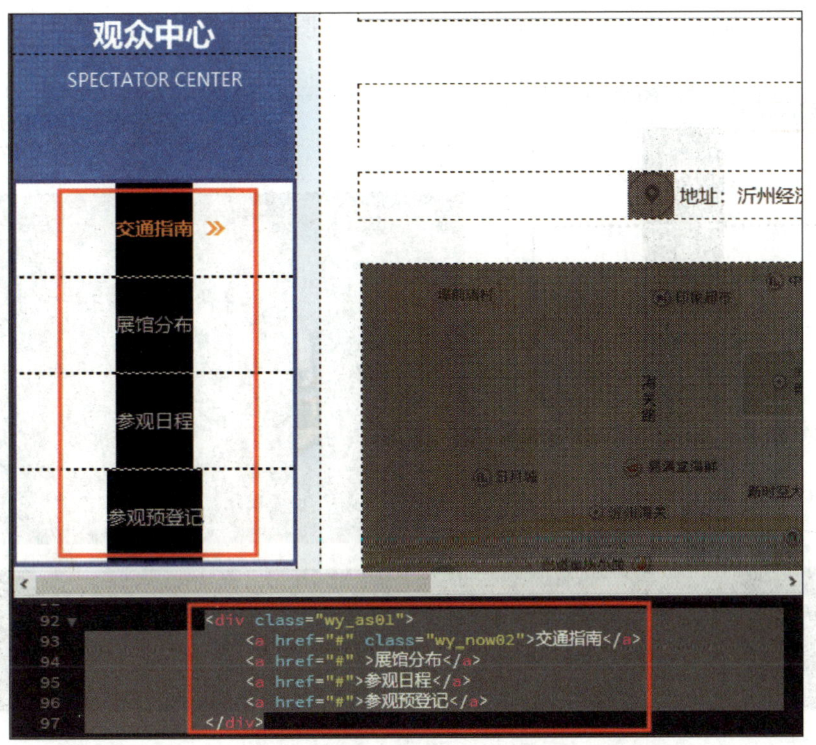

图 7-1-9　选择要设置为可编辑区域的对象

小提示

将光标移动到“观众中心”下面的分类导航菜单中，然后单击标签选择器中的“.wy_as01”标签，可以快速选中要设置的可编辑区域。

3）单击“插入”→“模板”→“可编辑区域”命令，打开“新建可编辑区域”对话框，在“名称”文本框中输入可编辑区域的名称，如图 7-1-10 所示。

图 7-1-10　“新建可编辑区域”对话框

4）单击“确定”按钮，完成可编辑区域的创建，如图 7–1–11 所示。

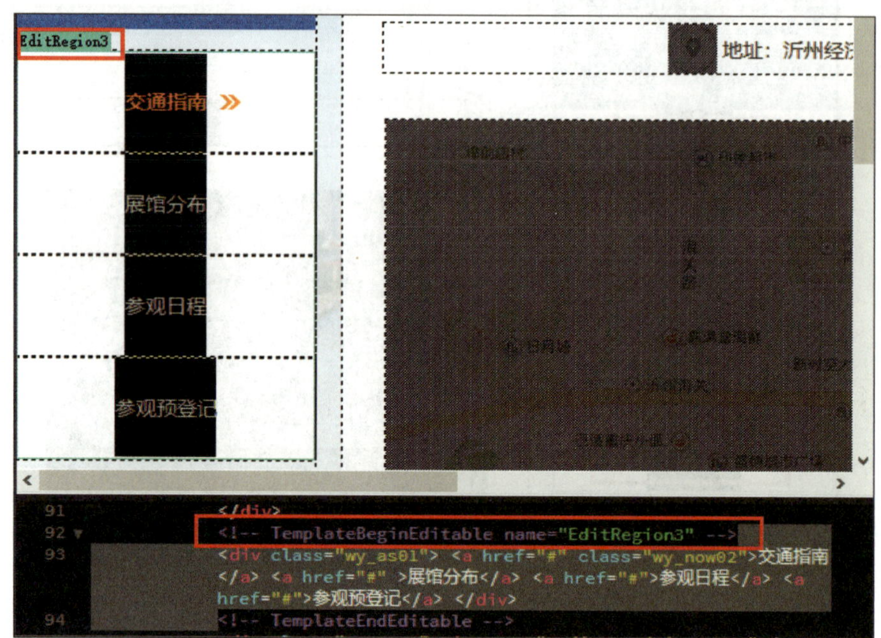

图 7–1–11　新建的可编辑区域及代码

5）按组合快捷键 Ctrl+S 保存模板。

（2）删除可编辑区域

如果要将模板中标记的可编辑区域变更为不可编辑区域，可在打开的模板中选中该可编辑区域，单击“工具”→“模板”→“删除模板标记”命令即可。

3. 模板的应用

（1）在“新建文档”对话框中选择模板创建网页

1）按组合快捷键 Ctrl+N 打开“新建文档”对话框。

2）在对话框左侧的列表中选择“网站模板”，在“站点”列表中选择模板所在的站点 moban，在“站点‘moban’的模板”列表中选要使用的模板“t2”，单击“创建”按钮，如图 7–1–12 所示。

3）在代码视图中选中“可编辑区域”中“交通指南”的样式引用代码（class="wy_now02"），剪切并粘贴到“展馆分布”的代码中，实现“展馆分布”网页导航内容的样式引用效果，按组合快捷键 Ctrl+S 将文档保存到站点根文件夹下，并命名为“gzzx_zgfb.html”，如图 7–1–13 所示。

（2）在“资源”面板上选择模板创建网页

1）选择“窗口”→“资源”命令，打开“资源”面板。

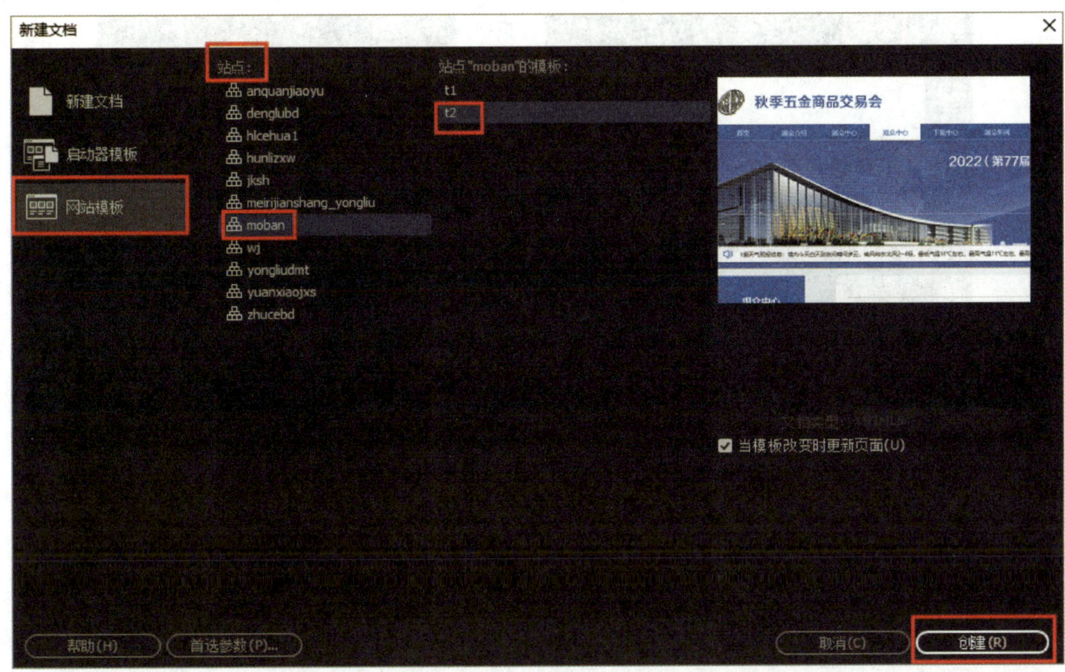

图 7-1-12　在“新建文档”对话框中选择模板

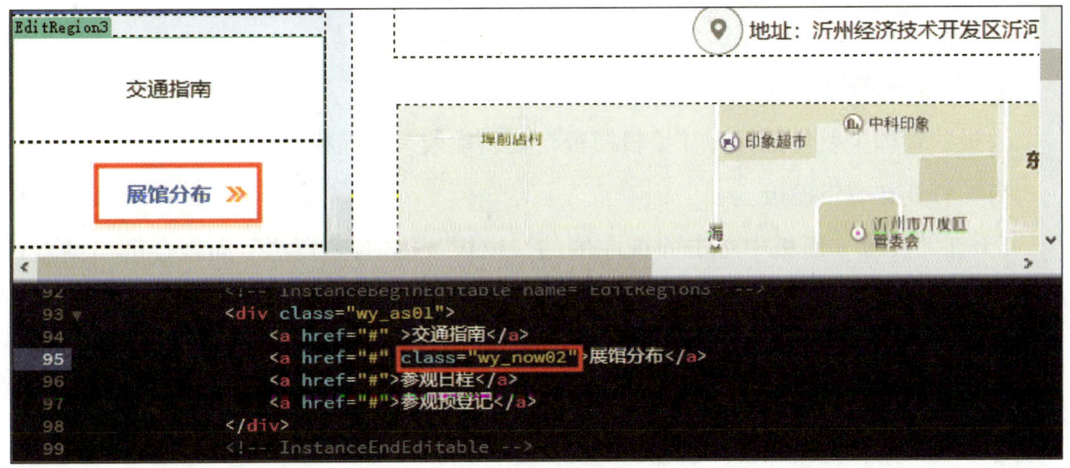

图 7-1-13　修改可编辑区域中“交通指南”的样式引用代码

2）单击面板左侧的“模板”按钮，其右侧将显示该站点中包含的所有模板。选择所需的模板，如图 7-1-14 所示。

3）用鼠标右键单击所选择的模板，在弹出的快捷菜单中选择“从模板新建”命令，如图 7-1-15 所示。

4）参照“新建文档”对话框中选择模板创建网页的相关步骤编辑可编辑区域中的内容，再保存文档，完成网页的创建。

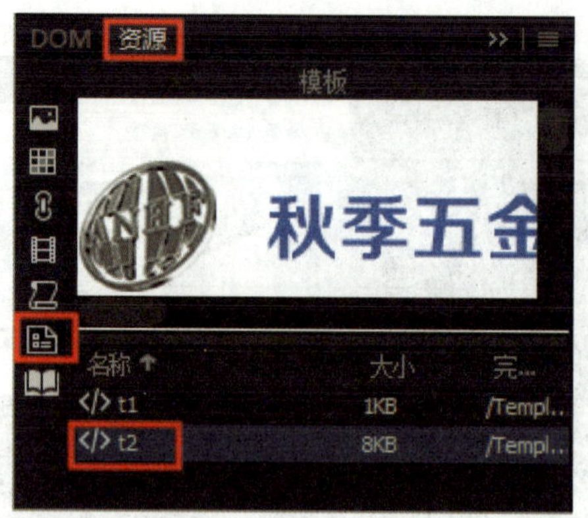

图 7-1-14　在“资源”面板上选择模板

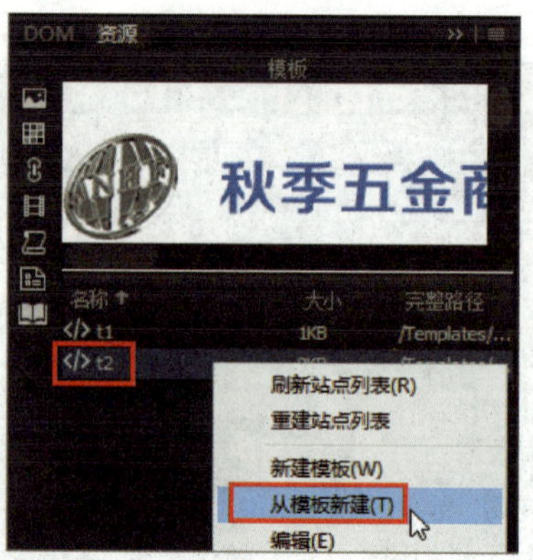

图 7-1-15　选择模板创建网页

小提示

“资源”面板主要用于对网站中的资源进行分类管理，这些资源包括图像、颜色、链接地址、动画等。由于“资源”面板中显示的是当前站点中的资源，所以在使用“资源”面板前需要将当前站点设置为目标站点。

4. 模板的管理

模板的管理主要包括打开并编辑模板、更新模板、删除模板和重命名模板等。

（1）打开并编辑模板

1）在“资源”面板中单击面板左侧的“模板”按钮，“资源”面板会列出站点可用的所有模板并显示当前选定模板的预览。

2）执行下列操作之一，可打开模板。

①在模板上单击鼠标右键，在弹出的快捷菜单中单击“编辑”命令。

②双击要编辑的模板打开模板。

③选择要编辑的模板，然后单击“资源”面板底部的“编辑”按钮。

3）修改模板的内容之后保存模板。

（2）更新模板

在修改完模板并保存时，Dreamweaver CC 会弹出“更新模板文件”对话框，如图 7-1-16 所示，单击“更新”按钮可更新基于该模板创建的所有网页；单击“不更新”按钮，则只保存模板而不更新基于该模板创建的网页。

（3）删除模板

在“资源”面板中选中不再需要的模板后按 Delete 键，会弹出图 7-1-17 所示的提示框。如果确认删除模板，单击“是”按钮；如果不想删除模板，单击“否”按钮。

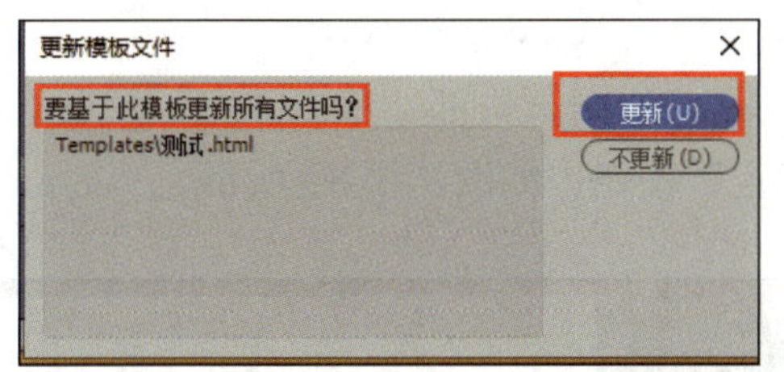

图 7-1-16 “更新模板文件”对话框

图 7-1-17 “确认删除模板”对话框

（4）重命名模板

1）在“资源”面板上单击模板的名称以选择模板。

2）再次单击模板的名称，以使模板的名称可选，然后输入一个新名称，按 Enter 键使更改生效。

3）弹出图 7-1-16 所示“更新模板文件”对话框，如果想更新站点中所有基于此模板的文档，单击“更新”按钮；如果不想更新基于此模板的任何文档，单击“不更新”按钮。

二、库项目

1. 库和库项目的有关概念

库是一种特殊的 Dreamweaver 文件，其中包含可放置到网页中的一组单个资源或资源副本。

库中的这些资源称为库项目，它是 Dreamweaver CC 中自定义的网页元素。每当编辑某个库项目时，可自动更新所有使用该项目的页面。可在库中存储的库项目包括文本、图像、表格、声音、表单、导航条等网页元素。每当需要某个库项目时可直接从库中调用。每当编辑某个库项目时，可以自动更新所有使用该库项目的页面。

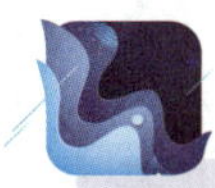

小提示

如果要重复使用个别网页元素，如站点的版权信息或站标，可以将其创建为库项目。

2. 库项目的创建

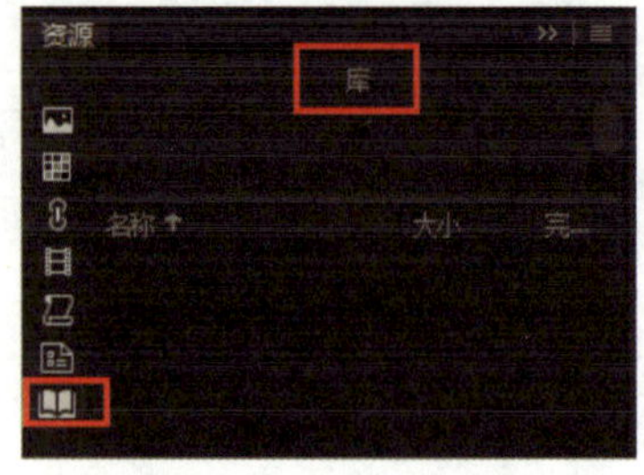

图 7-1-18 “库”面板

（1）在 Dreamweaver CC 中打开网页文件，单击“窗口”→“资源”命令，打开“资源”面板。

单击左侧导航栏中的“库”按钮，右侧的面板显示为“库”面板，面板的上方为当前库项目的缩略图，下方为库项目的名称。若当前没有库项目，则均为空白，如图 7-1-18 所示。

（2）选中网页中要创建为库项目的网页元素如网页头部，单击“库”面板下方的“+”按钮，在打开的提示对话框中单击“确定”按钮，如图 7-1-19 所示。

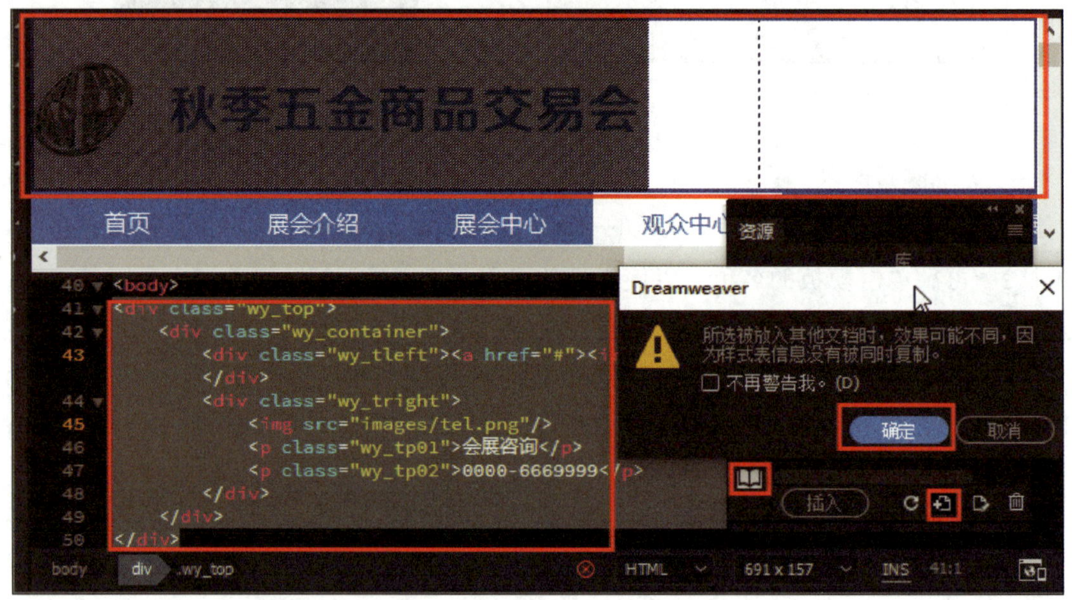

图 7-1-19 创建库项目

（3）可看到“资源”面板生成的库项目名称显示泛白效果（可编辑），用户输入所需的库项目名称，如“top”，并按 Enter 键，这时会弹出“更新文件”对话框，根据情况选择即可，如图 7-1-20 所示。可发现当前站点中多了存放库项目的文件夹“Library”，“资源”面板上多了库项目“top”。

小提示

Dreamweaver CC 将每个库项目作为一个单独的文件（文件扩展名为 .lbi），保存在站点本地根文件夹下的 Library 文件夹中。

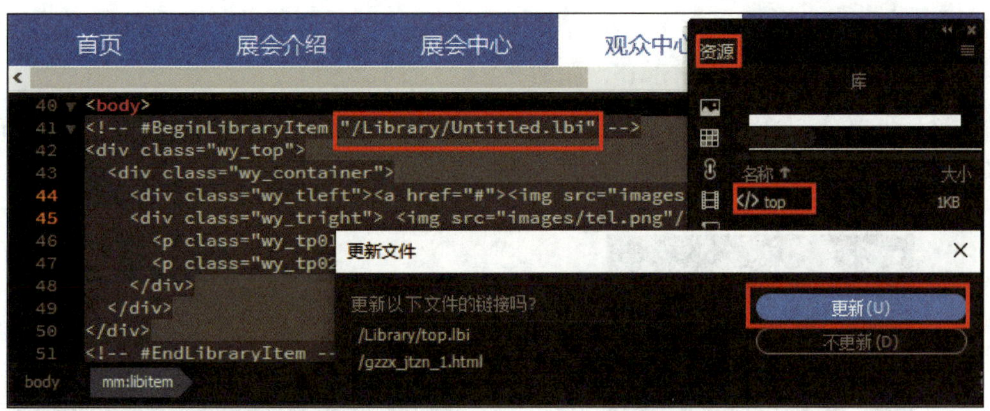

图 7-1-20　新创建的库项目和“更新文件”对话框

小提示

在“库”面板中，将需要使用的库项目拖动到网页文档中所需的位置，即可应用该库项目。

3. 库项目的编辑

在“库”面板中要编辑的库项目名上单击鼠标右键，在弹出的快捷菜单中选择“编辑”命令，可打开库项目并在文档窗口中修改。

修改库项目后进行保存操作，会弹出“更新库项目”对话框，单击“更新”按钮可以更新站点中使用了该库项目的网页。

一、新建“观众中心”栏目的模板

1. 在浏览器中浏览“观众中心”栏目中的两个网页的内容，可找出两个网页有 6 项共同的网页元素，从而确定模板的构成成分，如图 7–1–1 所示。

2. 切换到站点“moban”，显示“文件”面板，如图 7–1–21 所示。

3. 打开“观众中心”栏目的“交通指南”网页，单击“文件”→“另存为模板”命令，打开“另存模板”对话框，输入模板名称为“gzzx_moban”，并单击“保存”按钮，如图 7–1–22 所示。

4. 弹出提示对话框，询问是否要更新链接，一般情况下选择“是”按钮，这时在

“文件”面板上可看到其中多了一个名为“Templates”的文件夹，展开该文件夹，可以看到新建的模板“gzzx_moban.dwt”，如图 7–1–23 所示。

5. 打开“资源”面板，单击面板左侧的“模板”按钮，在右侧可看到站点中新建的模板“gzzx_moban.dwt”，如图 7–1–24 所示。

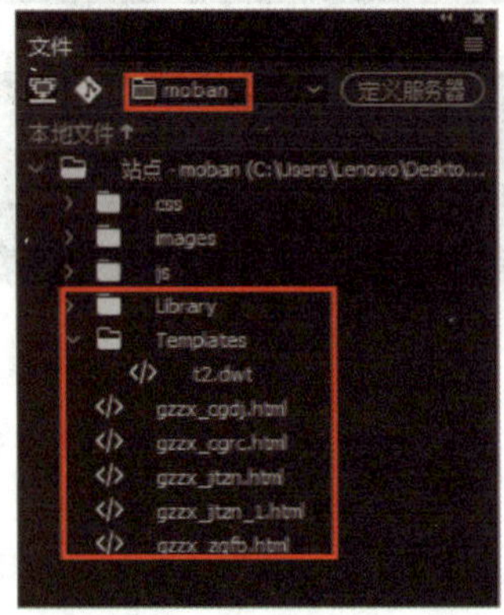

图 7–1–21　站点“moban”的目录结构

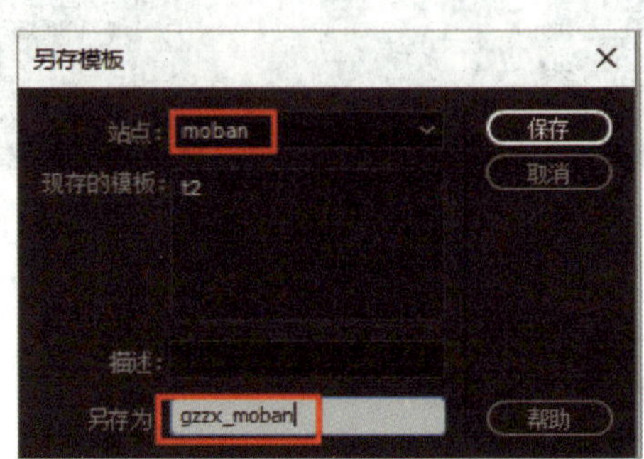

图 7–1–22　“另存模板”对话框

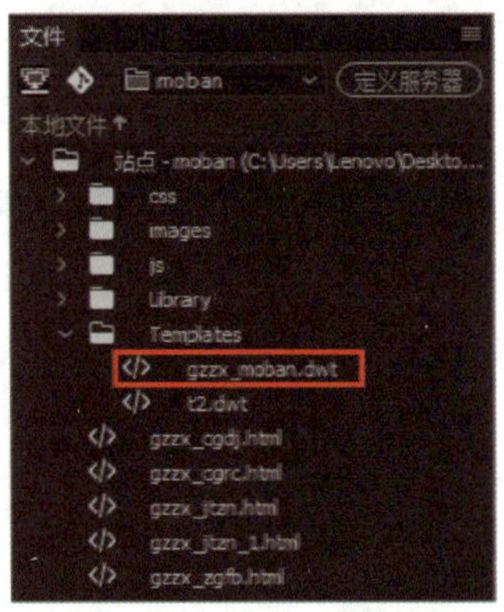

图 7–1–23　站点“moban”及新建的模板

图 7–1–24　“资源”面板及新建的模板

6. 单击标签选择器中的“.wy_right02”标签，可以快速选中要创建的可编辑区域，单击“插入”→“模板”→“可编辑区域”命令，打开“新建可编辑区域”对话框，在“名称”文本框中输入可编辑区域的名称“gzzx_neirongqu”，如图 7–1–25 所示。

单击“确定”按钮完成可编辑区域的创建，如图 7–1–26 所示。

二、在“资源”面板上选择模板创建“参观日程”网页

1. 单击“窗口”→“资源”命令，打开“资源”面板，如图 7–1–27 所示。

2. 单击面板左侧的“模板”按钮，在右侧显示的模板列表中选择所需的模板“gzzx_moban”，如图 7–1–27 所示。

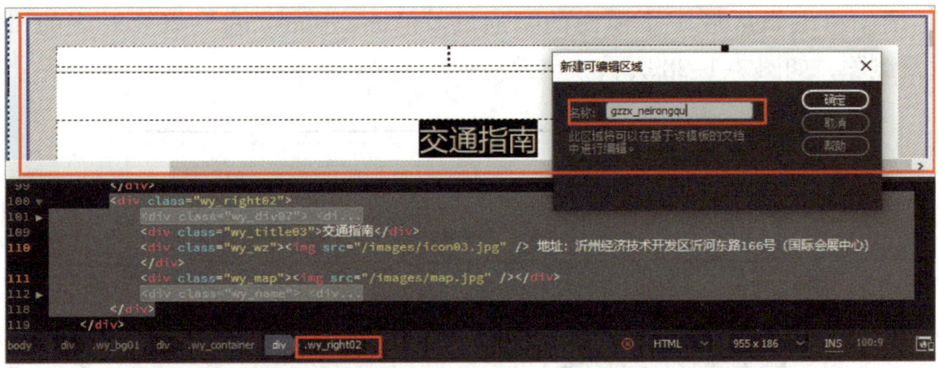

图 7-1-25　创建模板的可编辑区域“gzzx_neirongqu”

```
gzzx_neirongqu
    <div class="wy_mt01"><img src="/images/pic04.png" /></div>
  </div>
  <!-- TemplateBeginEditable name="gzzx_neirongqu" -->
  <div class="wy_right02">
    <div class="wy_div07">
      <div class="wy_share">
        <div class="bdsharebuttonbox"><a href="#" class="bds_more" data-cmd="more"></a><a
```

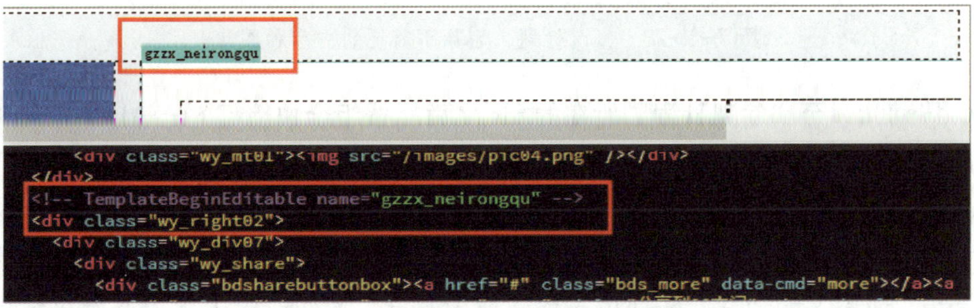

图 7-1-26　创建的可编辑区域及代码

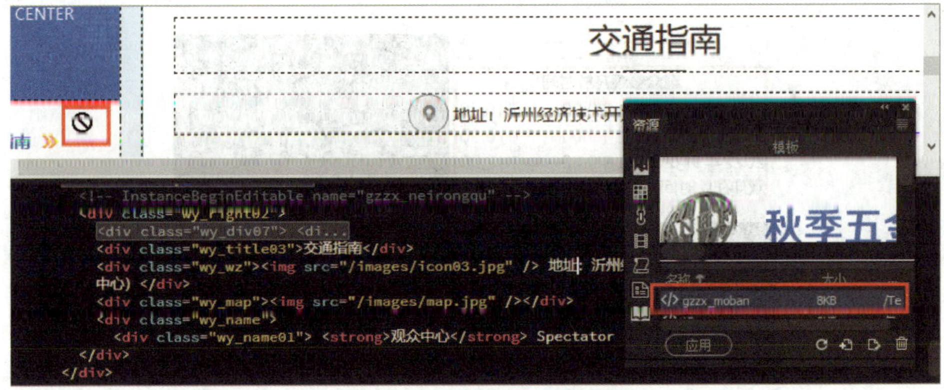

图 7-1-27　在“资源”面板上选择模板创建网页

3. 用鼠标右键单击模板“gzzx_moban”，在弹出的快捷菜单中选择“从模板新建”命令。

4. 将可编辑区域的标题“交通指南”改为“参观日程”，按组合快捷键 Ctrl+S 将文档保存到站点根文件夹下，并命名为“gzzx_cgrc1.html”。

5. 选中可编辑区域中不需要的内容，如“地址：沂州经济技术开发区沂河东路 166 号（国际会展中心）”和前面的图片以及对应的 div，按 Delete 键删除，如图 7-1-28 所示。

6. 选中可编辑区域中不需要的交通图片“images/map.jpg”以及对应的 div，按 Delete 键删除，如图 7–1–28 所示。

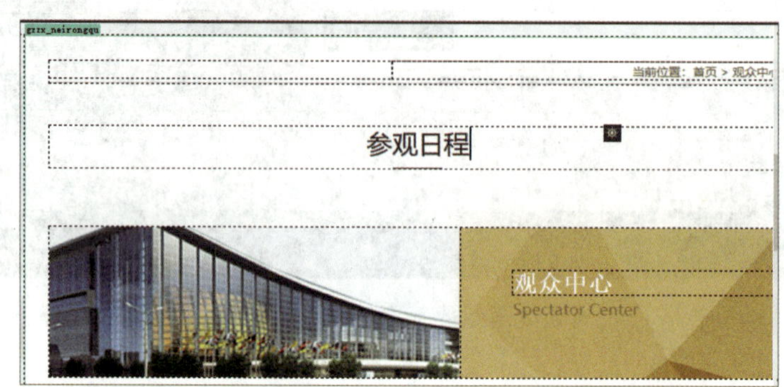

图 7–1–28 修改标题，删除不需要的内容和图片

7. 移动光标至“参观日程”所在的 div 之后，按组合快捷键 Ctrl+Alt+T，在弹出的“Table”对话框中输入行数“5”和列数“2”，单击“确定”按钮。

8. 选中表格第一行的两个单元格，单击“属性”面板上的“合并所选单元格，使用跨度”按钮，输入文本“观众参观开放时间”，选中表格最后一行的两个单元格，单击“属性”面板上的“合并所选单元格，使用跨度”按钮，输入文本“欢迎在此时间内莅临参观展会!”，在其他各单元格输入所需的数据，如图 7–1–29 所示。

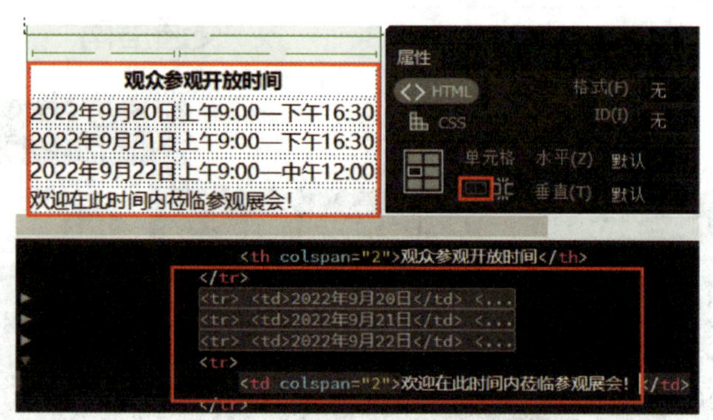

图 7–1–29 编辑表格及表格内容

9. 在表格的标签中应用样式 <table class="wy_tab01">，保存并预览网页，效果如图 7–1–30 所示。

三、更新模板文件“gzzx_moban. dwt”

1. 观察图 7–1–30，可发现网页内容“参观日程”与左侧的当前导航菜单“交通指南”不匹配，移动光标至导航菜单“交通指南”和“参观日程”上，可发现鼠标指针变成禁止修改标志。

2. 在打开的模板“gzzx_moban.dwt”中选择要设置为可编辑区域的区域：“观众中心”下的 class 属性为“wy_as01”的“分类导航菜单区”。

3. 单击“插入”→“模板”→“可编辑区域”命令，打开“新建可编辑区域”对话框，在“名称”文本框中输入可编辑区域的名称“gzzx_daohang”，单击该对话框中的“确定”按钮，完成可编辑区域的创建，按组合快捷键 Ctrl+S 保存模板，效果如图 7-1-31 所示。

图 7-1-30　表格引用样式后的网页预览效果

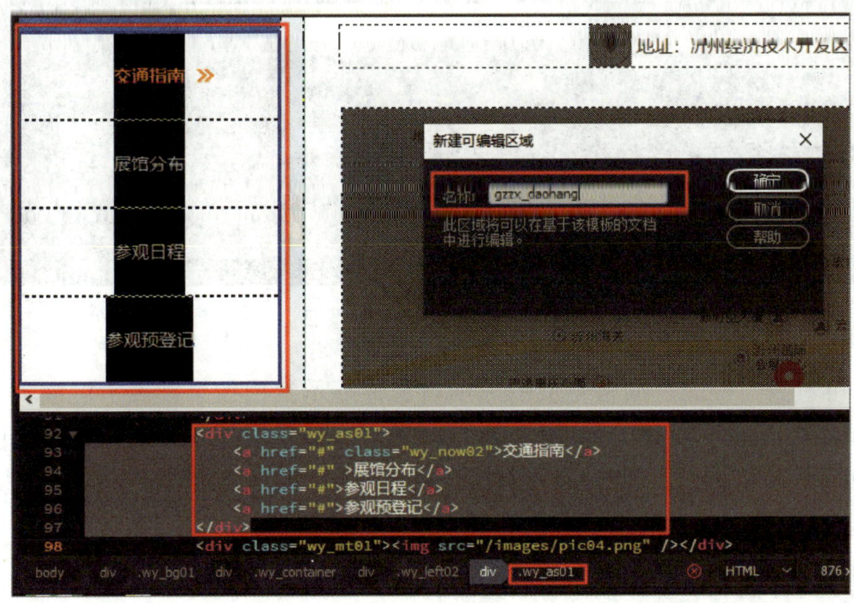

图 7-1-31　修改模板，创建可编辑区域

4. 在修改完毕并保存时，系统会弹出“更新模板文件”对话框，提示是否要基于此模板更新所有文件，单击“更新”按钮可更新通过该模板创建的所有网页，如图 7–1–32 所示。

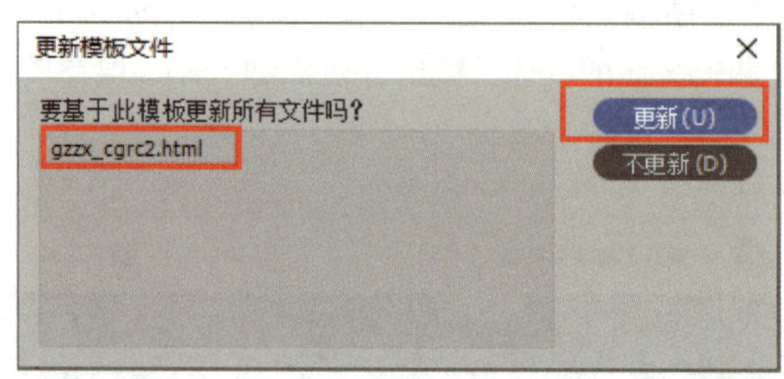

图 7–1–32 “更新模板文件”对话框

四、创建制作“展馆分布”网页用的库项目

1. 将网页的导航栏创建为库项目

（1）单击“窗口”→“资源”命令，打开“资源”面板。单击左侧导航栏中的“库”按钮，右侧的面板即显示为“库”面板。

（2）选中网页中要创建的库项目即网页的导航栏，单击“库”面板下方的按钮，在打开的提示对话框中单击“确定”按钮，如图 7–1–33 所示。

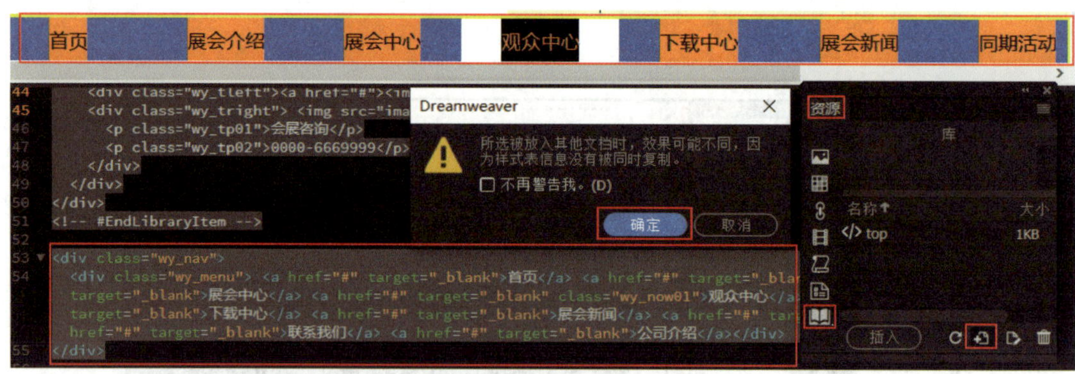

图 7–1–33 创建库项目

（3）可看到“资源”面板生成的库项目名称显示泛白效果，表示可编辑，用户输入库项目名称“nav”并按 Enter 键，这时会弹出“更新文件”对话框，根据情况选择即可，如图 7–1–34 所示，可发现“资源”面板上多了库项目“nav”。

2. 将网页的 banner 和底部信息创建为库项目

仿照上述方法和步骤，依次将网页的 banner 创建为库项目“banner”、将网页的底部信息创建为库项目“foot”，如图 7–1–35 所示。

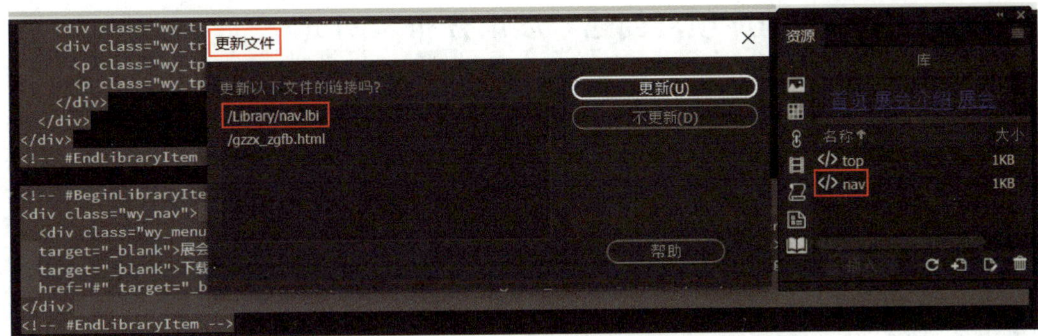

图 7-1-34　将新创建的库项目命名为“nav”

```
<!-- #BeginLibraryItem "/Library/foot.lbi" -->
<div class="wy_foot">
  <div class="wy_fdiv01">
    <div class="wy_container">
      <div class="wy_fleft">
        <dl>
          <dt>联系方式</dt>
          <dd>邮编: 999666</dd>
          <dd>电话: 0000-6669999</dd>
          <dd>传真: 0000-7778888</dd>
          <dd> </dd>
          <dd>地址: 沂州经济技术开发区沂河路166号 (国际会展中心) </dd>
          <dd> </dd>
        </dl>
      </div>
      <div class="wy_fright"> <img src="images/icon01.jpg" />
        <p>关注更多大会资讯</p>
      </div>
    </div>
  </div>
  <div class="wy_fdiv02">COPYRIGHT © 2020-2023  版权所有  沂州经济技术开发区国际会展有限公司  ICP备案信息: 鲁ICP备x000XXXX</div>
</div>
<!-- #EndLibraryItem -->
</body>
```

图 7-1-35　新创建的库项目“banner”和“foot”及代码

3. 将“观众中心”栏目的导航条、分享信息和正文底部图片创建为库项目

仿照上述步骤，依次将“观众中心”栏目网页的导航条创建为库项目“gzzx_nav”、将“观众中心”栏目网页的分享信息创建为库项目“gzzx_share”、将“观众中心”栏目网页的正文底部图片创建为库项目“gzzx_img_bott”，如图 7-1-36 所示。

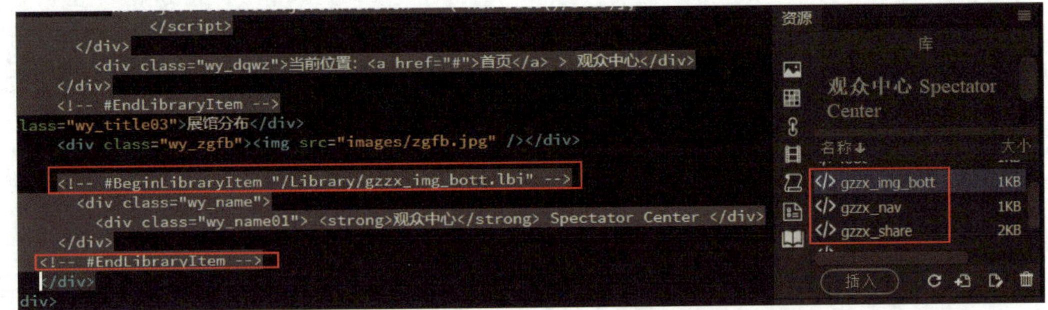

图 7-1-36　新创建库项目“gzzx_nav”“gzzx_share”和“gzzx_img_bott”

五、利用创建的库项目创建“展馆分布”网页

1. 新建空白网页

新建空白网页文档，将其保存到站点根文件夹下，并命名为“gzzx_zgfb.html”。

2. 插入库项目到新建的空白网页中，制作网页的头部、导航栏、底部信息

（1）显示“库”面板。

（2）将要插入的库项目“top”拖到网页的设计视图中放开，生成网页的头部，如图 7-1-37 所示。

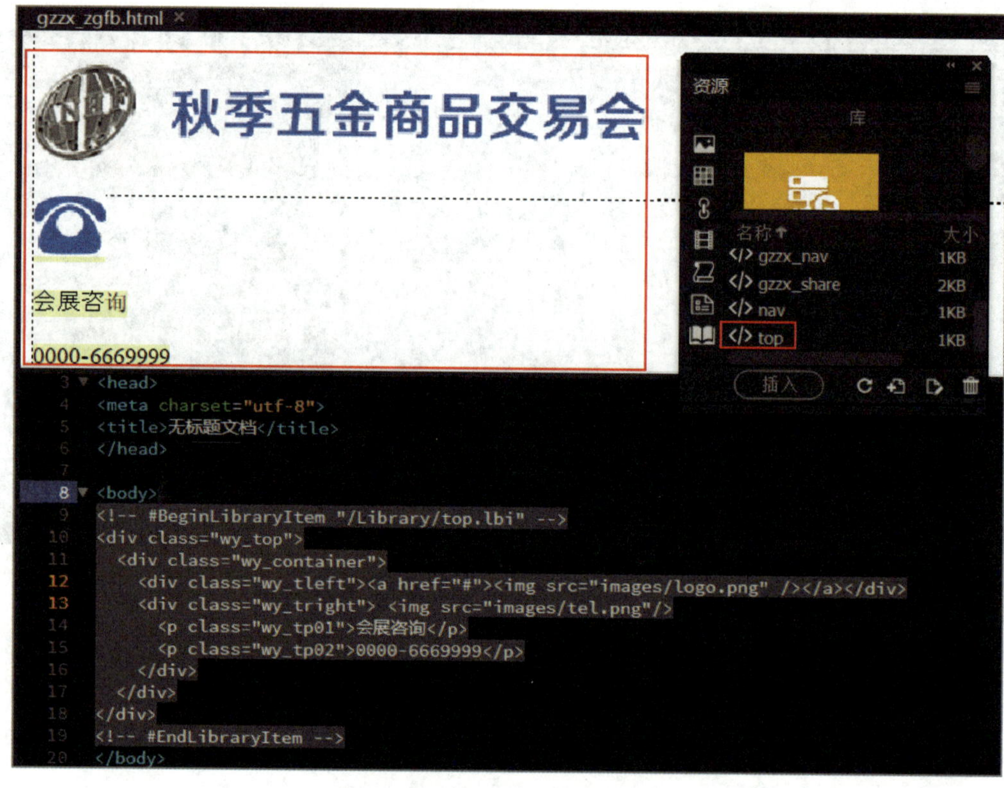

图 7-1-37　插入库“top”

（3）观察图 7-1-37，可发现代码中没有引用样式，在代码视图中添加引用样式的代码：link type="text/css" rel="stylesheet" href="css/wy_style.css"，保存并预览网页，如图 7-1-38 所示。

（4）将要插入的库项目“nav”拖到网页的设计视图中放开，生成网页的导航栏。

（5）将要插入的库项目“banner”拖到网页的设计视图中放开，生成网页的 banner。

（6）将要插入的库项目“foot”拖到网页的设计视图中放开，生成网页的底部信息。保存并预览网页，效果如图 7-1-39 所示。

图 7-1-38　引用样式后的预览效果

图 7-1-39　插入库项目 banner 和 foot 后的网页预览效果

3. 制作“展馆分布”网页的内容区信息

（1）在代码视图中插入代码：<div class="wy_bg01"><div class="wy_container"></div></div>，制作存放内容区的盒子并引用样式。

（2）将要插入的库项目“gzzx_nav”拖到网页的设计视图的盒子内（<div class="wy_container"></div>）放开，生成“观众中心”栏目网页的导航条。

（3）在代码视图中插入代码：<div class="wy_right02"></div>，制作存放内容区右边部分内容的盒子并引用样式。

（4）将要插入的库项目“gzzx_share”拖到刚插入的盒子内（<div class="wy_right02"></div>）放开，生成内容区分享部分的内容。

复制有关的 JavaScript 代码到 <head></head> 区。保存并预览网页，效果如图 7-1-40 所示。

（5）在代码视图中插入代码：<div class="wy_title03"> 展馆分布 </div>，制作内容区右边部分的标题。

（6）在代码视图中插入代码：<div class="wy_zgfb"><img src="images/zgfb.jpg"/></div>，

在内容区标题下边插入图像，保存并预览网页，效果如图 7-1-41 所示。

（7）将要插入的库“gzzx_img_bott”拖动到刚插入图像的下边放开，保存并预览网页，效果如图 7-1-1 所示。

图 7-1-40 “展馆分布”网页的内容区导航栏、分享信息效果

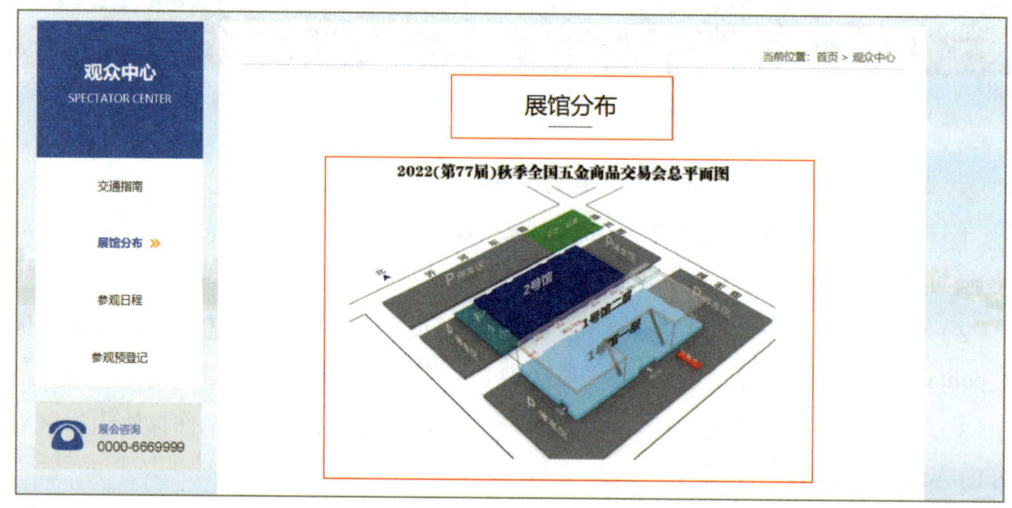

图 7-1-41 “展馆分布”网页的内容区图像和标题效果

巩固练习

仿照上述步骤，比较图 7-1-42 所示两个网页的共同特征，利用第一个网页创建模板和库，并应用创建的模板和库制作第二个网页。

图 7-1-42　展会介绍栏目的两个网页效果

任务 2　制作“观众中心”栏目框架网页

1. 了解网页中浮动框架的形式、作用和应用。
2. 能根据需要创建和保存浮动框架，创建浮动框架超链接。
3. 能初步掌握浮动框架标签及属性代码的编辑方法。

本任务是一个浮动框架应用实例（见图 7-2-1 和图 7-2-2）。通过本任务的学习，可以掌握利用“插入”面板、“属性”面板、代码视图创建浮动框架并设置同时显示多个网页的方法和技巧，熟悉框架网页布局技术。

图 7-2-1 单击链接“交通指南”效果

图 7-2-2 单击链接“展馆分布”效果

一、框架和框架集的概念

框架是一种独特的网页布局技术，它能把浏览器窗口分割成多个相互独立的区域，每个区域即为一个框架，并且各个框架可分别加载和展示不同的 HTML 文档。而框架集本质上是一个网页文件，其主要职责是记录网页内各个框架的详细信息，涵盖框架的布局架构、在页面中的具体位置以及尺寸大小等关键要素。

二、框架网页的构成与分类

利用框架进行布局设计的网页被称作框架网页，它主要由框架（frame）和框架集（frameset）两个核心部分共同组成。在过往的网页设计中，BBS 论坛页面、网站的后台管理页面等常采用框架技术来构建布局。框架布局具有一定的优势，例如其结构清晰明了，便于网站管理者进行内容的组织与管理，在更新部分框架内容时相对便捷，同时一些通用的框架布局还可在不同页面中重复使用。然而，框架也存在明显的缺点，需要同时加载多个框架的内容，会导致页面整体加载速度减慢。在维护方面，由于框架之间的关联性，一旦出现问题，维护的难度较大。对于访问者而言，难以直接将框架中显示的单个网页进行收藏。

随着网页设计技术的不断发展，如今 div+CSS 布局方式以及其他新兴的布局手段已经逐渐取代了框架集在网页布局中的地位。值得注意的是，HTML5 标准也不再支持框架集的使用。

三、浮动框架（iframe）的特点与应用

在当前的网页设计中，浮动框架（iframe）是较为常用的一种技术。浮动框架也被称为内联框架，它与普通框架有所不同。普通框架必须依托于框架集存在，并且其在页面中的显示位置相对固定。而浮动框架则无须框架集的支持，它不仅具备普通框架的基本功能，如在一个页面中展示不同的文档内容，而且具有更高的灵活性。它可以在网页内的任意位置自由、独立地嵌入，当用户点击超链接后，能够将链接页面的内容直接显示在当前页面的某个浮动框架内，而无须重新打开浏览器窗口，从而有效地实现了在当前网页文档中嵌入另一个网页文档的功能，在现代网页布局中发挥着独特且重要的作用。

1. 浮动框架的形式

打开应用了浮动框架的网页文件“gzzx.html”，单击观众中心栏目导航菜单中的“交通指南”，预览网页，如图 7–2–1 所示。

单击观众中心栏目导航菜单中的“展馆分布”，如图 7–2–2 所示。

对比图 7–2–1 和图 7–2–2 所示效果，可以发现单击观众中心栏目导航菜单中的各个栏目时，网页窗口未切换，只是导航菜单对应的网页内容依次出现在观众中心栏目导航菜单右侧的区域中，这个区域就是浮动框架窗口。

浮动框架的标签格式为：<iframe src="URL" width="x" height="x" scrolling="" frameborder="x" name="main"></iframe>。

2. 浮动框架标签的属性

浮动框架标签的常用属性及说明见表 7–2–1。

表 7–2–1　浮动框架标签的常用属性及说明

常用属性	说明
src	设置源文件的地址
width	设置内嵌浮动框架窗口宽度
height	设置内嵌浮动框架窗口高度
bordercolor	设置边框颜色

续表

常用属性	说明
align	设置框架对齐方式，可选值为 left、right、top、middle、bottom，HTML5 不支持该属性
name	设置浮动框架名称，为超链接标记的 target 所需参数
scrolling	设置是否需要滚动条，默认为 auto，滚动条根据需要会自动出现。设置为 Yes 表示有滚动条；设置为 No 表示无滚动条；设置为 Auto 表示自动判断框架页高度，以决定是否显示滚动条。HTML5 不支持该属性

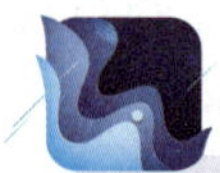

小提示

如果需要在页面中单击某一个超链接时链接目标在某浮动框架中打开，设置该超链接的 target 属性为该浮动框架的名称即可。

例如，代码 <a href="baidu.html" target="main"> 百度 </a>，当单击超链接“百度”时，百度的页面就会显示在名为“main”的浮动框架中。

3. 创建浮动框架的步骤

（1）新建或打开一个 HTML 文档，移动光标至浮动框架出现的位置。

（2）单击“插入”→“HTML”→“IFRAME”命令，在光标所在位置插入“<iframe></iframe>”标签。

（3）在代码视图中修改“<iframe>”的属性。

（4）修改超链接及其“target”属性。

（5）保存并预览效果。

一、创建“观众中心”栏目网页“gzzx. html”

1. 打开项目七任务 1 中新建的“观众中心”栏目的网页文件“gzzx_jtzn.html”，另存为网页文件“gzzx.html”。

2. 切换到拆分视图，移动鼠标光标至“jtzn.html”内容对应的边界位置，当鼠标指针指向的线变成红色时单击鼠标，如图 7–2–3 所示，即可选中“jtzn.html”网页内容对应的区域，如图 7-2-4 所示，按 Delete 键删除不需要的 div 及内容。

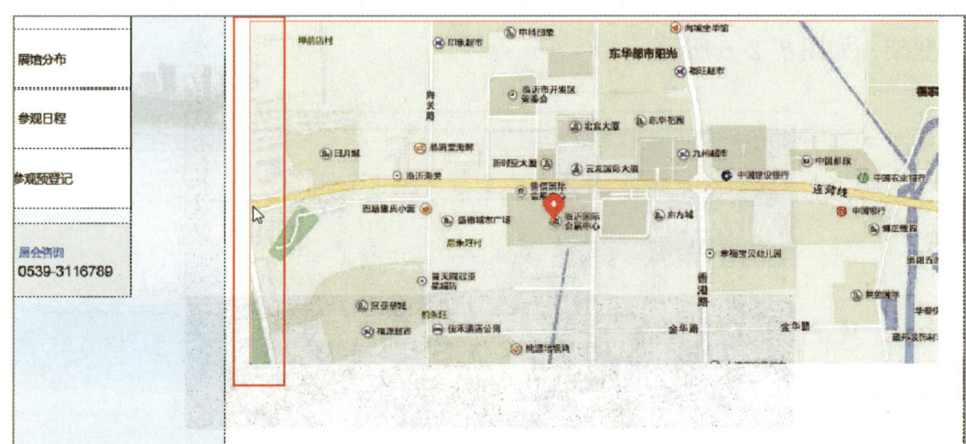

图 7-2-3　选中 "jtzn.html" 网页内容对应的区域

3. 在代码视图中单击 "观众中心" 栏目导航菜单对应的代码：<div class="wy_left02"> 前面的折叠按钮，将代码折叠起来，方便插入浮动框架有关代码。

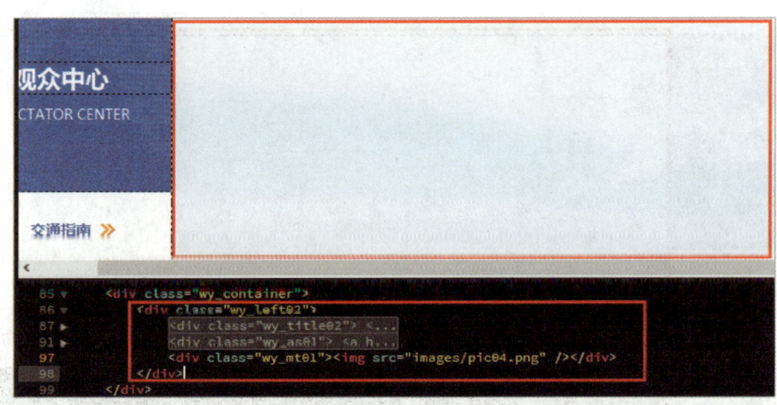

图 7-2-4　删除不需要的 div 及内容

4. 移动光标至 "观众中心" 栏目导航菜单对应的代码：<div class="wy_left02"> 后，单击 "插入" → "div" 命令，在弹出的 "插入 div" 对话框中 "class" 后的文本框中输入 "wy_gzzx" 后，单击 "确定" 按钮，插入一个存放浮动框架的盒子，如图 7-2-5 所示。

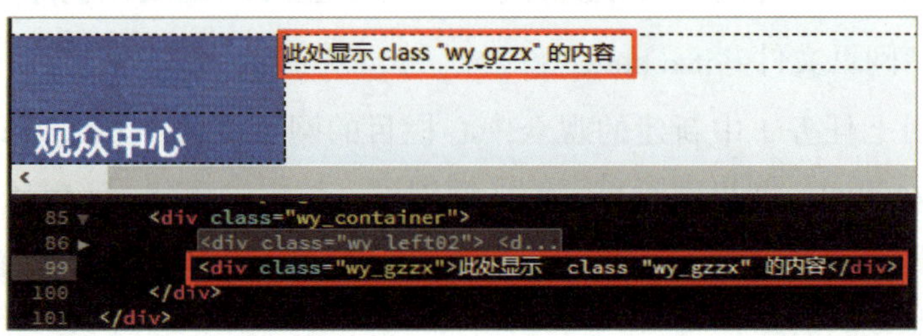

图 7-2-5　插入 div 并应用类样式后的代码

5. 移动光标至代码 <div class="wy_gzzx"> 与 </div> 之间，删去多余的代码：此处显示 class "wy_gzzx" 的内容，单击“插入”→“HTML”→“IFRAME”命令，插入一个浮动框架，如图 7-2-6 所示。

```
<div class="wy_container">
    <div class="wy_left02"> <d...
    <div class="wy_gzzx">
        <iframe></iframe>
    </div>
</div>
```

图 7-2-6　插入一个浮动框架

6. 移动光标至插入的浮动框架代码“<iframe”后，输入代码：name="gzzx_nr" width="860px" height="900" scrolling="auto" frameborder="0"，如图 7-2-7 所示。

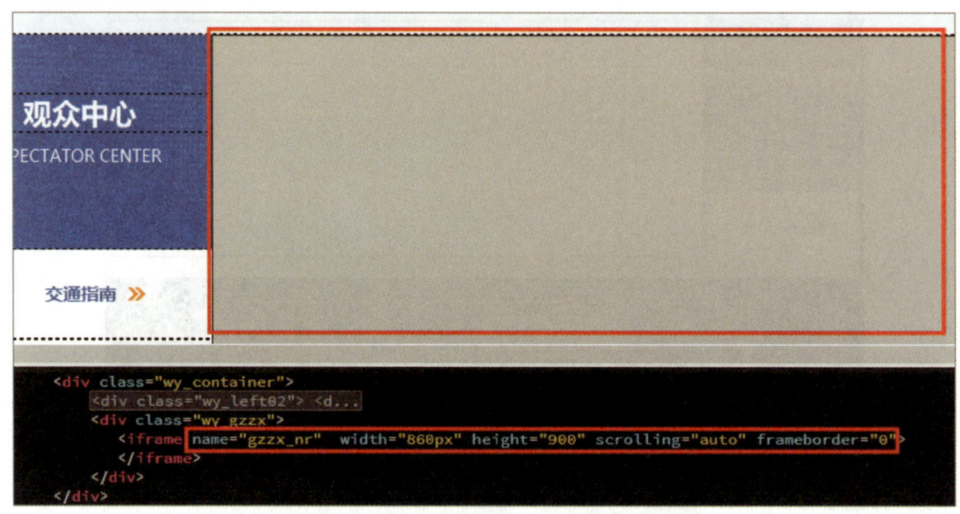

图 7-2-7　修改浮动框架的属性代码

二、创建网页并在浮动框架窗口中设置默认显示的网页

1. 新建空白网页文件“jtzn.html”。

2. 打开项目七任务 1 中新建的观众中心栏目的网页文件“gzzx_jtzn.html”，在设计视图中选中“jtzn.html”网页内容对应的区域内容，按组合快捷键 Ctrl+C 进行复制。

3. 切换到网页文件“jtzn.html”的窗口，在设计视图中按组合快捷键 Ctrl+V 进行粘贴，效果如图 7-2-8 所示。

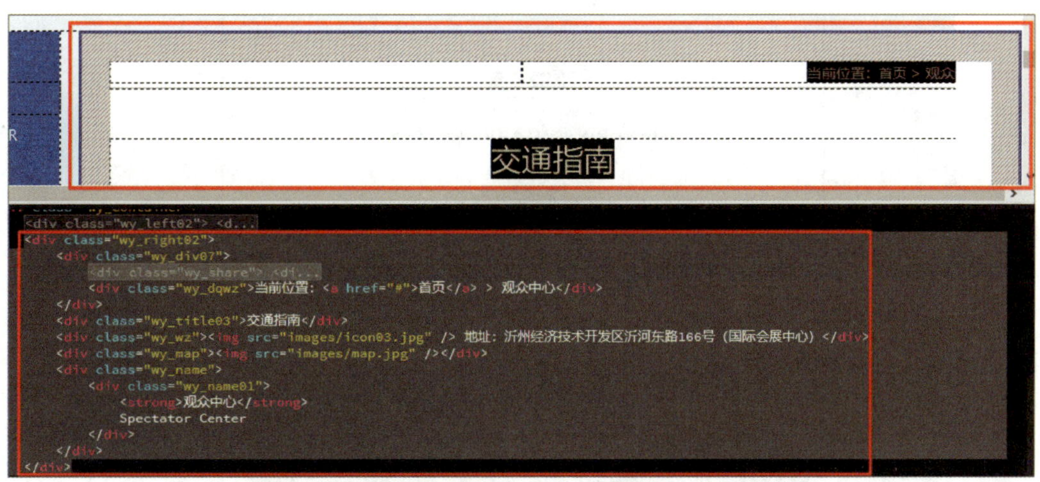

图 7-2-8　复制观众中心栏目的网页文件内容并将其粘贴到新建网页中

4. 单击“CSS 设计器”面板“源”选项区中的“+”按钮，在弹出的快捷菜单中选择“附加现有的 CSS 文件”命令，在弹出的对话框中设置参数，如图 7-2-9 所示。在代码视图中修改样式“.wy_right02”的代码，将“float: right;”改为“margin: 0 auto;”，使内容由“右对齐”改为“居中对齐”，保存并预览网页，效果如图 7-2-10 所示。

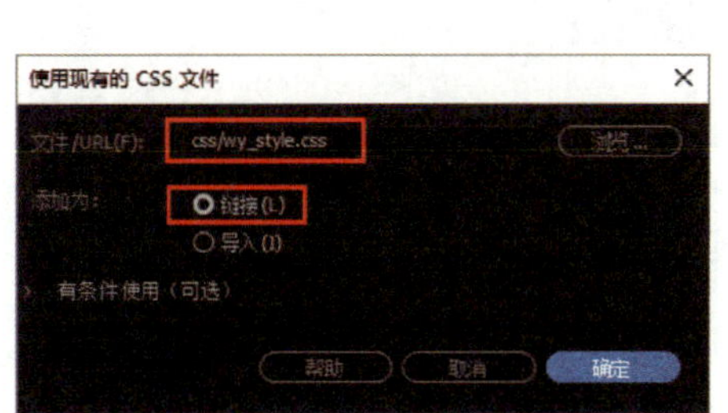

图 7-2-9　选择样式表

图 7-2-10　网页“jtzn.htm”的预览效果

5. 采用类似方法，复制网页文件“gzzx_zgfb.html”的内容新建网页文件“zgfb.html”。切换到网页文件“zgfb.html”的代码视图，附加现有的 CSS 文件“css/wy_style.css”，保存并预览效果，如图 7-2-11 所示。

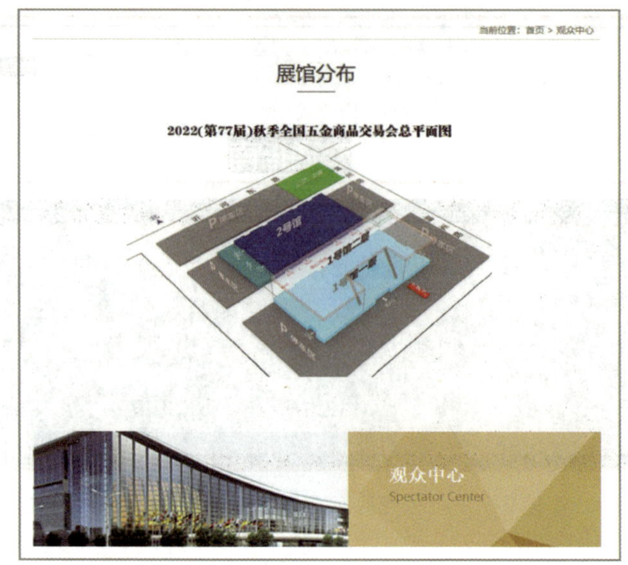

图 7-2-11　新建网页文件“zgfb.html”并引用样式表文件

6. 保存并预览网页“gzzx.html”，效果如图 7-2-12a 所示，可见浮动框架内空着，并不好看。

7. 切换到代码视图，在代码 <iframe name="gzzx_nr"> 后增加代码：src="jtzn.html"，设置浮动框架中显示的默认网页，效果如图 7-2-12b 所示，其代码如图 7-2-13 所示。

a）

b）

图 7-2-12　网页效果

a）浮动框架中无默认网页时的效果　b）浮动框架中有默认网页时的效果

图 7-2-13　浮动框架中有默认网页时的代码

三、设置单击超链接时在浮动框架中显示的网页

1. 打开“观众中心”栏目中含有浮动框架的网页文件“gzzx.html”，在设计视图中选择“观众中心”导航菜单中的“交通指南”，显示“属性”面板，在“属性”面板的“链接”后的文本框中选择链接的网页“jtzn.html”，在“目标”后的文本框中输入浮动框架的名称“gzzx_nr”，观察代码中浮动框架的“name”属性，如图 7-2-14 所示。

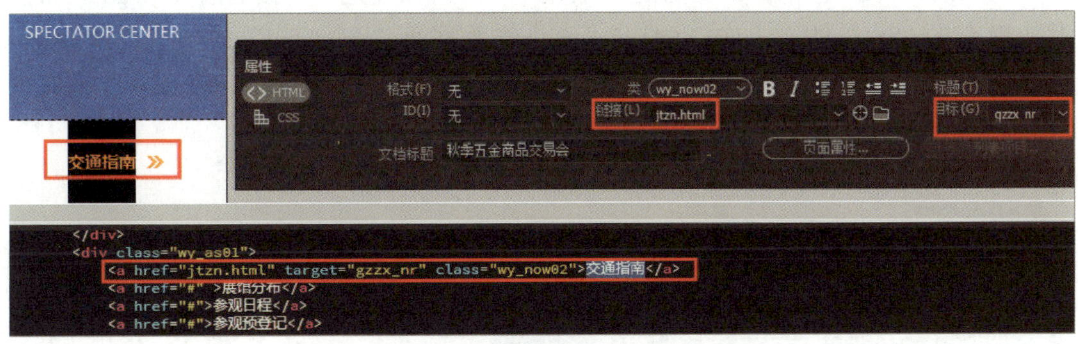

图 7-2-14　为“交通指南”创建超链接

2. 在网页文件“gzzx.html”的设计视图中选择“观众中心”导航菜单中的“展馆分布”，显示“属性”面板，在“属性”面板的“链接”文本框中选择“展馆分布”链接的网页“zgfb.html”，在“目标”文本框中输入浮动框架的名称“gzzx_nr”，如图 7-2-15 所示。

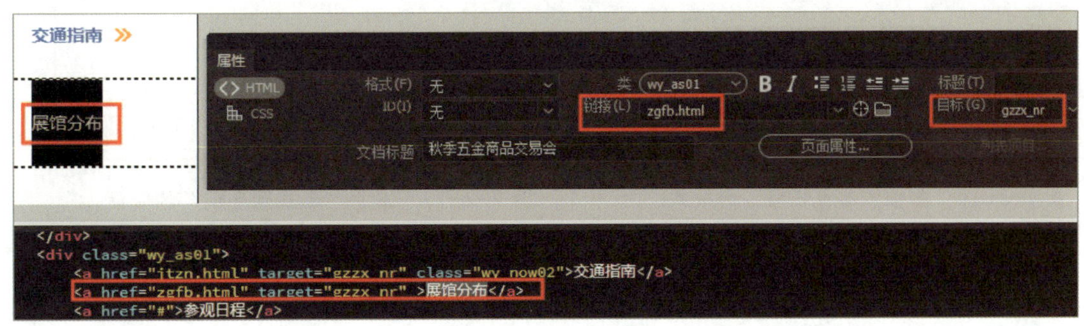

图 7-2-15　为“展馆分布”创建超链接

保存并预览网页，单击“观众中心”栏目导航菜单中的“交通指南”，效果如图 7-2-1 所示；单击“观众中心”栏目导航菜单中的“展馆分布”，效果如图 7-2-2 所示。

1. 用网页“gzzx_cgrc.html”创建导航菜单“参观日程”链接的网页“cgrc.html”，附加现有的CSS文件“css/wy_style.css”，并修改网页“gzzx.html”的“参观日程”超链接，单击“参观日程”超链接时在浮动框架中显示网页“cgrc.html”，效果如图7–2–16所示。

2. 用网页“gzzx_cgdj.html”创建导航菜单“参观预登记”链接的网页“cgdj.html”，附加现有的CSS文件“css/wy_style.css”，并修改网页“gzzx.html”的“参观预登记”超链接，单击“参观预登记”超链接时在浮动框架中显示网页“cgdj.html”，效果如图7–2–17所示。

图7–2–16　单击“参观日程”的效果

图7–2–17　单击“参观预登记”的效果

项目八
行为、Tab 面板和 CSS3 动画的应用

缩放图像、Tab 面板、滚动字幕、焦点轮播图、网站相册等充满动感和交互效果的网页元素往往是利用 Flash 或 JavaScript 制作的。其实，利用 Dreamweaver CC 中的行为、Tab 面板和 CSS3 动画，用户即使不懂 JavaScript 或 Flash，也能非常便捷地制作出上述效果。

本项目通过完成“制作网页行为特效”“制作滚动字幕和 Tab 面板”“制作 CSS3 动画”等任务，学习网页行为特效、Tab 面板、CSS3 动画的应用方法和技巧。

任务 1　制作网页行为特效

1. 了解行为、事件和动作的有关概念。
2. 能用“行为”面板添加和编辑行为。
3. 能用行为实现网页动态效果。

本任务是一个动态网页效果的制作实例（见图 8-1-1 和图 8-1-2）。通过本任务的

学习，可以掌握利用“行为”面板、“属性”面板、代码视图添加行为并设置其属性来制作网页动态效果的过程、方法和技巧。

图 8-1-1 “图片放大”动态效果

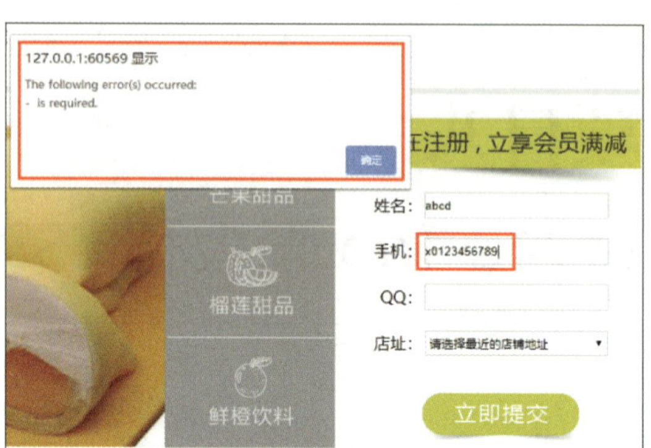

图 8-1-2 “检查表单”动态效果

一、行为概述

1. 行为的定义

行为是 Dreamweaver CC 预置的 JavaScript 程序库。通过对网页元素添加行为，可以在网页中自动生成 JavaScript 代码，方便地制作出打开浏览器窗口、播放声音、缩放图像、交换图像等动态效果和简单的交互功能，使制作的网页更加生动精彩。

2. 与行为有关的概念

（1）对象

对象是产生行为的主体，大部分网页元素都可以成为对象，如超链接、图形图像、多媒体音视频，甚至整个网页等。

（2）事件

事件是触发动态效果的条件，常用事件及其说明见表 8-1-1。

表 8-1-1　常用事件及其说明

事件名称	事件可作用的对象	事件的发生
onAbort	图像、页面等	当中断对象载入操作时
onAfterUpdate	图像、页面等	对象更新之后

续表

事件名称	事件可作用的对象	事件的发生
onLoad	图像、页面等	载入对象时
onMouseOver	链接图像和文字等	当鼠标指针移入链接文字或图像区域时
onMouseUp	链接图像和文字等	在链接文字或图像处松开鼠标左键时
onMouseDown	链接图像和文字等	在链接文字或图像处按下鼠标左键时
onDblClick	所有对象	双击对象时
onClick	所有对象	单击对象时
onMouseOut	链接图像和文字等	当鼠标指针移出链接图像或文字区域时
onMouseMove	链接图像和文字等	当鼠标指针在链接图像或文字上移动时
onFocus	按钮、链接和文本框等	当当前对象得到输入焦点时
onBlur	按钮、链接和文本框等	当焦点从当前对象移开时
onKeyDown	链接图像和文字等	当焦点在对象上，按键处于按下状态时
onKeyPress	链接图像和文字等	当焦点在对象上，按键按下时
onKeyUp	链接图像和文字等	当焦点在对象上，按键抬起时
onSubmit	表单等	表单提交时
onReset	表单等	表单重置时
onSelect	文字段落、选择框等	当选定文字段落或选择框内某项时
onUnload	主页面等	当离开此页面时
onResize	主窗口、帧窗口等	当浏览器内的窗口大小改变时
onScroll	主窗口、帧窗口、多行输入文本框等	当拖动浏览器窗口的滚动条时

小提示

不同的浏览器包含不同的事件，各浏览器支持其中大部分事件。

（3）动作

动作是一段预先编写好的、能够实现某种动态效果的 JavaScript 代码，是对事件的响应，如交换图像、弹出信息框、打开浏览器窗口、播放声音等。这些代码在特定事件被激发时执行，产生相应的动态效果，常用动作及其作用见表 8-1-2。

表 8-1-2 常用动作及其作用

英文名称	中文名称	作用
Swap Image	交换图像	交换图像
Popup Message	弹出信息	弹出消息框
Swap Image Restore	恢复交换图像	恢复交换图像
Open Browser Window	打开浏览器窗口	打开新的浏览器窗口
Play Sound	播放声音	播放声音
Change Property	改变属性	改变对象的属性
Show-Hide Layers	显示或隐藏层	显示或隐藏层
Check Plugin	检查插件	检查浏览器中已安装插件的功能
Check Browser	检查浏览器	检查浏览器的类型和型号，以确定显示的页面
Validate Form	检查表单	检查指定表单内容的数据类型是否正确
Set Text of Status Bar	设置状态栏文本	设置状态栏中的文本
Call JavaScript	调用 JavaScript	调用 JavaScript 函数
Jump Menu	跳转菜单	选择菜单实现跳转
Go To URL	转到 URL	跳转到 URL 指定的网页

二、行为的应用和管理

使用“行为”面板可以方便地为网页对象指定动作和事件，管理和应用行为。

1. 显示“行为”面板

（1）单击“窗口”→“行为”命令，可打开“行为”面板，如图 8-1-3 所示。

（2）按组合快捷键 Shift+F，也可打开“行为”面板。

2. 添加行为

（1）新建或打开要添加行为的网页文档，单击该文档底部标签选择器中的 <body> 标签，选择需添加行为的对象如整个网页，如图 8-1-4 所示。

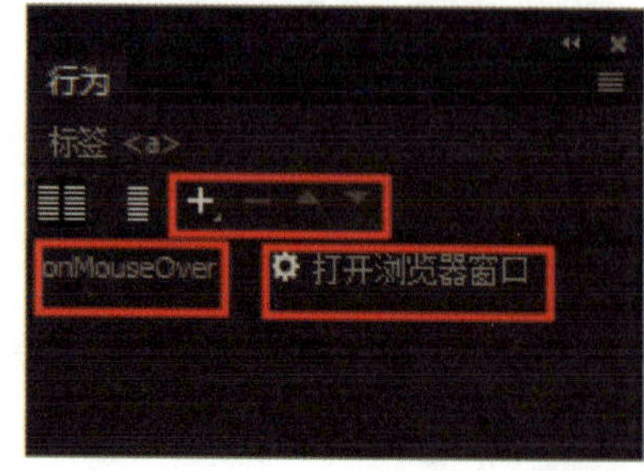

图 8-1-3 “行为”面板

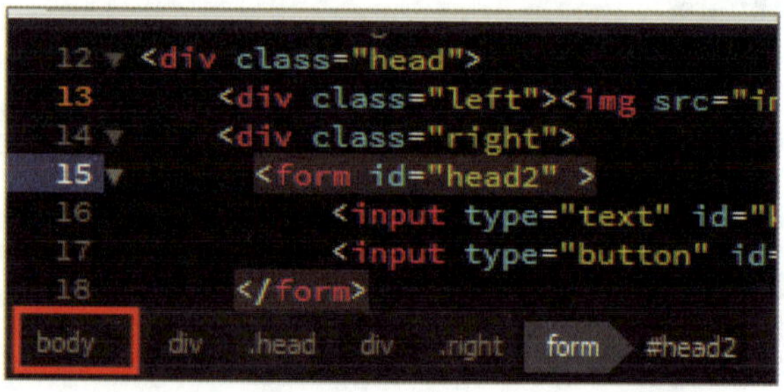

图 8-1-4 在标签选择器中选择 <body> 标签

（2）在“行为”面板上单击“+”按钮，在弹出的下拉菜单中选择需要添加的动作，如“弹出信息”，如图 8-1-5 所示。

（3）在打开的“弹出信息”对话框中输入消息“欢迎光临 sweet food!”，并单击“确定”按钮，如图 8-1-6 所示。

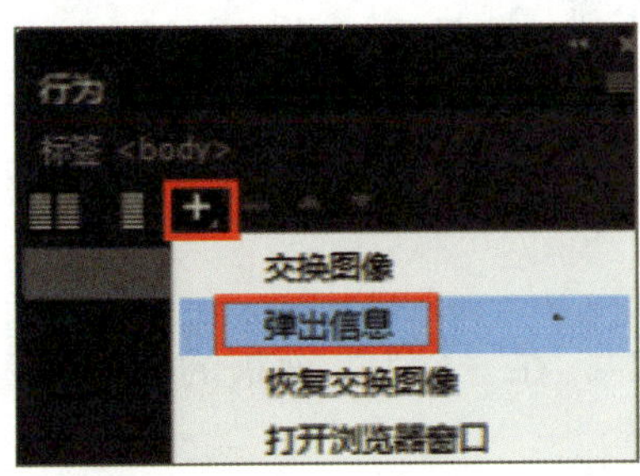

图 8-1-5　添加动作“弹出信息”

图 8-1-6　“弹出信息”对话框

（4）在“行为”面板中单击已添加动作左侧的事件列表框，选择所需的事件“onLoad”，如图 8-1-7 所示。

（5）保存并预览网页，即可看到设置的弹出信息，如图 8-1-8 所示。

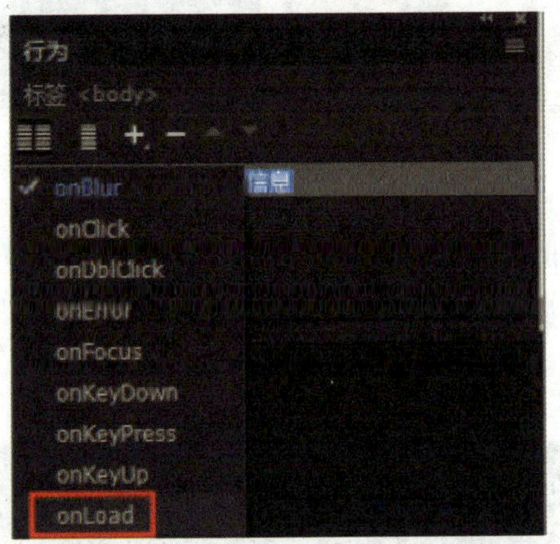

图 8-1-7　设置所需的事件“onLoad”

图 8-1-8　网页加载时的“弹出信息”动态效果

小提示

如果要添加某个行为，需先选中该行为所附加的对象。选取的对象不同，所能附加的动作不同。

一般来说，对纯文本是不能应用行为的，如果要对其应用行为，需要为文本添加超链接。

3. 修改行为

（1）选择要修改的行为所属的对象，如“交换图像”，在“行为”面板的行为列表框中即可看到要修改的行为，如图 8-1-9 所示。

图 8-1-9 选择行为所属的图像对象

（2）双击要修改行为的动作的名称“交换图像”，在打开的对话框中重新选择要交换的图像，然后单击“确定”按钮，如图 8-1-10 所示。

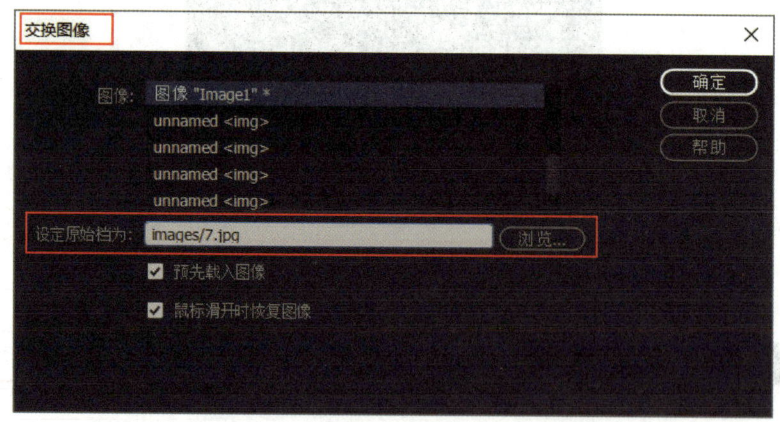

图 8-1-10 重新选择要交换的图像

小提示

如果要修改某个行为，需要先选中该行为所属的对象，例如“交换图像”行为是附加在图像上的，需要先选中该图像，“行为”面板上才会出现相应的行为。

4. 删除行为

选择要删除行为所附加的对象，如标签 <body>，在“行为”面板的行为列表框中可看到要删除的行为如“弹出信息”，选中该行为，然后单击“行为”面板上方的“删除事件”按钮，或直接按 Delete 键即可删除，如图 8-1-11 所示。

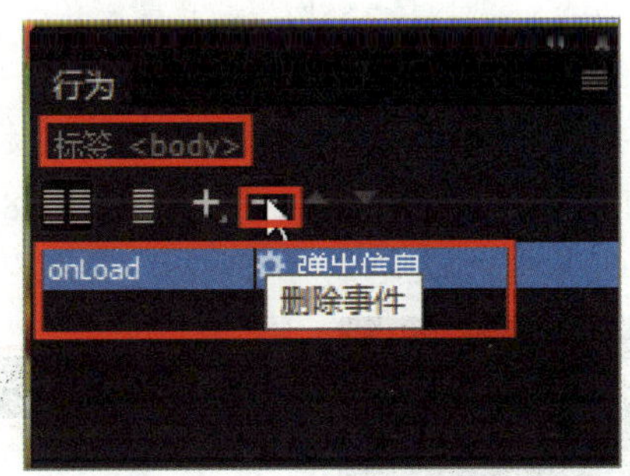

图 8-1-11　删除行为

小技巧

也可用鼠标右键单击要删除的行为，在弹出的快捷菜单中选择“删除行为”命令来删除行为。

一、为栏目的超链接“更多”添加“打开浏览器窗口”动态效果

1. 打开“sweet food 新品上市”网页，切换到拆分视图，在栏目标题“sweet food 新品上市”后输入文本“更多 >>”。

2. 在代码视图中为文本“更多 >>”添加“<span></span>”标签，选中文本“更

多 >>”，通过“属性”面板将其设置为“空链接”，如图 8-1-12 所示。

3. 为文本“更多 >>”创建样式“.con h2 span{color: #fd8187; float: right; margin: 0px 100px 0px 0px;}”，保存并预览效果。

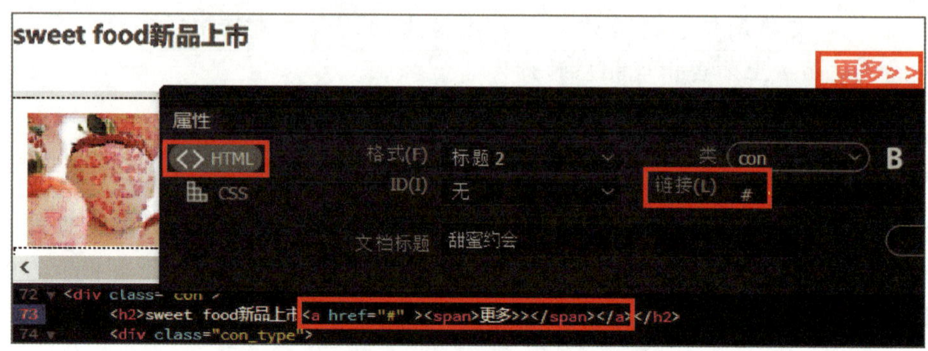

图 8-1-12　为“更多 >>”添加超链接并应用样式

4. 选中超链接“更多 >>”，单击“行为”面板上的“添加行为”按钮，在弹出的下拉菜单中选择需要添加的动作“打开浏览器窗口”，如图 8-1-13 所示。

图 8-1-13　为“更多 >>”添加动作“打开浏览器窗口”

5. 在“打开浏览器窗口”对话框中设置参数，如图 8-1-14 所示，并单击“确定”按钮。

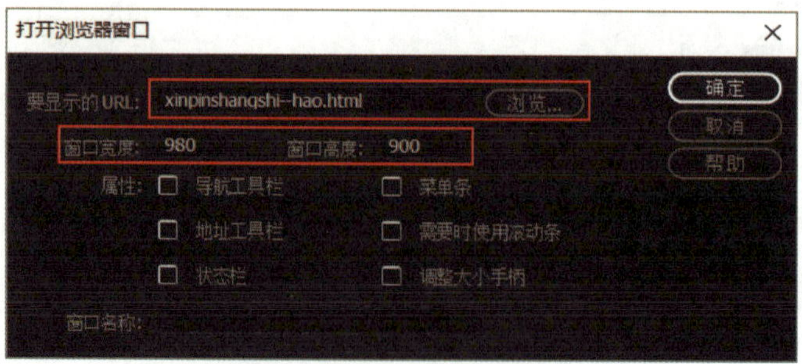

图 8-1-14　在“打开浏览器窗口”对话框中设置参数

6. 在“行为”面板中为已添加的动作选择所需的事件“onMouseOver”，可在代码视图中自动生成相关的 JavaScript 代码，如图 8-1-15 所示。

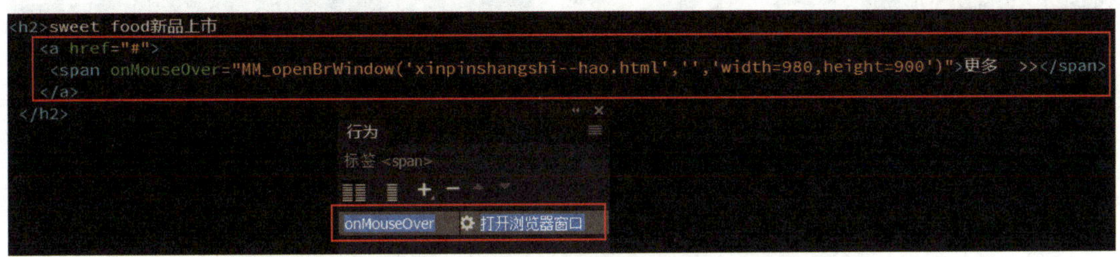

图 8-1-15　设置所需的事件“onMouseOver”

7. 保存并预览网页效果，移动鼠标光标到超链接“更多 >>”上，可看到“打开浏览器窗口”的动态效果，如图 8-1-16 所示。

图 8-1-16　“打开浏览器窗口”的动态效果

二、为“sweet food 新品上市”中的图片添加“图片放大”效果

1. 打开“xinpinshangshi-- 更多”网页，选中左上角要放大的第一张图片“日式鱼籽寿司”，单击“行为”面板上的“添加行为”按钮，在弹出的下拉菜单中选择要添加的动作：“效果”列表中的“Scale”，如图 8-1-17 所示。

2. 在打开的“Scale”对话框中设置参数，如图 8-1-18 所示，单击“确定”按钮。

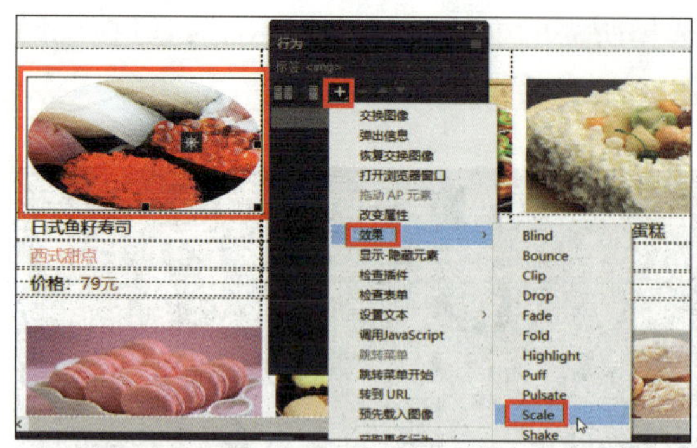

图 8-1-17　选择图片，添加动作

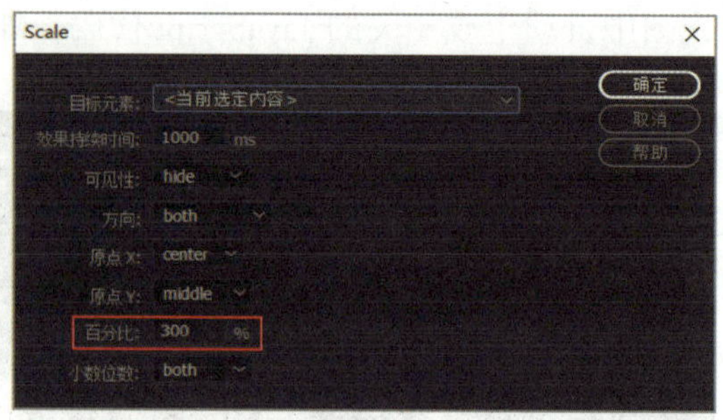

图 8-1-18　在“Scale”对话框中设置参数

3. 在“行为”面板为已添加的动作设置事件“onClick”，如图 8-1-19 所示。

图 8-1-19　在“行为”面板上设置行为的事件“onClick”

4. 保存并预览网页，移动鼠标光标到“日式鱼籽寿司”图片上，单击鼠标左键，可看到图片放大到 300% 的动态效果，如图 8-1-1 所示。

三、为文本框添加“检查表单”动态效果

1. 打开“xinpinshangshi-- 更多”网页，选中表单中“手机”后的文本框，单击“行为”面板上的“+”按钮，在弹出的下拉菜单中选择要添加的动作“检查表单”，如图 8-1-20 所示。

2. 在打开的“检查表单”对话框中设置“必需的”“数字”等参数，并单击“确定”按钮，如图 8-1-21 所示。

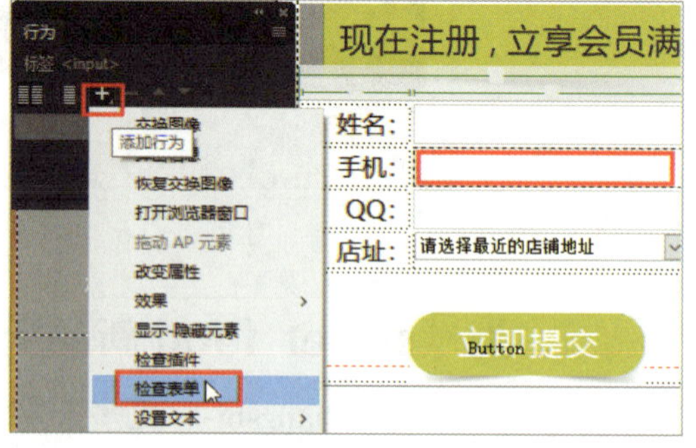

图 8-1-20　选择文本框，添加动作

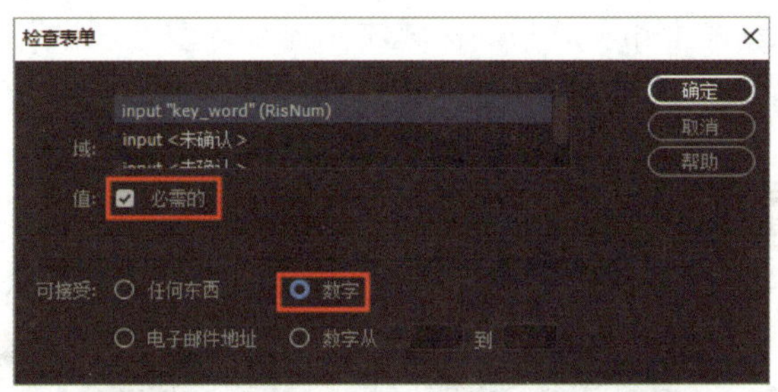

图 8-1-21 在“检查表单”对话框中设置参数

3. 在“行为”面板中为该动作设置事件“onChange”，如图 8-1-22 所示。

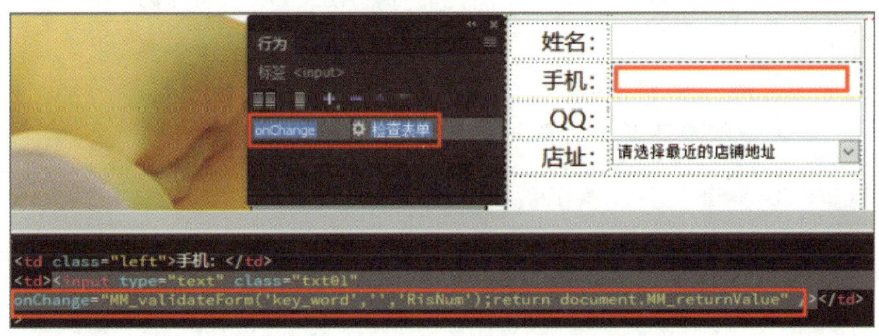

图 8-1-22 设置事件，查看生成的相关代码

4. 保存并预览网页，在“姓名”后的文本框中输入“abcd”，在“手机”后的文本框中输入非数字信息“x0123456789”，再单击“QQ”后的文本框准备输入时，会弹出图 8-1-2 所示的对话框，实现“检查表单”动态效果。

1. 为“sweet food 新品上市”栏目的某图像添加“交换图像”和“恢复交换图像”动态效果并设置事件，如图 8-1-23 和图 8-1-24 所示。可见，当鼠标光标指向该图像时，图像被交换。

图 8-1-23 原始图像

图 8-1-24 “交换图像”效果（当鼠标光标指向图像时）

2. 为“sweet food 新品上市”栏目的标题文本添加“改变属性”动态效果并设置事件，如图 8-1-25 所示。可见，当鼠标光标指向该标题时，标题文本颜色和背景发生了变化。

a）

b）

图 8-1-25 “改变属性”动态效果

a）原始标题文本 b）“改变属性”效果（当鼠标光标指向标题文本时）

任务 2 制作滚动字幕和 Tab 面板

1. 掌握 <marquee> 标签的格式和属性代码的编辑方法。
2. 掌握 jQuery UI Tab 面板的插入方法和样式代码的编辑方法。
3. 能用 <marquee> 标签制作滚动字幕或滚动图片。
4. 能用 jQuery UI Tab 制作 Tab 面板。

本任务是一个滚动字幕和 Tab 面板的应用实例（见图 8-2-1 和图 8-2-2）。通过本任务的学习，可以掌握利用“插入”面板、“属性”面板、代码视图来制作滚动字幕和 Tab 面板的过程及方法，了解滚动字幕和 Tab 面板的工作原理，为学习动态网页的制作打好基础。

图 8-2-1　滚动字幕效果（图片向左滚动）

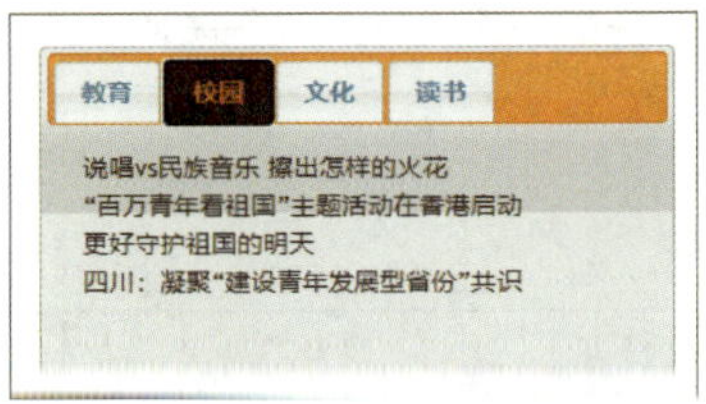

图 8-2-2　Tab 面板效果

一、滚动字幕

1. 滚动字幕的定义

滚动字幕是指在网页中上下滚动或左右滚动的字幕，可以是文字，也可以是图片，滚动字幕效果可以用 <marquee> 标签实现。

2. <marquee> 标签的格式

```
<marquee>
        要滚动的文字或图片
</marquee>
```

3. <marquee> 标签的属性

<marquee> 标签的常用属性、取值及说明见表 8-2-1。

表 8-2-1　<marquee> 标签的常用属性、取值及说明

属性	取值	说明
direction	可以为 left、right、up、down，默认为 left	表示滚动的方向
behavior	scroll（连续滚动）、slide（滑动一次）、alternate（来回滚动）	表示滚动的方式

续表

属性	取值	说明
loop	值为整数，默认值为 -1，表示将连续滚动	表示循环的次数
scrollamount	值为正整数，默认为 6	表示运动速度
scrolldelay	值为正整数，单位为 ms	设定两次滚动之间的延迟时间
valign	可以为 top、middle、bottom，默认为 middle	表示元素的垂直对齐方式
align	可以为 left、center、right，默认为 left	表示元素的水平对齐方式
bgcolor	值为十六进制的 RGB 颜色，默认为白色	表示运动区域的背景色
height	表示运动区域的高度	值为正整数（单位为像素）或百分数，默认 height=100%
width	表示运动区域的宽度	值为正整数（单位为像素）或百分数，默认 width=100%
hspace	值为正整数，单位为像素	表示元素到区域边界的水平距离
vspace	值为正整数，单位为像素	表示元素到区域边界的垂直距离
onmouseover	this.stop( )	表示当鼠标光标移动到该滚动字幕区域时停止滚动
onmouseout	this.start( )	表示当鼠标光标离开该滚动字幕区域时继续滚动

4. 滚动字幕的制作步骤

（1）在设计视图中插入滚动的字幕内容，如文本、图片。

（2）在代码视图中插入 <marquee> 标签，并设置属性参数。

二、Tab 面板

1. Tab 面板的作用

Tab 面板用于内容分类，以节省屏幕空间，通过单击每个 Tab 的标题来访问该 Tab 面板的内容。

2. Tab 面板的分类

根据 Tab 面板在网页界面中所处的位置不同，可以把 Tab 面板分为顶部栏 Tab 面板、侧边栏 Tab 面板和底部栏 Tab 面板。

3. Tab 面板的状态

Tab 面板有选中和非选中两种状态，为了凸显 Tab 面板的选中状态，可以通过改变颜色、放大字号、添加线条、增加背景色等来实现。

4. 插入 jQuery UI Tab 面板的步骤

（1）新建或打开要插入 jQuery UI Tab 面板的网页文件。

（2）把光标置于页面要插入 jQuery UI Tab 面板的位置，然后选择“插入”面板中的“jQuery UI”下的“Tabs”按钮，在页面当前位置插入一个 Tab 面板，如图 8-2-3 所示。

图 8-2-3　插入 jQuery UI Tab 面板

一、制作滚动图片

1. 打开要制作滚动图片的网页文件“project08.html”，在代码视图中找到要添加滚动图片的代码区开始位置，如图 8-2-4 所示。在 <span> 标签前单击，输入 <marquee>；找到要添加滚动图片的代码区结束位置（在 </span> 标签后）单击，输入 </marquee>，代码如图 8-2-5 所示。

保存并预览网页，发现图片由右向左滚动，效果如图 8-2-6 所示。

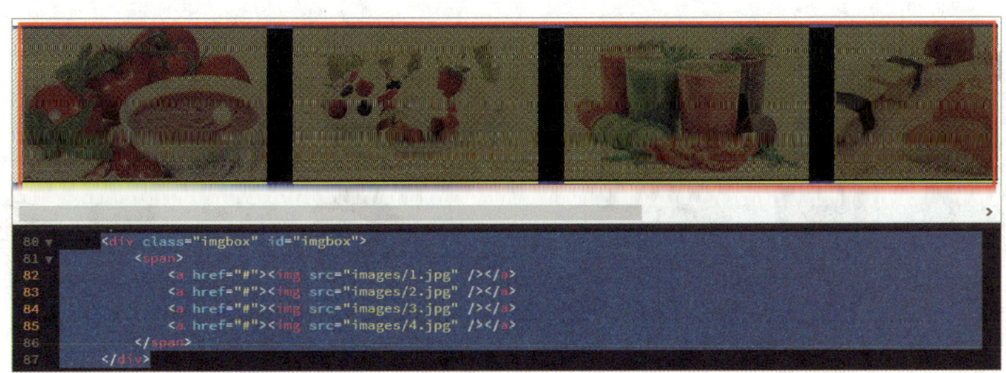

图 8-2-4　找到要添加滚动图片的代码区开始位置

```
<div class="imgbox" id="imgbox">
    <marquee>
        <span>
            <a href="#"><img src="images/1.jpg" /></a>
            <a href="#"><img src="images/2.jpg" /></a>
            <a href="#"><img src="images/3.jpg" /></a>
            <a href="#"><img src="images/4.jpg" /></a>
        </span>
    </marquee>
</div>
```

图 8-2-5　插入 <marquee> 和 </marquee> 标签

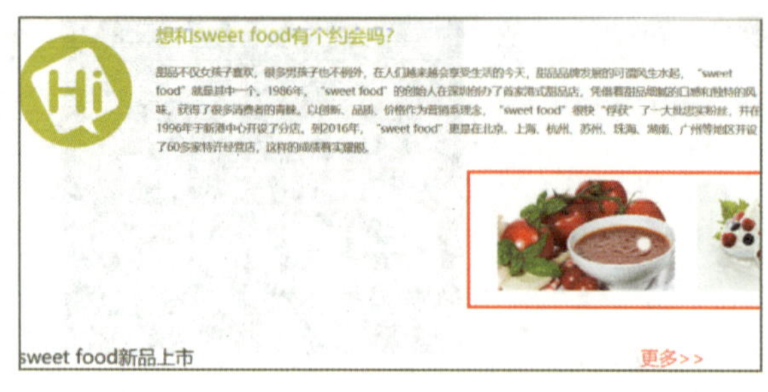

图 8-2-6　图片由右向左滚动效果

2. 在代码视图中刚输入的 <marquee> 标签的 “>” 前单击并按空格键，输入英文字母 “d”，从弹出的提示菜单中单击选择 “direction”，再从出现的提示菜单中单击选择 “right”，设置图片滚动的方向为向右，代码如图 8-2-7 所示。

保存并预览效果，可发现图片由左向右滚动，如图 8-2-8 所示。

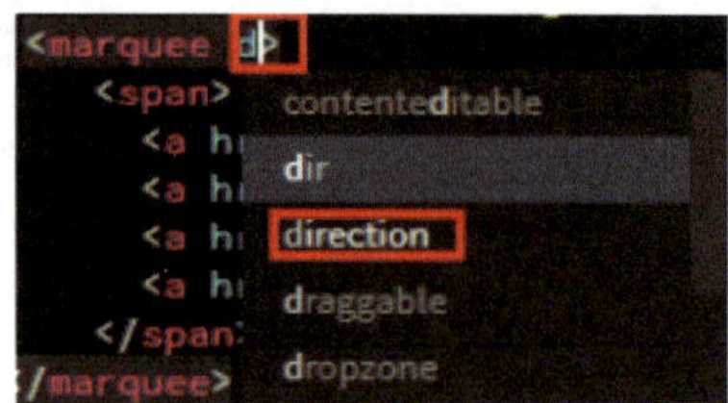

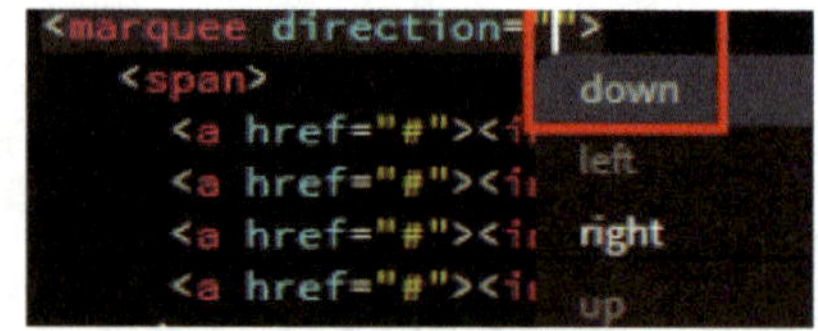

图 8-2-7　在代码视图中修改 <marquee> 标签的 direction 属性

图 8-2-8　图片由左向右滚动效果

3. 采用类似方法，在代码视图中的代码 <marquee direction="right"> 中添加代码：behavior="scroll" scrolldelay="10" loop="-1"，如图 8-2-9 所示。

```
<marquee direction="right" behavior="scroll" scrolldelay="10" loop="-1">
  <span>
    <a href="#"><img src="images/1.jpg" /></a>
    <a href="#"><img src="images/2.jpg" /></a>
    <a href="#"><img src="images/3.jpg" /></a>
    <a href="#"><img src="images/4.jpg" /></a>
  </span>
</marquee>
```

图 8-2-9　在代码视图中修改 <marquee> 标签的属性

保存并预览网页，发现图片可以连续地滚动，效果如图 8-2-10 所示。

图 8-2-10　图片连续滚动效果

4. 在图 8-2-10 中，移动鼠标光标到滚动的图片上时，图片不会停止滚动。同理，在代码视图中的代码 <marquee direction="right" behavior="scroll" scrolldelay="10" loop="-1"> 中添加代码：onMouseover="this.stop()"，如图 8-2-11 所示。

保存并预览网页效果，移动鼠标光标到滚动的图片上，图片会停止滚动，如图 8-2-12 所示。

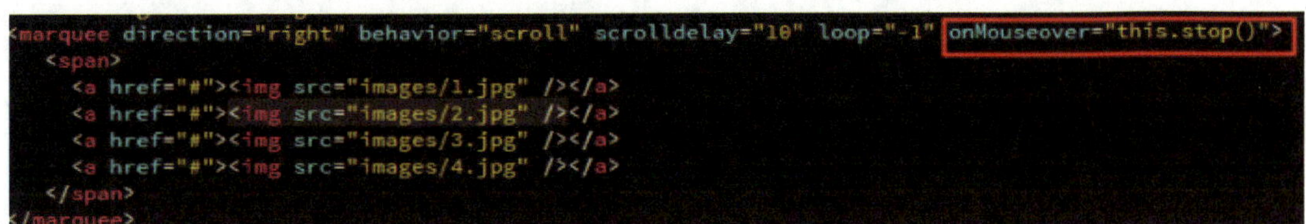

图 8-2-11　在代码视图中修改 <marquee> 标签的属性

图 8-2-12　图片停止滚动

在图 8-2-12 所示的网页浏览器窗口中，当移动鼠标光标到滚动的图片上时，图片会停止滚动；当移动鼠标光标到滚动的图片区域之外时，图片也不再滚动。

5. 在代码视图中的代码 <marquee direction="right" behavior="scroll" scrolldelay="10" loop="-1" onMouseover="this.stop()"> 中添加代码：onMouseOut="this.start()"，如图 8-2-13 所示。

```
<marquee direction="right" behavior="scroll" scrolldelay="10" loop="-1"
        onMouseOver="this.stop()"  onMouseOut="this.start()">
    <span>
      <a href="#"><img src="images/1.jpg" /></a>
      <a href="#"><img src="images/2.jpg" /></a>
      <a href="#"><img src="images/3.jpg" /></a>
      <a href="#"><img src="images/4.jpg" /></a>
    </span>
</marquee>
```

图 8-2-13　添加代码

保存并预览效果，观察发现当移动鼠标光标到滚动的图片上时，图片会停止滚动；而当移动鼠标光标到滚动的图片区域之外时，图片又继续滚动，如图 8-2-1 所示。

二、制作 Tab 面板

1. 新建文件夹“project08”，在该文件夹中新建网页文件“tabs.html”，在设计视图中选择“插入”面板“jQuery UI”类中的“Tabs”按钮，在页面当前位置插入一个 Tabs 面板，显示“属性”面板，如图 8-2-14 所示，在设计视图中可看到插入的 Tabs 面板，在“属性”面板中可看到插入的 Tabs 面板的默认属性，在代码视图中可看到自动生成的插入的 Tabs 面板代码。

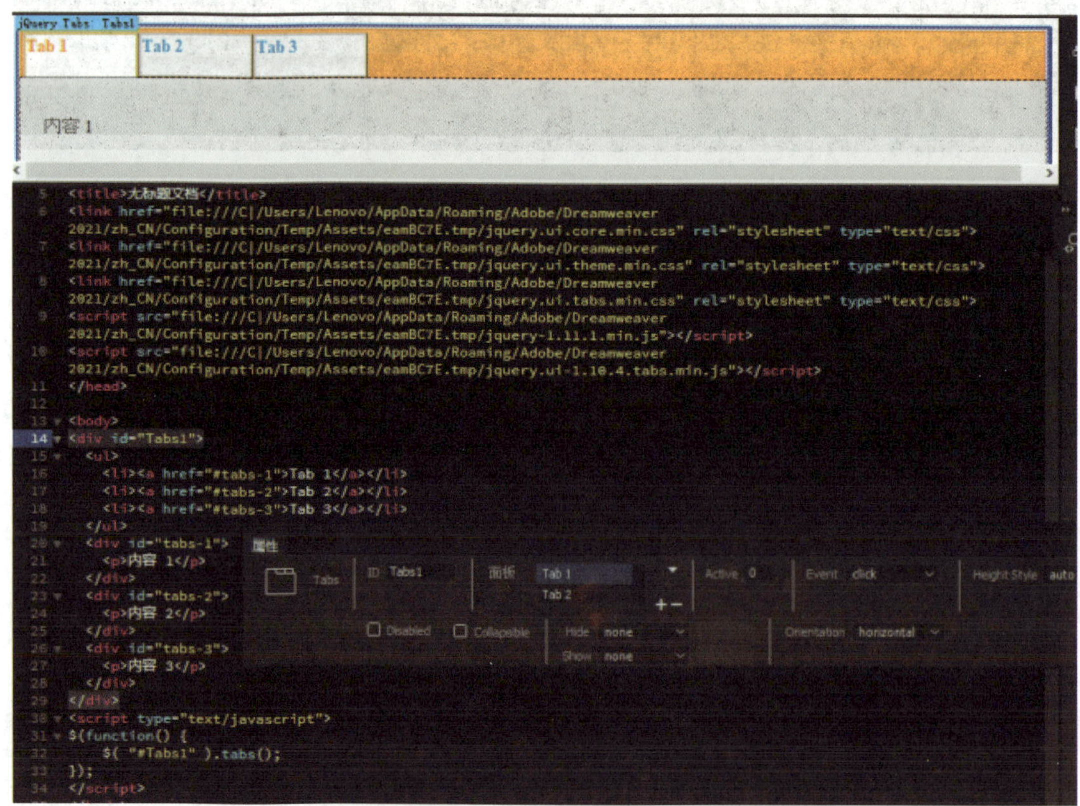

图 8-2-14　在网页当前位置插入一个 Tabs 面板

2. 在设计视图中选中 Tabs 面板的“Tab1”标题，输入标题“教育”，代码如图 8–2–15 所示。

3. 采用类似方法，依次选中 Tabs 面板的“Tab2”和“Tab3”标题，分别输入对应的标题“校园”和“文化”，其代码视图和“属性”面板如图 8–2–16 所示。

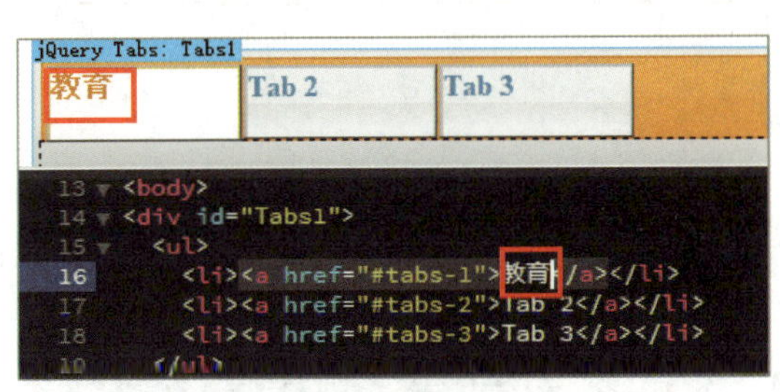

图 8–2–15　修改 Tabs 面板的“Tab1”标题

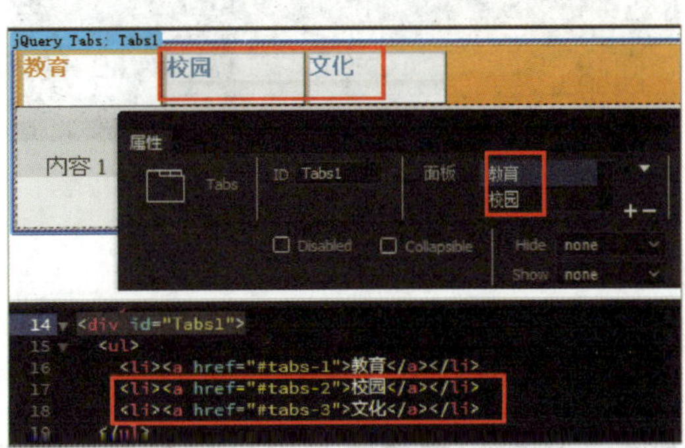

图 8–2–16　修改 Tabs 面板的“Tab2”和“Tab3”标题

4. 使用 jQuery UI Tabs 默认生成的面板只有三个，单击“属性”面板中“面板”列表框右侧的“+”按钮，可增加一个 Tab 面板，选中新增面板的标题“Tab4”，输入标题“读书”，如图 8–2–17 所示。

在代码视图中可以看到“读书”面板位置排在第二位，在“属性”面板上单击图 8–2–18 所示的按钮，调整“读书”面板显示的位置到最右侧。

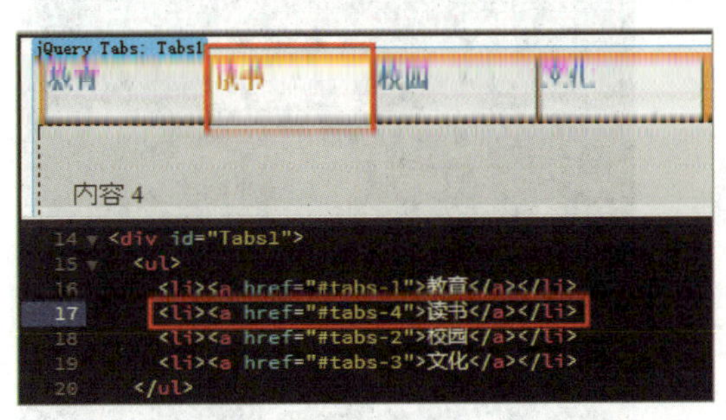

图 8–2–17　增加一个 Tab 面板

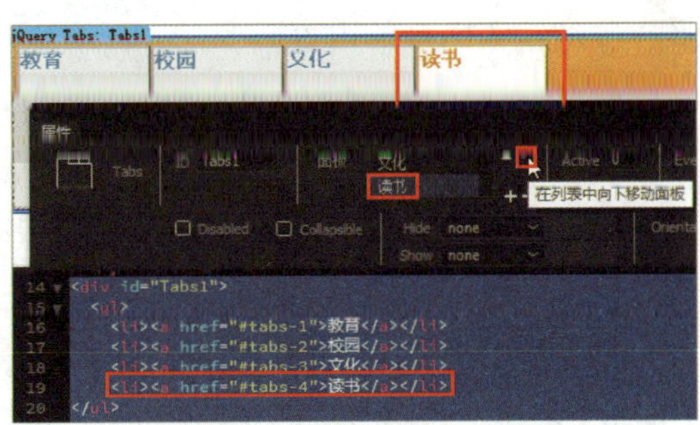

图 8–2–18　修改面板的位置

5. 在设计视图中输入“教育”面板对应的内容，如图 8–2–19 所示，保存并预览效果，单击“教育”面板，查看“教育”面板对应的内容，效果如图 8–2–20 所示。

6. 观察图 8–2–20 所示网页效果，可看到“教育”面板的内容没有正确地换行，分析代码可发现每一项内容后面没有设置换行标记
，依次给各项内容添加换行标记（最后一项不要加），如图 8–2–21 所示，网页效果如图 8–2–22 所示。

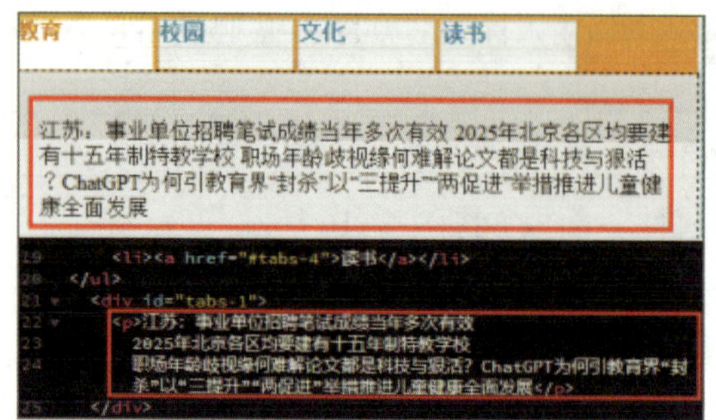

图 8-2-19 输入"教育"面板对应的内容

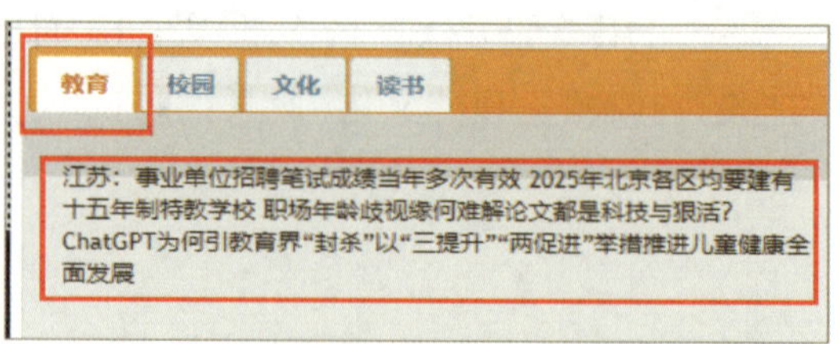

图 8-2-20 预览效果

```
<div id="tabs-1">
  <p>江苏：事业单位招聘笔试成绩当年多次有效<br>
    2025年北京各区均要建有十五年制特教学校<br>
    职场年龄歧视缘何难解论文都是科技与狠活？<br>
    ChatGPT为何引教育界"封杀"<br>
    以"三提升""两促进"举措推进儿童健康全面发展</p>
</div>
```

图 8-2-21 为"教育"面板的内容添加换行标记

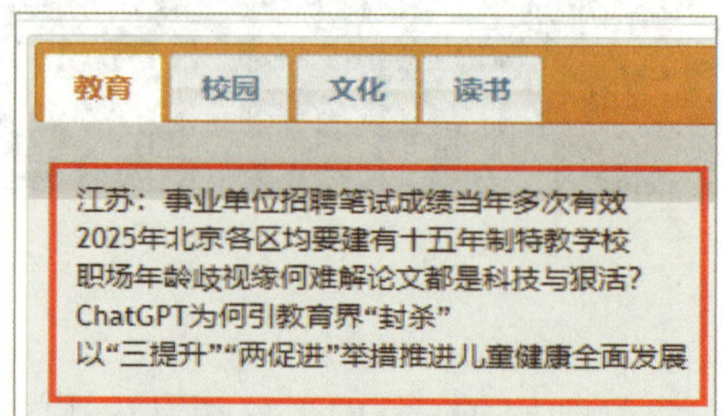

图 8-2-22 网页效果

7. 采用类似方法，依次输入"校园"面板、"文化"面板、"读书"面板对应的内容，保存并预览效果，单击相应面板可顺利实现切换，看到相关面板的内容。

8. 观察网页效果，可看到浏览器窗口放大时 Tabs 面板随之放大，而且没有水平居中，当前面板的标题也没有和其他面板标题很好地区分开来。

9. 在网页代码视图中移动光标到标签 </head> 之前，在网页中添加嵌入式样式代码，并引用添加的样式，代码如图 8-2-23 所示。

保存并预览网页，效果如图 8-2-24 所示，可看到 Tabs 面板大小固定，在浏览器窗口中水平居中，被查看的面板标题和其他面板标题能很好地区分开来。

```
<style type="text/css">
* {
    margin: 0;
    padding: 0;
    list-style: none;
}
body {
    font: 14px/1.5 "微软雅黑";
}
a {
    text-decoration: none;
    color: #333;
}
.container {
    width: 370px;
    height: 190px;
    margin: 20px auto;
    border: 1px solid #b4b4b4;
    overflow: hidden;
}
.container li a:focus{
    text-decoration: none;
    background-color: #333;
}
</style>
</head>
<body>
<div id="Tabs1" class="container">
  <ul>
```

图 8-2-23 添加样式代码并引用

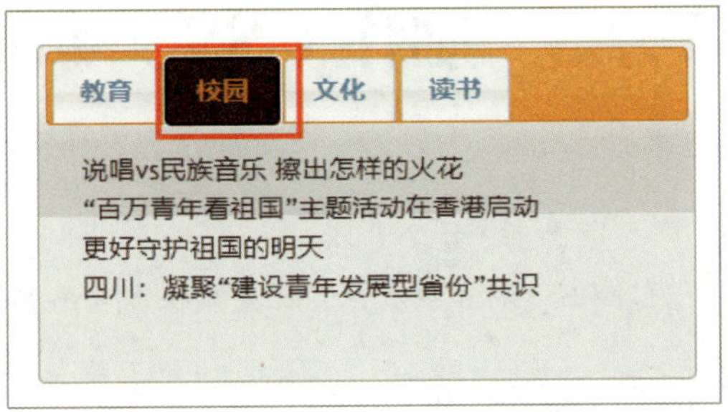

图 8-2-24　网页预览效果

1. 创建滚动字幕，效果如图 8-2-25 所示。

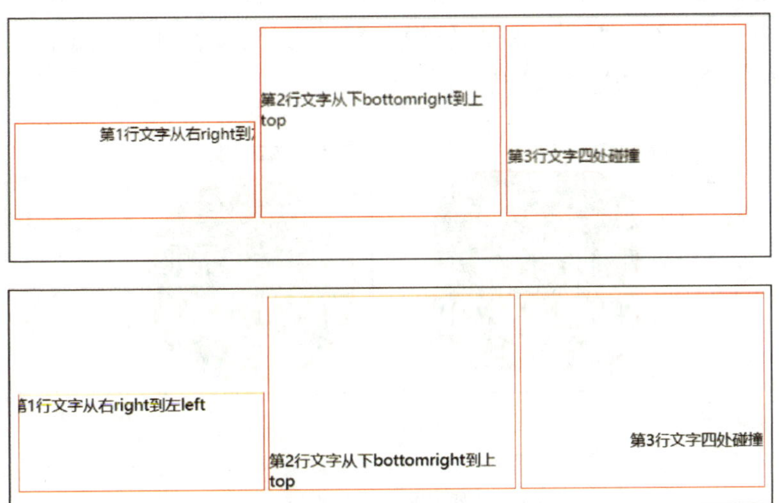

图 8-2-25　滚动字幕效果

2. 创建 Tabs 面板，效果如图 8-2-26 所示。

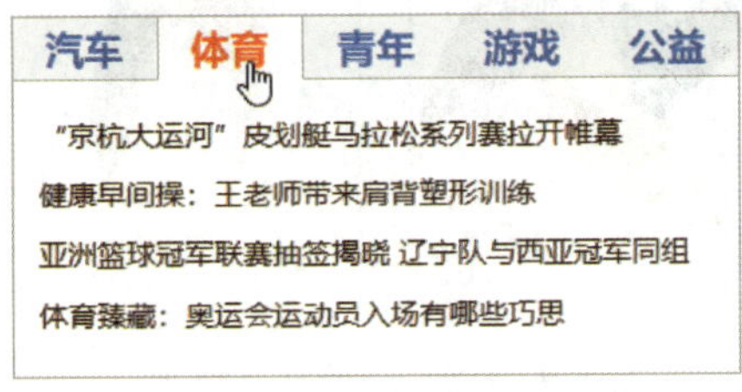

图 8-2-26　Tabs 面板效果

任务 3　制作 CSS3 动画

1. 了解通过 CSS3 的转换属性、过渡属性和动画属性生成 CSS3 动画的原理和方法。
2. 能制作变形动画和旋转动画效果。
3. 能制作轮播图动画效果。

本任务是一个 CSS3 动画的制作实例（见图 8-3-1、图 8-3-2 和图 8-3-3）。通过本任务的学习，可以掌握利用 CSS3 的转换属性、过渡属性和动画属性来制作变形动画、旋转动画、轮播图的过程及方法。

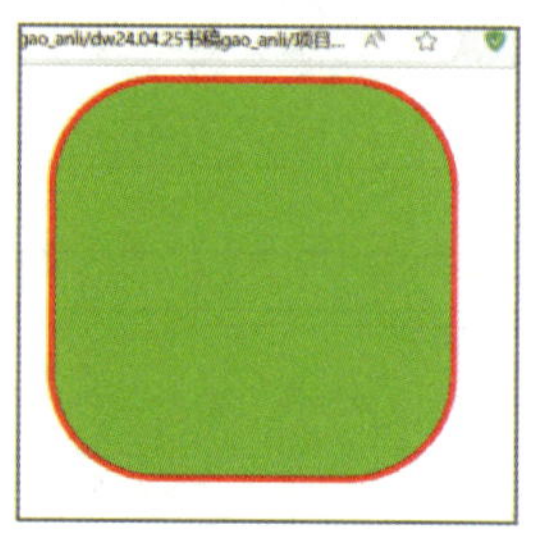

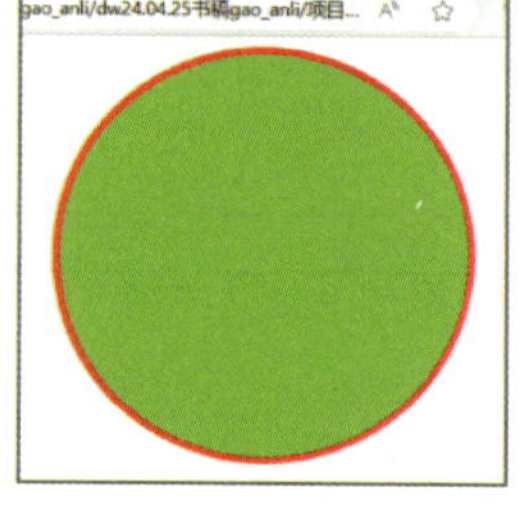

a）　　b）

图 8-3-1　变形动画效果

a）变形前　b）变形后

a）　　b）

图 8-3-2　旋转动画效果

a）旋转前　b）旋转后

图 8-3-3　轮播图效果

一、CSS3 的过渡属性

利用 CSS3 的过渡属性，可以为网页元素从一种样式转变为另一种样式时添加颜色和形状的变换等效果。

CSS3 的过渡属性见表 8-3-1。

表 8-3-1　CSS3 的过渡属性

属性名	作用	属性值	说明
transition-property	指定应用过渡效果的 CSS 属性名称	none	没有属性会获得过渡效果
		all	所有属性都将获得过渡效果
		property	定义应用过渡效果的 CSS 属性名称，多个名称之间以逗号分隔
transition-duration	定义过渡效果花费的时间	time	默认为 0，常用单位为秒（s）或毫秒（ms）

续表

属性名	作用	属性值	说明
transition-timing-function	定义过渡效果的速度曲线	ease	平滑过渡
		linear	线性过渡
		ease-in	由慢到快
		ease-out	由快到慢
		ease-in-out	由慢到快再到慢
		cubic-bezier	特殊的立方贝塞尔曲线效果
transition-delay	定义过渡效果的延迟时间	time	默认值为 0，常用单位为秒（s）或毫秒（ms）
transition	综合设置过渡的所有属性值	property、duration、timing-function、delay	按照各属性顺序一次设置 4 个参数值，属性顺序不能颠倒

小提示

目前的主流浏览器还不完全支持 CSS3 的新增属性，因此，在开发中还需要添加各浏览器厂商的前缀，例如，浏览器 Safari 和 Chrome 要求属性前加前缀 -webkit-，浏览器 Firefox 要求属性前加前缀 -moz-，浏览器 Opera 要求属性前加前缀 -o-，如图 8-3-4 所示。

```
div:hover{
    border-radius:155px;

    /*指定动画过渡的CSS属性*/
    -webkit-transition-property:border-radius;   /*Safari and Chrome浏览器兼容代码*/
    -moz-transition-property:border-radius;      /*Firefox浏览器兼容代码*/
    -o-transition-property:border-radius;        /*Opera浏览器兼容代码*/

    /*指定动画过渡的时间*/
    -webkit-transition-duration:5s; /*Safari and Chrome浏览器兼容代码*/
    -moz-transition-duration:5s;    /*Firefox浏览器兼容代码*/
    -o-transition-duration:5s;      /*Opera浏览器兼容代码*/

    /*指定动画以慢速开始和结束的过渡效果*/
    -webkit-transition-timing-function:ease-in-out; /*Safari and Chrome浏览器兼容代码*/
    -moz-transition-timing-function:ease-in-out;    /*Firefox浏览器兼容代码*/
    -o-transition-timing-function:ease-in-out;      /*Opera浏览器兼容代码*/
    }
</style>
</head>
```

图 8-3-4　主流浏览器对 transition 属性的应用方法举例

二、CSS3 的转换属性

在 CSS3 中，通过转换属性可以对元素进行移动、缩放、转动、拉长或拉伸等变形效果。CSS3 的 2D 变形属性见表 8-3-2。

表 8-3-2　CSS3 的 2D 变形属性

属性名	方法	取值	说明
transform	translate（X, Y）	基于 X 坐标和 Y 坐标平移元素	X 表示水平移动的距离，Y 表示垂直移动的距离
	scale（n1, n2）	放大或缩小元素	n1 和 n2 表示基于元素的宽度和高度放大或缩小。参数大于 1 时为放大元素，参数小于 1 时为缩小元素。当第二个参数省略时，默认其大小与第一个参数值相同
	skew（angle, angle）	倾斜元素	两个 angle 分别表示在 X 轴和 Y 轴上倾斜的角度
	rotate（angle）	旋转元素	angle 表示旋转的角度，angle 为正数表示顺时针旋转，angle 为负数表示逆时针旋转

三、CSS3 的动画属性

CSS3 可以利用 animation 属性，通过定义多个关键帧以及定义每个关键帧中元素的属性值来实现更为复杂的动画效果。

1. 定义关键帧

（1）格式应用举例

```
@keyframes ball {
    0% {left:0;top:0;}
    50% {left:200px;top:200px;}
    100% {left:0;top:0;}
}
```

（2）作用

上面的代码定义了三个关键帧，每帧中设置 left 和 top 属性，改变 left 和 top 的值可产生动画效果。

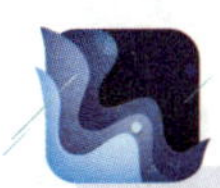

小提示

定义关键帧并不能产生动画效果，还需要设置动画属性。

2. 设置动画属性

CSS3 的动画属性见表 8-3-3。

表 8-3-3　CSS3 的动画属性

属性名	作用	属性值	说明
animation-name	指定要应用的动画名称	none	不应用动画
		keyframename	指定应用的动画名称，即 @keyframes 定义的动画名称
animation-duration	定义完成动画效果所需的时间	time	默认为 0，常用单位为秒（s）或毫秒（ms）
animation-timing-function	定义动画效果的速度曲线	ease	平滑过渡
		linear	线性过渡
		ease-in	由慢到快
		ease-out	由快到慢
		ease-in-out	由慢到快再到慢
		cubic-bezier	特殊的立方贝塞尔曲线效果
animation-delay	定义动画效果的延迟时间	time	默认值为 0，常用单位为秒（s）或毫秒（ms）
animation-iteration-count	定义动画的播放次数	number	播放次数，默认为 1
		infinite	循环播放
animation-direction	定义动画的播放方向	normal	默认值，动画每次都向前播放
		alternate	第偶数次向前播放，第奇数次反方向播放
animation	综合设置动画的所有属性值	name、duration、timing-function、delay、iteration-count、direction	按照各属性顺序一次设置 6 个参数值，属性顺序不能颠倒

一、制作简单变形动画

1. 新建网页文件“bianxingdonghua.html”，在设计视图中插入一个 div，定义 <div>

标签样式，网页代码和效果如图 8–3–5 所示。

保存并预览网页，移动鼠标光标到“正方形”上停留、单击“正方形”、双击“正方形”，效果均不发生变化，如图 8–3–6 所示。

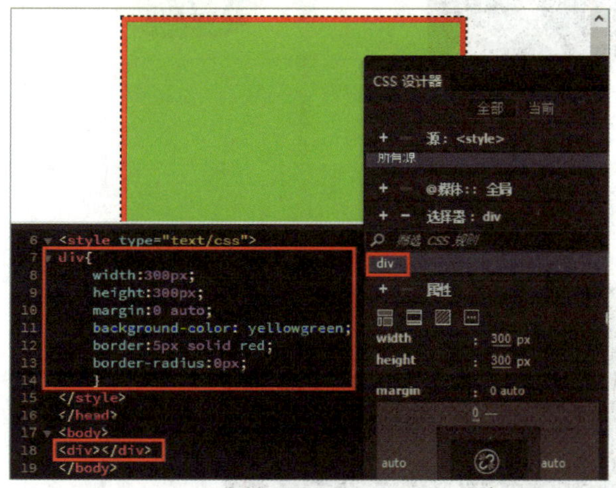

图 8–3–5　插入一个 div，定义 <div> 标签样式

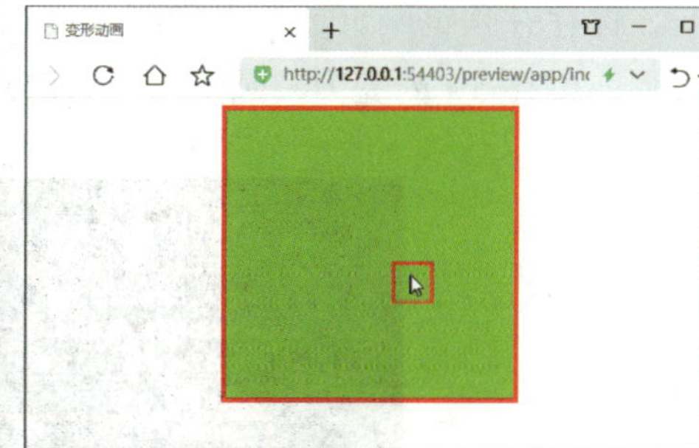

图 8–3–6　预览效果

2. 定义样式“div:hover”，指定鼠标光标移动到该“div”时 <div> 标签样式的变化，网页代码如图 8–3–7 所示。

保存并预览网页，移动鼠标光标到“正方形”上停留，效果由“正方形”迅速变为“圆形”，但没有过渡效果，如图 8–3–8 所示。

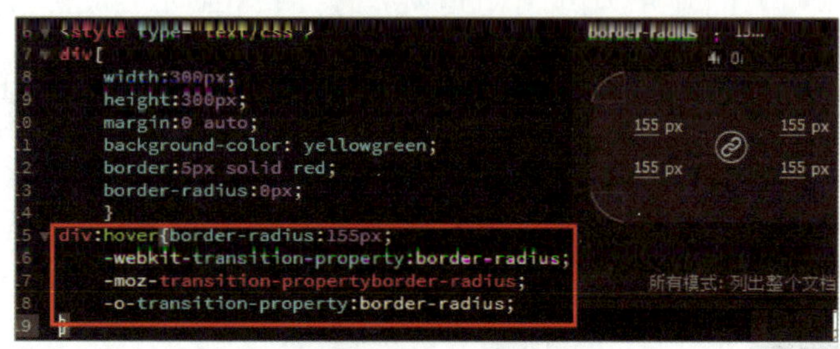

图 8–3–7　定义样式“div:hover”

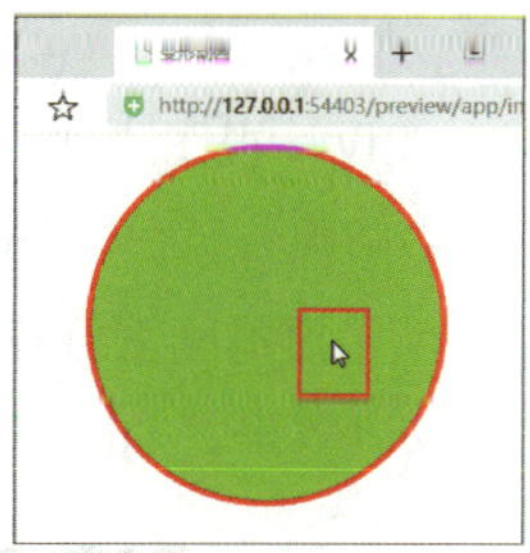

图 8–3–8　预览效果

3. 修改样式“div:hover”，指定鼠标光标移动到该“div”时动画过渡的时间，网页代码如图 8–3–9 所示。

保存并预览网页，移动鼠标光标到“正方形”上停留，“正方形”在 5 s 内变为“圆形”，如图 8–3–10 所示。

4. 修改样式“div:hover”，指定鼠标光标移动到该“div”时动画由慢到快结束的过渡效果，网页代码如图 8–3–11 所示。

```
div:hover{border-radius:155px;
    -webkit-transition-property:border-radius;
    -moz-transition-propertyborder-radius;
    -o-transition-property:border-radius;
    -webkit-transition-duration:5s
    -moz-transition-duration:5s;
    -o-transition-duration:5s;
}
```

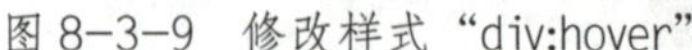

图 8-3-9 修改样式“div:hover”

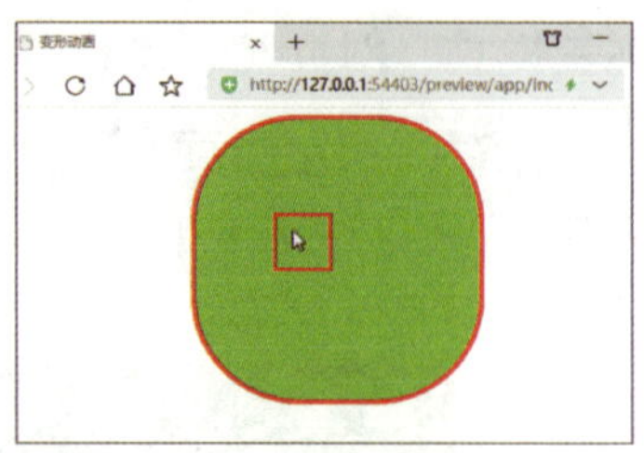

图 8-3-10 预览过渡中间效果

保存并预览网页，效果如图 8-3-1 所示，移动鼠标光标到“正方形”上停留，“正方形”也在 5 s 内变为“圆形”，但速度有所变化。

```
div:hover{border-radius:155px;
    -webkit-transition-property:border-radius;
    -moz-transition-propertyborder-radius;
    -o-transition-property:border-radius;
    -webkit-transition-duration:5s;
    -moz-transition-duration:5s;
    -o-transition-duration:5s;
    -webkit-transition-timing-function:ease-in-out;
    -moz-transition-timing-function:ease-in-out;
    -o-transition-timing-function:ease-in-out;    }
</style>
```

图 8-3-11 修改样式“div:hover”

二、制作“旋转的风车”动画

1. 新建文件夹“fengchedonghua”，在该文件夹内新建文件夹“images”，将风车图片文件复制到该文件夹中。新建网页文件“fengchezhuandong.html”，并将该文件保存到文件夹“fengchedonghua”中。

2. 在设计视图中插入一张风车图片“images/fengche.png”，修改网页标题为“CSS3 风车转动动画”，定义标签样式为“img”，如图 8-3-12 所示。

保存并预览网页，移动鼠标光标到风车图片上停留、单击或双击风车图片，均无转动的动画效果，如图 8-3-13 所示。

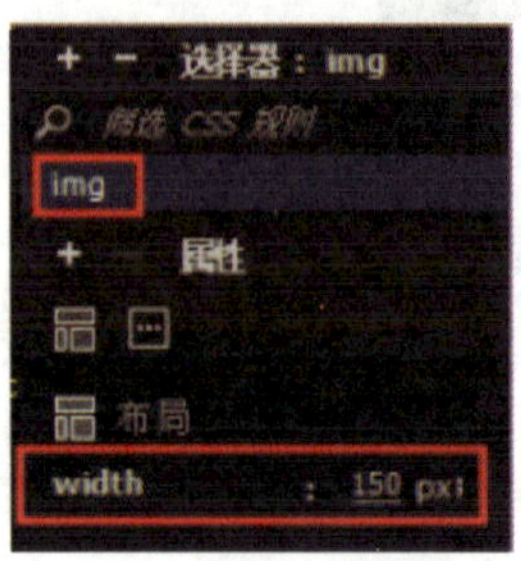

图 8-3-12 定义样式

图 8-3-13 预览效果

3. 定义关键帧动画，设置动画名称为“zhuandong”，关键帧共两帧，在每帧中设置旋转属性并改变属性值，从而产生动画效果，网页代码如图 8-3-14 所示。

保存并预览网页，移动鼠标光标到风车图片上停留、单击或双击风车图片，均无转动的动画效果，如图 8-3-15 所示。

```
<style>
    img {   width: 150px;       }
    @keyframes zhuandong{
            0% {
                transform: rotate(0deg);
            }
            100% {
                transform: rotate(360deg)
            }
        }

</style>
```

图 8-3-14　定义动画“zhuandong”

图 8-3-15　预览效果

4. 定义样式“img:hover”，设置鼠标光标移动到图片上的样式，通过在样式中调用动画“zhuandong”，设置动画延迟时间、动画的快慢和动画播放次数，从而产生动画效果。网页代码如图 8-3-16 所示。

保存并预览网页，移动鼠标光标到风车图片上停留时图片有不停转动的动画效果，如图 8-3-2 所示。

```
<style>
    img {   width: 150px;       }
    @keyframes zhuandong{
            0% {
                transform: rotate(0deg);
            }
            100% {
                transform: rotate(360deg)
            }
        }
    img:hover {
            animation: zhuandong 0.5s linear infinite
        }
</style>
```

图 8-3-16　定义样式“img:hover”

小提示

定义关键帧并不能产生动画效果，还需在样式中调用关键帧动画才能产生动画效果。

三、制作焦点轮播图动画

1. 新建文件夹“sweet_food_lunbotu”，在该文件夹内新建文件夹“images”，并将所需图片文件复制到该文件夹中。新建网页文件“sweet_food_lunbotu.html”，保存到文件夹“sweet_food_lunbotu”中。

2. 在设计视图窗口中插入一个 div，在代码视图中插入一个含有 5 个列表项的无序列表，定义 <body> 和 <div> 标签样式并保存，网页代码如图 8-3-17 所示。

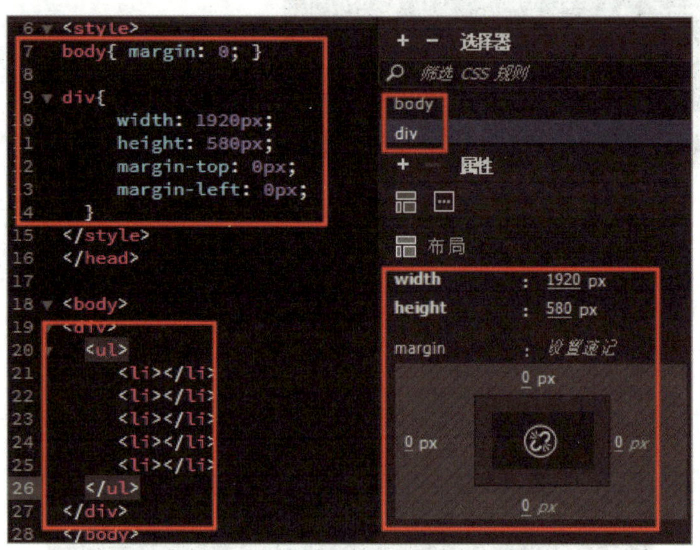

图 8-3-17　插入 div 和无序列表，定义其样式

3. 在代码视图的无序列表的第一个列表项内插入文本“星期一”和对应的图片，如图 8-3-18 所示，保存并预览网页，效果如图 8-3-19 所示。

图 8-3-18　插入“星期一”和对应的图片

图 8-3-19　预览效果

4. 删除第一个列表项的图片标签中宽和高的属性设置代码，复制第一个列表项中的代码，粘贴到其他 4 个列表项中，并修改相应的代码，如图 8-3-20 所示。保存并预览网页，效果如图 8-3-21 所示。

```
<div>
    <ul>
        <li>
            星期一
            <img src="images/1.jpg"  alt=""/>
        </li>
        <li>
            星期二
            <img src="images/2.jpg"  alt=""/>
        </li>
        <li>
            星期三
            <img src="images/3.jpg"  alt=""/>
        </li>
        <li>
            星期四
            <img src="images/4.jpg"  alt=""/>
        </li>
        <li>
            星期五
            <img src="images/5.jpg"  alt=""/>
        </li>
    </ul>
</div>
```

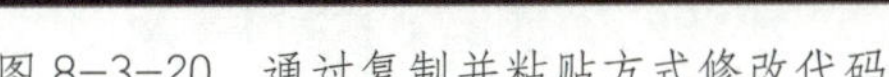

图 8-3-20　通过复制并粘贴方式修改代码

图 8-3-21　网页预览效果

5. 定义无序列表的样式“div ul”和无序列表项的样式“div ul li”，如图 8-3-22 所示。保存并预览网页，效果如图 8-3-23 所示。

6. 定义无序列表中图片的样式“div ul li img”和无序列表项的文本当鼠标光标悬停在其上面时的样式“div ul li:hover”，如图 8-3-24 所示。保存并预览网页，效果如图 8-3-25 所示，可发现图片不见了，鼠标光标移到焦点上时变颜色。

```
div ul{
        width: 1920px;
        height: 580px;
        list-style: none;
        padding: 0;
        display: flex;
        align-items: flex-end;
        position: relative;
    }

div ul li{
        height: 35px;
        line-height:35px;
        font-size: 14px;
        text-align: center;
        flex: 1;
        background-color: #aaa;

</style>
```

+ − 选择器
筛选 CSS 规则
div ul
div ul li
+ − 属性
font-size : 14 px
line-height : 35 px
text-align :
text-decoration :
text-indent :
text-shadow
h-shadow :

图 8-3-22　定义样式“div ul”和“div ul li”

图 8-3-23　网页预览效果

```
div ul li:hover{
     background-color: f7f6f6;
     color: #eee;
  }

div ul li img{
     width: 1920px;
     height: 580px;
     position: absolute;
     left:0;
     top: 0;
     opacity: 0;
    z-index: -1;
    }
</style>
</head>
```

图 8-3-24　定义样式“div ul li img”和“div ul li:hover”

图 8-3-25　网页预览效果

7. 定义鼠标光标悬停在焦点上的样式“div ul li:hover img”，如图 8-3-26 所示。保存并预览网页，效果如图 8-3-27 所示，当鼠标光标悬停在焦点上时，图片可以切换。

```
div ul li:hover img{
  opacity: 1;
    }

</style>
</head>
```

图 8-3-26　定义样式“div ul li:hover img”

8. 当鼠标不悬停在焦点上时，轮播图中无图片显示。定义鼠标光标不悬停在焦点上的样式“div ul li:nth-child(1) img”，如图 8-3-28 所示。保存并预览网页，效果如图 8-3-3 所示。

图 8-3-27　网页预览效果

```
div ul li:hover img{
  opacity: 1;
    }
div ul li:nth-child(1) img{
    opacity: 1;
    }
</style>
```

div ul li:nth-child(1) img
属性
opacity : 1

图 8-3-28　定义样式“div ul li:nth-child(1) img”

1. 创建网页，动态效果如图 8-3-29 所示，实现鼠标光标悬停在图片上时图片旋转、缩放、平移、倾斜的动态效果。

图 8-3-29　网页动态效果

2. 创建电子相册，网页效果如图 8-3-30 所示，实现当鼠标光标悬停在焦点上时切换图片的动态效果。

图 8-3-30　电子相册效果

项目九
网页制作综合实训

本项目综合应用 HTML、CSS、Dreamweaver CC 制作网站的首页，了解网页制作后测试、发布、维护和推广的方法及技巧。

本项目通过完成“网站策划和首页制作”“网站测试、发布、维护和推广”等任务，学习网页创建和发布的整个流程、网页的制作规范和综合运用 HTML、CSS 以及 Dreamweaver CC 制作网站的首页并进行测试、发布、维护和推广的方法及技巧。

任务 1　网站策划和首页制作

1. 了解网站开发流程和规范。
2. 能合理规划和设计网站的风格、栏目结构、目录结构及链接结构。
3. 能依据网站首页效果图设计首页的结构布局。
4. 能依据网站首页效果图设计、制作并美化首页。

本任务是一个旅游网网站策划和首页制作实例（见图 9-1-1）。通过本任务的学习，可以掌握综合利用 Dreamweaver CC、HTML 和 CSS3 制作并美化网站首页的过程及方法，熟悉网站的开发流程。

图 9-1-1　首页效果

一、网站的开发过程

每个网站的主题、内容、规模、功能等虽然各有不同，但其基本开发流程大致都

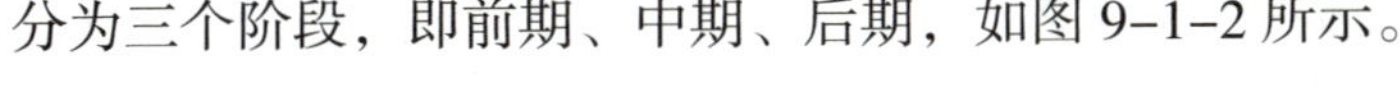
分为三个阶段，即前期、中期、后期，如图 9–1–2 所示。

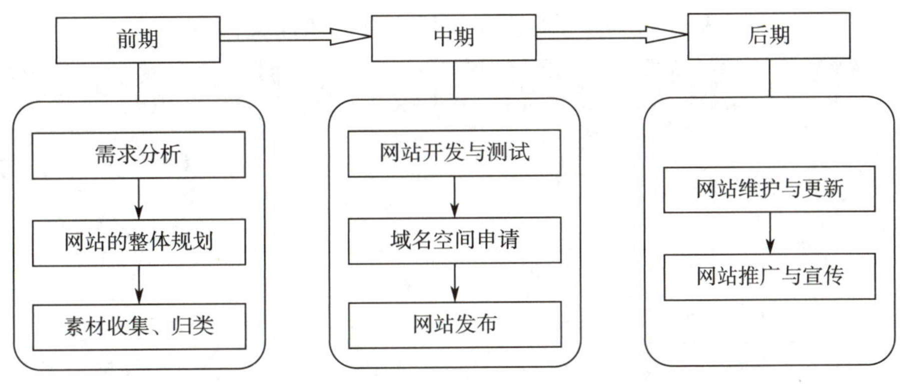

图 9–1–2　网站的开发过程

二、网站开发的基本命名规范

网站中所有文件、文件夹、CSS 类的命名应规范，尽量做到字母数量少，能见名知意，容易理解。

文件夹的常用名称见表 9–1–1。

表 9–1–1　文件夹的常用名称

文件夹名称	说明	文件夹名称	说明	文件夹名称	说明
images/img	存放图像文件	media	存放多媒体文件	audio	存放音频文件
flash	存放 Flash 文件	video	存放视频文件	js	存放 JavaScript 脚本文件
page	存放网页文件	resource	存放资料文件	style	存放 CSS 样式表文件
link	存放友情链接	themes	存放主题文件	data	存放数据文件

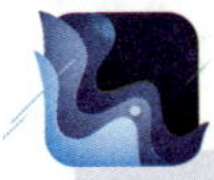
小提示

构建目录结构的基本要求有：不要将所有文件都存放在根目录下；按栏目内容建立子目录；在每个主目录下建立独立的 images、video 等子目录；目录的层次不要太多。

CSS 样式表文件的常用文件名见表 9-1-2。

表 9-1-2　CSS 样式表文件的常用文件名

文件名	说明	文件名	说明
base.css	基本公共 CSS 样式表文件	mend.css	补丁 CSS 样式表文件
common.css	通用 CSS 样式表文件	menu.css	菜单 CSS 样式表文件
content.css	内容 CSS 样式表文件	nav.css	导航 CSS 样式表文件
font.css	文本 CSS 样式表文件	print.css	打印 CSS 样式表文件
form.css	表单 CSS 样式表文件	product.css	商品列表 CSS 样式表文件
global.css	公共 CSS 样式表文件	product-detail.css	商品详情 CSS 样式表文件
index.css	主页 CSS 样式表文件	search.css	搜索 CSS 样式表文件
login.css	登录 CSS 样式表文件	user.css	用户 CSS 样式表文件

CSS 样式的类和 ID 标识的常用名称见表 9-1-3。

表 9-1-3　CSS 样式的类和 ID 标识的常用名称

名称	说明	名称	说明	名称	说明
aboutus	关于我们	header	页眉	note	公告
ad	广告区	help	帮助	partner	合作伙伴
arrow	箭头	homepage	首页	register	注册
banner	广告条（轮播图）	hot	热点	right	右
bottom	底部	hotsale	热卖区	scroll	滚动
brand	品牌区	hotsearch	热门搜索	search	搜索
btn	按钮	icon	图标	service	服务
guide	指南	inside	内部	shoppingcart	购物车
center	中	joinus	加入	sidebar	侧栏
column	分栏	label	标签	site	站点
container	容器	layout	布局	sitemap	网站地图
content	内容块	left	左	source	资源
copyright	版权区	link	链接	spec	特别
cor	转角	list	列表	status	状态
corner	圆角	login	登录	submit	提交
count	统计	loginbar	登录条	summary	摘要
crumb	导航	logo	标志	tab	标签页

续表

名称	说明	名称	说明	名称	说明
current	当前	main	主体	text	文本区
download	下载	menu	菜单	textbox	文本框
drop	下拉	message	留言板	tips	小技巧
droplist	下拉列表	middle	中部	title	标题
favorites	收藏	module	模块	toolbar	工具条
focus	焦点	more	更多	top	顶部
footer	页脚	msg	提示信息	topmenu	顶部菜单
form	表单	nav	导航	vote	投票
friendlink	友情链接	news	新闻	wrap	外层

网页图片的常用名称见表 9-1-4。

表 9-1-4　网页图片的常用名称

名称	说明	名称	说明
banner	广告图片	logo	logo 图片
menu	菜单图片	photo	照片
btn_login	“登录”按钮图片	btn_register	“注册”按钮图片
mod-bg	模块背景	btn_search	“搜索”按钮图片
title	标题图片	brand	品牌图片

三、网页版面与广告的基本尺寸规范

1. 网页版面的基本尺寸规范

（1）网页的宽度

制作网页时，如果按照分辨率 1 024 像素 ×768 像素的规格来设计网页，页面宽度一般不超过一屏，网页的宽度通常设置为 1 000 像素左右。如果网页左、右设置边距，则网页的宽度为（1 000 像素 - 左边距 - 右边距）。

（2）网页的长度

从理论上来讲，网页的长度可以是无限长的，但一般不宜超过三屏，太长的话也不方便浏览者查找自己想要的内容。

（3）网页的文件大小

一般地，网站的首页大小不宜超过 30 KB，网站的二级页面的文件不宜超过

45 KB。如果网页太大，网页下载的速度会变慢，影响到用户的浏览速度。

2. 网页广告的基本尺寸规范

一般来说，网页广告都有一定的规格要求，网页广告的基本尺寸规范见表 9–1–5。

表 9–1–5　网页广告的基本尺寸规范

标准尺寸（像素 × 像素）	形状	适用场合
300 × 250	中等矩形	页面内部
250 × 250	正方形	页面内部
130 × 300	垂直矩形	门户网站内容页面，适合与正文混排
360 × 300	大矩形	弹出窗口广告
468 × 60	通栏广告	传统长幅广告
234 × 60	半栏广告	传统半幅广告
88 × 31	链接用 logo 标志	网站之间交换友情链接的广告
120 × 60	按钮样式	网站中大量客户的小幅广告
120 × 240	垂直按钮	网站中大量客户的小幅广告
125 × 125	正方形按钮	网站中大量客户的小幅广告
120 × 600	垂直通栏	门户网站内容页面，适合与正文混排

四、需求分析与规划

1. 需求分析和网站主题

本项目制作的网站是一个与旅游有关的网站，主要目的是展示九州本地特色。该类网站的用户群广泛，面向全部互联网用户。

从网站内容来说，作为旅游网，用户从其首页上最想知道的信息是当地天气、推荐路线、景点介绍、酒店介绍、当地美食介绍等。

2. 网站风格

网站介绍的是一个水清、沙白、天蓝的旅游胜地，所以网站选择了蓝色作为主色调，该色调也与网站的 logo 相协调；橘色为辅助色，让页面显得有层次、不呆板；推荐景点用图片列表的方式显示；旅游资讯用新闻列表的方式显示，整体设计效果图如图 9–1–1 所示。

3. 首页布局

九州旅游网首页结构略显复杂，为综合布局方法，以浮动布局为主，如图 9–1–3 所示。

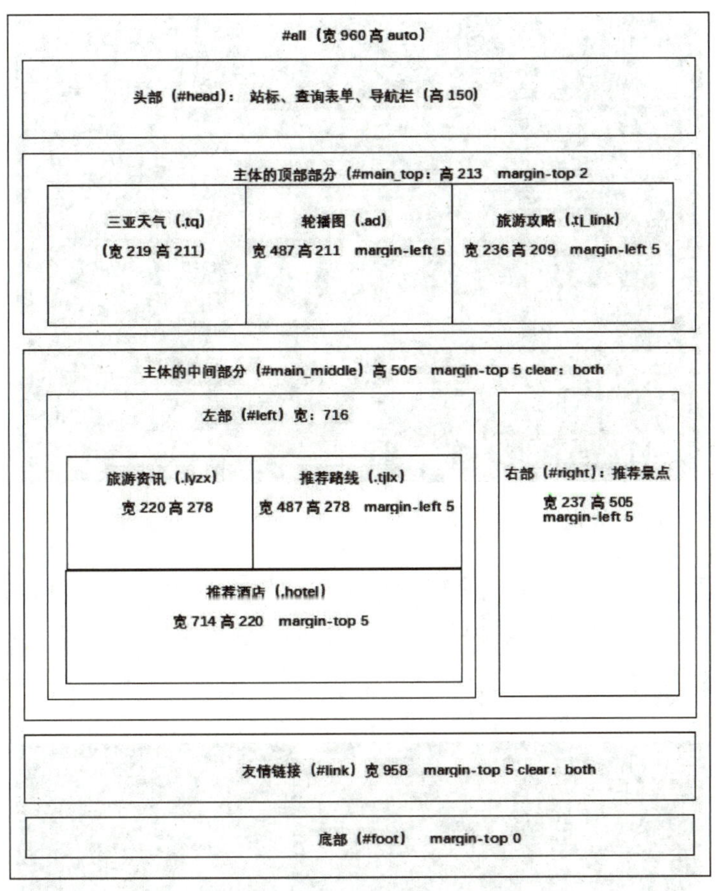

图 9-1-3 “九州旅游网”首页结构

一、建立站点和首页文件

1. 新建站点根文件夹“jiuzhoulvyouwang”，在站点根文件夹下新建文件夹 css、images、js、link、other、page，并将相关的图像文件、媒体文件、文字素材等保存到相应的文件夹中。

2. 新建站点“jiuzhoulvyouwang”，在站点根文件夹中新建并保存首页文件“index.html”。

二、编写首页页面的 HTML 代码

1. 根据首页结构，在网页中插入 6 个 <div> 标签，为标签设置相应的“id”，并注释各 <div> 标签的作用，实现首页总体模块和 5 个内容模块的搭建，如图 9-1-4 所示。

```
<title>九州旅游网</title>
</head>
<body>
<div id="all">
  <div id="head"><!--logo、查询表单、导航栏-->

  </div>
  <div id="main_top"><!--天气、轮播图、旅游攻略-->

  </div>
  <div id="main_middle"><!--旅游资讯、推荐路线、推荐景点、推荐酒店-->

  </div>
  <div id="link"><!--友情链接-->

  </div>
  <div id="foot"><!--底部信息-->

  </div>
</div>
</body>
```

图 9-1-4 “九州旅游网”首页 5 个板块的 <div> 代码

2. 根据首页结构，在其中三个模块的 <div> 标签中插入所需的 <div> 标签，给标签设置相应的“id”或“class”，并注释各 <div> 标签的作用，实现三个模块内容的搭建，如图 9-1-5 所示。

```
<body>
<div id="all">
  <div id="head"><!--logo、查询表单、导航栏-->
    <div id="head1"><!--logo-->
    </div>
    <div id="head2"><!--查询表单-->
    </div>
    <div class="nav"><!--导航栏-->
    </div>
  </div>
  <div id="main_top"><!--天气、轮播图、旅游攻略-->
    <div class="tq"><!--天气-->
    </div>
    <div class="ad"><!--轮播图-->
    </div>
    <div class="tj_link"><!--旅游攻略-->
    </div>
  </div>
  <div id="main_middle"><!--旅游资讯、推荐路线、推荐景点、推荐酒店-->
    <div id="left">
      <div class="lyzx"><!--旅游资讯-->
      </div>
      <div class="tjlx"><!--推荐路线-->
      </div>
      <div class="hotel"><!--推荐酒店-->
      </div>
    </div>
    <div id="right"> <!--推荐景点-->
    </div>
  </div>
  <div id="link">  <!--友情链接-->
  </div>
  <div id="foot"><!--底部信息-->
  </div>
</div>
</body>
</html>
```

图 9-1-5 各模块内插入的 <div> 标签及相应的代码

三、编写首页 6 个大的 div 的 CSS 代码

1. 在 Dreamweaver CC 中新建一个以“style.css”为文件名的 CSS 样式表文件，将其保存在站点根文件夹下的“css”文件夹中，并将“style.css”链接到新建的文件“index.html”中，如图 9-1-6 所示。

图 9-1-6　新建文件名为“style.css”的 CSS 样式表文件

2. 在“style.css”的代码视图中输入代码创建“*”样式，设置页面中所有元素的外边距、内边距和边框的默认值都为“0”，如图 9-1-7 所示。

3. 在“style.css”的代码视图中输入代码创建“#all”样式，设置主页页面“居中显示、宽度 960 px、高度自动”，如图 9-1-8 所示。

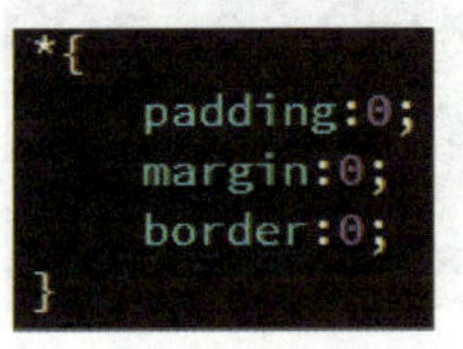

图 9-1-7　“*”样式

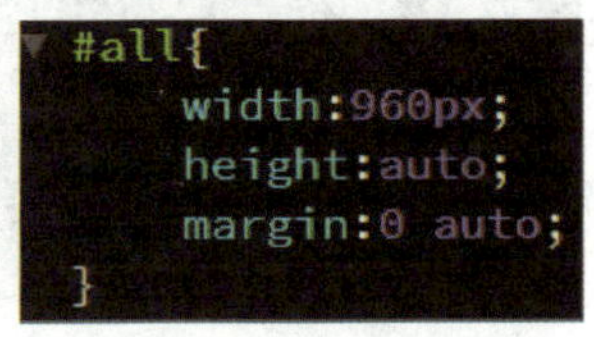

图 9-1-8　“#all”样式

4. 在“style.css”的代码视图中输入代码创建“#head”样式，设置头部的“高度”，如图 9-1-9 所示。

5. 在“style.css”的代码视图中输入代码创建“#main_top”样式，设置主体内容区顶部部分的“高度和外边距”，如图 9-1-9 所示。

6. 在“style.css”的代码视图中输入代码创建“#main_middle”样式，设置主体的中间部分的“高度和边距”，并“清除浮动”，如图 9-1-10 所示。

7. 在“style.css”的代码视图中输入代码创建“#link”样式，设置友情链接区的“高度、边框和外边距”，并“清除浮动”，如图 9-1-10 所示。

8. 在“style.css”的代码视图中输入代码创建“#foot”样式，设置底部区域的“文本对齐、外边距和背景色”，如图 9-1-10 所示。

四、编写首页头部的 HTML 代码

1. 根据首页效果图，在网页代码视图中网页头部代码的 <div id="head1"> 与 </div> 之间插入“logo 图片”的代码，如图 9-1-11 所示。

```
#head{
    height:150px;
}
#main_top{
    height:213px;
    margin-top:2px;
}
```

图 9-1-9 “#head、#main_top”样式

```
#main_middle{
    clear:both;
    margin-top:5px;
    height:505px;
}
#link{
    margin-top:5px;
    clear:both;
    width:958px;
    border:1px #57c4ff solid;
    margin-bottom:2px;
}
#foot{
    text-align:center;
    margin-top:0px;
    background-color:#ccf0ff;
}
```

图 9-1-10 “#main_middle、#link、#foot”样式

2. 根据首页效果图，在网页代码视图中网页头部代码的 <div id="head2"> 与 </div> 标签之间插入“表单域和文本框、按钮”的代码，如图 9-1-11 所示。

```
<div id="head"><!--logo、查询表单、导航栏-->
    <div id="head1"><!--logo-->
        <img src="images/lylogo.jpg" alt="logo" />
    </div>
    <div id="head2"><!--查询表单-->
        <form >
            <input type="text" id="key_word" />
            <input type="button" id="btn_search" value="搜索" />
        </form>
    </div>
    <div class="nav"><!--导航栏-->
```

图 9-1-11 插入“logo 图片、表单域和文本框、按钮”的代码

3. 根据首页效果图，在网页头部代码的 <div class="nav"> 与 </div> 之间插入“导航栏”的代码，如图 9-1-12 所示。

```
<div class="nav"><!--导航栏-->
    <ul>
        <li><a href="#">网站首页</a></li>
        <li><a href="#">酒店预订</a></li>
        <li><a href="#">旅游路线</a></li>
        <li><a href="#">机票预订</a></li>
        <li><a href="#">旅游攻略</a></li>
        <li><a href="#">美食推荐</a></li>
        <li><a href="#">联系我们</a></li>
    </ul>
</div>
```

图 9-1-12 插入导航栏的代码

五、编写首页头部的 CSS 代码

1. 在“style.css”的代码视图中输入代码创建“#head1”样式，设置页面中“logo 的宽度、高度和向左浮动”，如图 9-1-13 所示。

2. 在“style.css”的代码视图中输入代码创建“#head2”样式，设置页面中“表单

区的宽度、高度、背景、内外边距和向右浮动”，如图 9–1–13 所示。

3. 在“style.css”的代码视图中输入代码创建“#btn_search”样式，设置“表单中按钮”的样式，如图 9–1–14 所示。

4. 在“style.css”的代码视图中输入代码创建“#key_word”样式，设置“表单中文本框”的样式，如图 9–1–14 所示。

```
#head1{
    width:334px;
    height:105px;
    float:left;
}
#head2{
    width: 626px;
    height: 105px;
    float: left;
    margin: 0 auto;
    padding: 0px;
    float: right;
    border-width: 0px;
    background-color: #d7eaf9;
}
```

图 9–1–13　“#head1、#head2”样式

```
#btn_search{
    background-color:#f67f01;
    height: 35px;
    width: 66px;
    font-size:16px;
    font-weight:bold;
    color:#ffffff;
    border-width: 0px;
    float: left;
    padding: 0px;
    margin-top: 35px;
    margin-right: 0px;
    margin-bottom: 35px;
    margin-left: 0px;
    }
#key_word{
    float: left;
    height: 34px;
    width: 300px;
    border: 1px solid #999;
    padding: 0px;
    margin-top: 35px;
    margin-right: 0px;
    margin-bottom: 35px;
    margin-left: 200px;
}
```

图 9–1–14　“#btn_search、#key_word”样式

5. 在“style.css”的代码视图中输入代码创建“.nav、.nav ul、.nav ul li、.nav a、.nav a:hover”样式，设置导航栏的样式如图 9–1–15 所示。

```
.nav{
    position:relative;
    top:-3px;
    height:48px;
    background-color:#f67f01;
    clear:both;
}
.nav ul{
    width:850px;
    margin:0 auto;
}
```

```
.nav ul li{
    float:left;
    list-style:none;
    width:100px;
    line-height:48px;
    text-align:center;
    margin-left:10px;
}
.nav a{
    font-size:14px;
    font-weight:bold;
    color:#ffffff;
    letter-spacing:1px;
    text-decoration:none;
    display:block;
}
.nav a:hover{
    background-color:#2081b2;
    font-size:18px;
}
```

图 9–1–15　“.nav、.nav ul、.nav ul li、.nav a、.nav a:hover”样式

保存并预览网页，效果如图 9-1-16 所示。

图 9-1-16　首页头部预览的网页效果

六、编写首页主体内容区上部的天气栏目的 HTML 和 CSS 代码

1. 根据首页效果图，在首页代码视图中 <div class="tq"> 与 </div> 之间插入主体内容区上部内容的代码，如图 9-1-17 所示。

```
<div class="tq"><!--天气-->
    <div class="tq_title">
      <span>  神州天气  </span>
    </div>
    <div class="tq_nr">
        <img src="images/tq_pic.gif"  alt="太阳"/>
        <p><span>温度: </span>24-28</p>
        <p><span>湿度: </span>98%</p>
        <p><span>风力: </span>4-5级</p>
        <h2>多云, 夜间小雨, 注意防晒, 可着沙滩裤, 短袖, 紫外线强烈, 建议涂抹spf15以上的防晒霜, 以免晒伤</h2>
   </div>
</div>
```

图 9-1-17　插入“天气栏目”的代码

2. 在“style.css”的代码视图中输入代码创建“.tq、.tq_title、.tq_title span、.tq_nr、.tq_nr img、.tq_nr p、.tq_nr p span、.tq_nr h2”样式，设置主体顶部部分的“天气区的标题、图片、内容”的样式，代码和网页预览效果如图 9-1-18 所示。

```
.tq{
    height:211px;
    border:1px solid #bd9a4d;
    width:219px;
    float:left;
}
.tq_title{
    background-color:#0a7fc5;
    height: 29px;
    border-bottom: 1px solid #bd9a4d;

}
.tq_title span{
    color:#FFFFFF;
    display:inline-block;
    font-size:12px;
    margin-left:20px;
    line-height:28px;
    letter-spacing:2px;
}
.tq_nr{
    background-repeat: repeat-x;
    background-position: top;
    background-image: url(../images/tq_bj.jpg);
    height: 167px;
}
```

```
.tq_nr img{
    float:left;
    margin:10px;
}
.tq_nr p{
    float:left;
    color:#000033;
    font-size:12px;
    line-height:30px;
    width:120px;
}
.tq_nr p span{
    color:#FF3300;
    font-weight:bold;
    margin:5px;
}
.tq_nr  h2{
    clear:both;
    color:#000033;
    text-indent:25px;
    line-height:21px;
    width:210px;
    padding:5px;
    font-size:12px;
    font-weight:normal;
}
```

图 9-1-18　创建“.tq、.tq_title、.tq_title span、.tq_nr、.tq_nr img、.tq_nr p、.tq_nr p span、.tq_nr h2”样式并预览网页效果

七、编写首页主体的顶部部分的轮播图区的 HTML 和 CSS 代码

1. 根据首页效果图，在网页代码视图中的 <div class="ad"> 与 </div> 之间插入主体的顶部部分的轮播图的代码，如图 9-1-19 所示。

```
<div class="ad"><!--轮播图-->
    <ul>
        <li> 名人故居
            <img src="./images/1.jpg" alt="" >
        </li>
        <li> 古村天然
            <img src="./images/2.jpg" alt="" >
        </li>
        <li>人间三月
            <img src="./images/3.jpg" alt="" >
        </li>
        <li>地下画廊
            <img src="./images/4.jpg" alt="" >
        </li>
        <li> 书法访圣
            <img src="./images/5.jpg" alt="" >
        </li>
    </ul>
</div>
```

图 9-1-19　插入轮播图的代码

2. 在“style.css”的代码视图中输入代码创建“.ad、.ad ul、.ad ul li、.ad ul li:hover、.ad ul li img、.ad ul li:hover img、.ad ul li:nth-child(1) img”样式，设置主体的顶部部分的轮播图的样式，代码和网页效果预览如图 9-1-20 所示。

```
.ad{
    float:left;
    width:487px;
    height:211px;
    margin-left:5px;
    border:1px #999999 solid;
}
.ad ul{
      width: 487px;
      height: 211px;
      list-style: none;
      padding: 0;
      display: flex;
      align-items: flex-end;
      position: relative;
  }
.ad ul li{
     height: 26px;
     line-height:26px;
     font-size: 12px;
     text-align: center;
     flex: 1;
     background-color: #e3e2e2;
  }
```

```
.ad ul li:hover{
        background-color: f7f6f6;
        font-size: 16px;
        color: red;
        font-weight: bolder;
  }
.ad ul li img{
         width: 487px;
         height: 211px;
         border 1 solid red;
         position: absolute;
         left:0;
         top: 0;
         opacity: 0;
         z-index: -1;
    }
 .ad ul li:hover img{
        opacity: 1;
    }
 .ad ul li:nth-child(1) img{
        opacity: 1;
    }
```

图 9-1-20　创建“.ad、.ad ul、.ad ul li、.ad ul li:hover、.ad ul li img、.ad ul li:hover img、.ad ul li:nth-child(1) img”样式并预览网页效果

八、编写首页主体的顶部部分的旅游攻略栏目的 HTML 和 CSS 代码

1. 根据首页效果图，在网页代码视图中的 <div class="tj_link"> 与 </div> 标签之间

插入旅游攻略栏目的代码，如图 9-1-21 所示。

```
<div class="tj_link"><!--旅游攻略-->
  <ul>
    <li><a href="#">市内旅游攻略</a></li>
    <li><a href="#">省内旅游攻略</a></li>
    <li><a href="#">国内旅游攻略</a></li>
    <li><a href="#">海外旅游攻略</a></li>
  </ul>
</div>
```

图 9-1-21　插入旅游攻略栏目的代码

2. 在“style.css”的代码视图中输入代码创建“.tj_link、.tj_link li、.tj_link li a”样式，设置旅游攻略栏目的样式，代码和网页预览效果如图 9-1-22 所示。

```
.tj_link{
    margin-left:5px;
    width:236px;
    height:209px;
    border:2px #e0e1e2 solid;
    float:left;
}
.tj_link li{
    background-color: #f2f2f2;
    height: 52px;
    list-style: none;
    text-align: center;
    border-bottom: 1px dotted #97d0ff;
}
```

```
.tj_link li a{
    color:#2fa5e8;
    width: 236px;
    display: inline-block;
    font-size:16px;
    font-weight:bold;
    text-decoration:none;
    line-height:50px;
}
.tj_link li a:hover{
    background-color:#2081b2;
    font-size:18px;
    color:#ffffff;
}
```

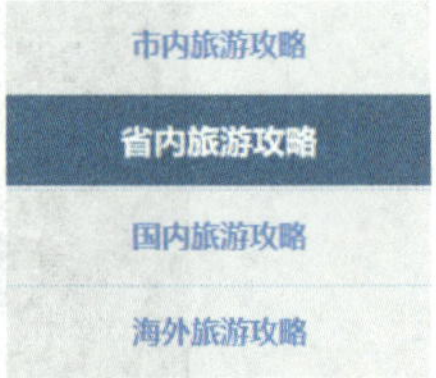

市内旅游攻略
省内旅游攻略
国内旅游攻略
海外旅游攻略

图 9-1-22　创建“.tj_link、.tj_link li、.tj_link li a、.tj_link li a:hover”样式并预览网页效果

九、编写首页主体的中间部分的旅游资讯栏目的 HTML 和 CSS 代码

1. 根据首页效果图，在网页代码视图中的 <div class="lyzx"> 与 </div> 之间插入旅游资讯栏目的代码，如图 9-1-23 所示。

```
<div class="lyzx"><!--旅游资讯-->
 <div class="lyzx_title">
  <span>  旅游资讯  </span>
</div>
 <ul>
  <li><a href="#">4月18/19日 智圣汤泉自驾游 </a></li>
  <li><a href="#">周六周日 自驾大巴旅游特惠召集令</a></li>
  <li><a href="#">六一自驾宝山动物园+压油沟招募中</a></li>
  <li><a href="#">周日 火龙果采摘+智圣温泉自驾</a></li>
  <li><a href="#">【本周活动】天马岛+115师自驾</a></li>
  <li><a href="#">7.21日 云瀑洞天奇石仙洞清凉游</a></li>
  <li><a href="#">8.15日 竹林+万平海边纯玩一日游 </a></li>
  <li><a href="#">周六 天马岛+115师旧址自驾游 </a></li>
  <li><a href="#">周六 地下画廊+彩虹谷自驾游</a></li>
</ul>
</div>
```

图 9-1-23　插入旅游资讯栏目的代码

2. 采用类似的方法，在“style.css”的代码视图中输入代码创建“#left、.lyzx、.lyzx_title、.lyzx_title span、.lyzx ul、.lyzx ul li、.lyzx ul li a、.lyzx ul li a:hover”样式，设置旅游资讯栏目的样式，代码和网页预览效果如图 9-1-24 所示。

```css
#left{
    float:left;
    width:716px;
}
.lyzx{
    border:1px #97d0ff solid;
    height:278px;
    width:220px;
    float:left;
}
.lyzx_title{
    background-color:#0a7fc5;
    height:29px;
}
.lyzx_title span{
    color:#FFFFFF;
    display:inline-block;
    font-size:12px;
    margin-left:20px;
    line-height:28px;
    letter-spacing:2px;
}
```

```css
.lyzx ul{
    margin-left:10px;
    margin-top:8px;
    width:190px;
}
.lyzx ul li{
    list-style: none;
    width: 190px;
    overflow: hidden;
    background-repeat: no-repeat;
    background-position: left bottom no-repeat;
    background-image: url(../images/newslb_bj.gif);
    height: 24px;
    padding-left: 14px;
}
.lyzx ul li a{
    font-size:12px;
    line-height:23px;
    color:#226db1;
    text-decoration:none;
}
.lyzx ul li a:hover{
    color:#ff7733;
}
```

旅游资讯
- 4月18/19日 智圣汤泉自驾游
- 周六周日 自驾大巴旅游特惠召集令
- 六一自驾宝山动物园+压油沟招募中
- 周日 火龙果采摘+智圣温泉自驾
- 【本周活动】天马岛+115师自驾
- 7.21日 云瀑洞天奇石仙洞清凉游
- 8.15日 竹林+万平海边纯玩一日游
- 周六 天马岛+115师旧址自驾游
- 周六 地下画廊+彩虹谷自驾游

图 9-1-24　创建“#left、.lyzx、.lyzx_title、.lyzx_title span、.lyzx ul、.lyzx ul li、.lyzx ul li a、.lyzx ul li a:hover”样式并预览网页效果

十、编写首页主体的中间部分的推荐路线栏目的 HTML 和 CSS 代码

1. 根据首页效果图，在网页代码视图中的 <div class="tjlx"> 与 </div> 之间插入推荐路线栏目的代码，如图 9-1-25 所示。

```html
<div class="tjlx"><!--推荐路线-->
  <div class="tjlx_title">
    <span>  推荐路线  </span>
  </div>
  <ul>
    <li class="l"><a href="#">天然氧吧+瀑布+孟良崮纪念馆1日游</a></li>
    <li class="m">¥99</li>
    <li class="r"><img src="images/btn_yd.gif" /></li>
  </ul>
  <ul>
    <li class="l"><a href="#">大峡谷+萤火虫水洞+蝴蝶谷一日游</a></li>
    <li class="m">¥110</li>
    <li class="r"><img src="images/btn_yd.gif" /></li>
  </ul>
  <ul>
    <li class="l"><a href="#">无极鬼谷一日游</a></li>
    <li class="m">¥59</li>
    <li class="r"><img src="images/btn_yd.gif" /></li>
  </ul>
  <ul>
    <li class="l"><a href="#">竹泉村、红石寨1日游</a></li>
    <li class="m">¥158</li>
    <li class="r"><img src="images/btn_yd.gif" /></li>
  </ul>
  <ul>
    <li class="l"><a href="#">【我与“JIA”人有约】最美风光</a></li>
    <li class="m">¥500</li>
    <li class="r"><img src="images/btn_yd.gif" /></li>
  </ul>
  <ul>
    <li class="l"><a href="#">沂蒙山，琅琊宝地</a></li>
    <li class="m">¥500</li>
    <li class="r"><img src="images/btn_yd.gif" /></li>
  </ul>
  <ul>
    <li class="l"><a href="#">【特色线】：历史景观游</a></li>
    <li class="m">¥500</li>
    <li class="r"><img src="images/btn_yd.gif" /></li>
  </ul>
  <ul>
    <li class="l"><a href="#">【心 · 旅生活】上天下地看虫蝶</a></li>
    <li class="m">¥1350</li>
    <li class="r"><img src="images/btn_yd.gif" /></li>
  </ul>
</div>
```

图 9-1-25　插入推荐路线栏目的代码

2. 采用类似的方法，在“style.css”的代码视图中输入代码创建“.tjlx、.tjlx_title、.tjlx_title span、.tjlx ul li、.tjlx .l、.tjlx .l a、.tjlx .l a:hover、.tjlx .m、.tjlx .r”样式，设置推荐路线区的样式，代码和网页预览效果如图 9-1-26 所示。

```css
.tjlx{
    width:487px;
    border:1px #008bd6 solid;
    float:left;
    margin-left:5px;
    height:278px;
}
.tjlx_title{
    background-color:#0a7fc5;
    height:29px;
}
.tjlx_title span{
    color:#FFFFFF;
    display:inline-block;
    font-size:12px;
    margin-left:20px;
    line-height:29px;
    letter-spacing:2px;
}
```

```css
.tjlx ul li{
    float:left;
    height:24px;
    list-style:none;
    line-height:24px;
    font-size:12px;
    margin-left:20px;
    margin-top:3px;
}
.tjlx .l{
    width:240px;
    }
.tjlx .l a{
    color:#226db1;
    text-decoration:none;
}
.tjlx .l a:hover{
    color:#ff7733;
}
.tjlx .m{
    width:80px;
    color:#226db1;
}
.tjlx .r{
    width:50px;
}
```

推荐路线		
天然氧吧+瀑布+孟良崮纪念馆1日游	¥99	预订
大峡谷+萤火虫水洞+蝴蝶谷一日游	¥118	预订
无极鬼谷一日游	¥59	预订
竹泉村、红石寨1日游	¥158	预订
【我与“JIA”人有约】最美风光	¥500	预订
沂蒙山，琅琊宝地	¥500	预订
【特色线】：历史景观游	¥500	预订
【心·旅生活】上天下地看虫蝶	¥1350	预订

图 9-1-26 创建“.tjlx、.tjlx_title、.tjlx_title span、.tjlx ul li、.tjlx .l、.tjlx .l a、.tjlx .l a:hover、.tjlx .m、.tjlx .r”样式并预览网页效果

十一、编写首页主体中间部分的酒店推荐栏目的 HTML 和 CSS 代码

1. 在网页代码视图中的 <div class="hotel"> 与 </div> 之间插入酒店推荐栏目的代码，如图 9-1-27 所示。

```html
<div class="hotel"><!--推荐酒店-->
  <div class="hotel_title">
      <span>  酒店推荐  </span>
  </div>
  <div class="hotel_intro">
      <img src="images/hotel_pic.gif"  align="left"/>
      <h3>国际大饭店<p>¥989 <img src="images/hotel_btn.gif"/></p></h3>
      <dl>
        <dt><a href="#">• 九州宾馆 总统套房</a></dt><dd>¥1,289</dd>
        <dt><a href="#">• 九州宾馆 经济三人间</a></dt>
        <dd>¥361</dd>
        <dt><a href="#">• 九州宾馆 静谧双床房</a></dt><dd>¥298</dd>
        <dt><a href="#">• 九州宾馆 特惠双床房</a></dt><dd>¥199</dd>
      </dl>
  </div>
  <div class="hotel_intro">
      <img src="images/hotel_yzbingguan.jpg"  align="left"/>
      <h3>沂州宾馆<p>¥580 <img src="images/hotel_btn.gif" /></p></h3>
      <dl>
         <dt><a href="#">• 如家酒店 商务大床房</a></dt><dd>¥127</dd>
         <dt><a href="#">• 如家酒店 景观商务房</a></dt><dd>¥144</dd>
         <dt><a href="#">• 如家酒店 标准双床房</a></dt><dd>¥118</dd>
         <dt><a href="#">• 如家酒店 大床房B(无窗)</a></dt><dd>¥108</dd>
      </dl>
 </div>
 <div class="hotel_intro">
     <img src="images/hotel_boerman.jpg"  align="left"/>
     <h3>铂尔曼酒店<p>¥498 <img src="images/hotel_btn.gif" /></p></h3>
     <dl>
       <dt><a href="#">• 荣馨酒店 高级大床房</a></dt><dd>¥127</dd>
       <dt><a href="#">• 荣馨酒店 标准双床房</a></dt><dd>¥139</dd>
       <dt><a href="#">• 荣馨酒店 河景大床房</a></dt><dd>¥159</dd>
       <dt><a href="#">• 荣馨酒店 零压商务大床房</a></dt><dd>¥227</dd>
      </dl>
 </div>
</div>
```

图 9-1-27 插入酒店推荐栏目的代码

2. 在“style.css”的代码视图中输入代码创建“.hotel、.hotel_title、.hotel_title span、.hotel_intro、.hotel_intro img、.hotel_intro h3、.hotel_intro p、.hotel_intro p img、.hotel_intro dl、.hotel_intro dl dt、.hotel_intro dl dt a、.hotel_intro dl dt a:hover、.hotel_intro dl dd”样式，设置酒店推荐区样式，代码和网页预览效果如图 9–1–28 所示。

```
.hotel{
    border:1px #97d0ff solid;
    height:220px;
    width:714px;
    float:left;
    margin-top:5px;
}
.hotel_title{
    background-color:#0a7fc5;
    height:29px;
}
.hotel_title span{
    color:#FFFFFF;
    display:inline-block;
    font-size:12px;
    margin-left:20px;
    line-height:29px;
    letter-spacing:2px;
}
.hotel_intro{
    width:220px;
    height:190px;
    float:left;
    margin-left:12px;
}
```

```
.hotel_intro img {
    border:1px #000000 solid;
    margin:10px;
}
.hotel_intro h3{
    float: right;
    color: #1166bb;
    font-size: 12px;
    margin-top: 10px;
    line-height: 24px;
    margin-right: 40px;
}
.hotel_intro p{
    color:#ff7733;
}
.hotel_intro p img{
margin:0;
border:0;
vertical-align:middle;
}
```

```
.hotel_intro dl{
    border-top:#666666 1px dashed;
    height:100px;
    clear:both;
    width:210px;
}
.hotel_intro dl dt{
    font-size:12px;
    height:24px;
    line-height:24px;
    color:#1166bb;
    width:165px;
    float:left;
}
.hotel_intro dl dt a{
    font-size:12px;
    color:#1166bb;
    text-decoration:none;
}
.hotel_intro dl dt a:hover{
    color:#ff7733;
}
.hotel_intro dl dd{
    font-size:12px;
    height:24px;
    line-height:24px;
    color:#ff7733;
}
```

图 9–1–28　创建“.hotel、.hotel_title、.hotel_title span、.hotel_intro、.hotel_intro img、.hotel_intro h3、.hotel_intro p、.hotel_intro p img、.hotel_intro dl、.hotel_intro dl dt、.hotel_intro dl dt a、.hotel_intro dl dt a:hover、.hotel_intro dl dd”样式并预览网页效果

十二、编写首页主体中间部分的推荐景点栏目的 HTML 和 CSS 代码

1. 在网页代码视图中的 <div id="right"> 与 </div> 之间插入推荐景点栏目的代码，如图 9–1–29 所示。

2. 采用类似的方法，在“style.css”的代码视图中输入代码创建“#right、.right_title、.right_title span、#right dl、#right dl dt img、#right dl dd、#right dl dd a、#right dl dd a:hover”样式，设置推荐景点区样式，代码和网页预览效果如图 9–1–30 所示。

```
<div id="right">
    <div class="right_title">
      <span>  推荐景点  </span>
    </div>
    <dl>
      <dt><img src="images/pic_wangxizhiguju.jpg" /></dt>
      <dd><a href="#">羲之故居</a></dd>
    </dl>
    <dl>
      <dt><img src="images/pic_hanmuzhujian.jpg" /></dt>
      <dd><a href="#">汉墓竹简博物馆</a></dd>
    </dl>
    <dl>
      <dt><img src="images/pic_menglianggu.jpg" /></dt>
      <dd><a href="#">孟良崮战役纪念馆</a></dd>
    </dl>
    <dl>
      <dt><img src="images/pic_mengshanshouxing.jpg" /></dt>
      <dd><a href="#">世界地质公园</a></dd>
    </dl>
</div>
```

图 9-1-29　插入推荐景点栏目的代码

```
#right{
float:left;
margin-left:5px;
width:237px;
border:1px #97d0ff solid;
height:505px;
}
.right_title{
    background-color:#0a7fc5;
    height:29px;
}
.right_title span{
    color:#FFFFFF;
    display:inline-block;
    font-size:12px;
    margin-left:20px;
    line-height:29px;
    letter-spacing:2px;
}
```

```
#right dl{
    text-align:center;
    margin:10px;
}
#right dl dt img{
    border:1px #999999 solid;
}
#right dl dd{
    margin:5px;
}
#right dl dd a{
    color:#1166bb;
    text-decoration:none;
    font-size:12px;
}
#right dl dd a:hover{
    color:#ff7733;
}
```

图 9-1-30　创建“#right、.right_title、.right_title span、#right dl、#right dl dt img、#right dl dd、#right dl dd a、#right dl dd a:hover”样式，预览网页效果

十三、编写首页友情链接栏目的 HTML 和 CSS 代码

1. 在网页代码视图中的 <div id="link"> 与 </div> 之间插入友情链接的代码，如图 9-1-31 所示。

2. 采用类似方法，在“style.css”的代码视图中输入代码创建“#link、.link_title、.link_title span、#link p、#link p a、#link p a:hover”样式，设置友情链接区样式，代码和网页预览效果如图 9-1-32 所示。

十四、编写首页底部的 HTML 和 CSS 代码

1. 在网页代码视图中的 <div id="foot"> 与 </div> 之间插入底部的代码，如图 9-1-33 所示。

```html
<div id="link">  <!--友情链接-->
    <div class="link_title">
        <span>  友情链接  </span>
    </div>
    <p> <a href="#">中国国旅</a>
      <a href="#">国旅在线</a>
      <a href="#">澳门旅游</a>
      <a href="#">南京国旅旅行网</a>
      <a href="#">广之旅</a>
      <a href="#">同程网</a>
      <a href="#">海南旅游</a>
      <a href="#">住哪网酒店预订</a>
      <a href="#">火车票查询</a>
      <a href="#">欧洲旅游</a>
      <a href="#">poco旅游</a>
      <a href="#">北京出境旅游</a>
    </p>
</div>
```

图 9-1-31　插入友情链接栏目的代码

```css
#link{
    margin-top:5px;
    clear:both;
    width:958px;
    border:1px #57c4ff solid;
    margin-bottom:2px;
}
.link_title{
    background-color:#0a7fc5;
    height:[illegible];
}
```

```css
.link_title span{
    color:#FFFFFF;
    display:inline-block;
    font-size:12px;
    margin-left:20px;
    line-height:29px;
    letter-spacing:2px;
}
#link p{
    margin:10px;
}
#link p a{
    color:#2d79a3;
    font-size:12px;
    text-decoration:none;
    margin-left:15px;
}
#link p a:hover{
    [illegible]:[illegible];
}
```

友情链接

中国国旅　国旅在线　澳门旅游　南京国旅旅行网　广之旅　同程网　海南旅游　住哪网酒店预订　火车票查询　欧洲旅游　poco旅游　北京出境旅游

图 9-1-32　创建“#link、.link_title、.link_title span、#link p、#link p a、#link p a:hover”样式并预览网页效果

```html
<div id="foot"><!--底部信息-->
    <p>咨询电话：400-0000-*** 预定热线：0000-******** (国内游) 0000-********* (出境游) 传真
    0000-********<br/>
    票务网提供九州旅游，酒店预订，会议、自驾车服务等。<br/>
    公司地址：九州省五州市*********</p>
</div>
```

图 9-1-33　插入底部的代码

2. 采用类似的方法，在“style.css”的代码视图中输入代码创建“#foot、#foot p”样式，设置底部的样式，代码和网页预览效果如图 9-1-34 所示。

```
#foot{
    text-align:center;
    margin top:0px;
    background-color:#ccf0ff;
}
```

```
#foot p{
    margin:5px auto;
    font-size:12px;
    line-height:24px;
    color:#2c2c2c;
}
```

咨询电话：400-0000-*** 预定热线：0000-********（国内游）0000-*********（出境游）传真0000-********

票务网提供九州旅游，酒店预订，会议、自驾车服务等。

公司地址：九州省五州市*********

图 9-1-34　创建“#foot、#foot p”样式并预览网页效果

巩固练习

仿照上述方法和步骤，制作图 9-1-35 所示效果的网页。

图 9-1-35　sweet food 网页效果

任务 2　网站测试、发布、维护和推广

1. 了解网站发布的有关概念和域名的申请流程及方法。
2. 掌握网站测试、发布、维护、推广的流程和方法。
3. 能测试、发布、维护和推广网站。

本任务是一个站点测试、发布、维护和推广的实例（见图 9-2-1、图 9-2-2 和图 9-2-3）。通过本任务的学习，可以掌握站点管理、发布和链接的检查及对网页进行兼容性测试的过程和方法，熟悉域名的注册、虚拟机的申请以及站点的维护和推广技巧。

图 9-2-1　用 Google Chrome 浏览器预览网页

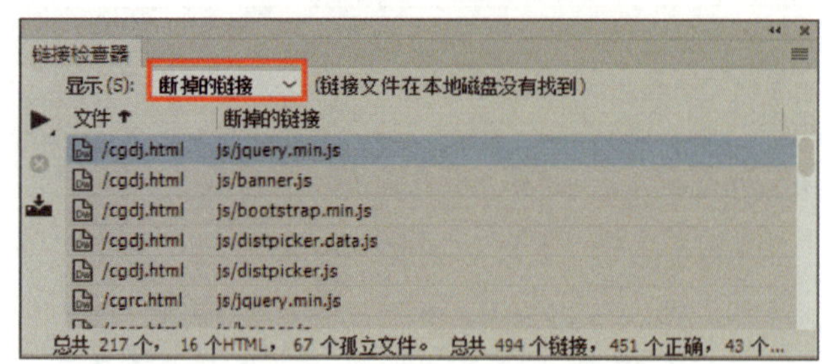

图 9-2-2 网站中文件的链接检查效果

图 9-2-3 远程服务器

一、站点的测试

站点的测试主要包括以下几个方面。

1. 浏览器兼容性测试

目前主流的浏览器有 Google、Firefox、Microsoft Edge 等，这些浏览器对 HTML 和 CSS 等的支持情况是不同的，因此，站点应针对主流的浏览器进行兼容性测试。

2. 超链接完好性测试

用户最不愿意访问经常出现“找不到网页”的问题网站，作为网站开发及维护人员，必须学会检测站点中超链接的有效性。

3. 平台兼容性测试

应在不同操作系统上使用不同的分辨率对网站进行兼容性测试，观察网站中的文字、图片、动画、表单或者视频等网页元素是否能正常显示，网页栏目板块是否有错位现象。

二、网站发布的有关概念

1. Internet

Internet 全称 Internetwork，中文名为因特网。它集现代计算机技术与通信技术之大成，基于 TCP/IP 协议，把全球不同国家、地区、部门以及不同类型的计算机，还有国家骨干网、广域网、局域网，借助网络互联设备相互连接，形成了全球最大的开放式计算机网络。

2. IP 地址和域名

IP 地址（internet protocol address）由一组数字和小圆点组合而成，用于在网络中标识计算机的位置，每台主机在因特网上都有唯一的地址。其由 4 个小于 256 的数字构成，数字间用点隔开，例如“61.135.150.126”就是一个 IP 地址。在浏览器地址栏输入网站所在服务器的 IP 地址，就能访问该网站。

由于 IP 地址难以记忆，于是产生了域名的概念。域名是企业、政府、非政府组织等机构或个人在互联网上注册的名称，是与 IP 地址相对应的、便于记忆的字符序列，并按特定层次和逻辑排列。比如，搜狐网站的域名是“sohu.com”。

3. Web 服务器

Web 服务器，也叫 WWW（world wide web）服务器，是在 Internet 上拥有独立 IP 地址的计算机，主要功能是依据 Web 浏览器的请求，向 Internet 上的客户机提供 WWW、e-mail 和 FTP 等服务。

4. 虚拟主机

虚拟主机（virtual host）又称虚拟空间，它具有独立的域名和 IP 地址，可用于存放网站资源，并具备完整的 Internet 服务器功能。

5. 域名解析和域名绑定

域名解析是通过域名服务器将网站域名转换为对应的 IP 地址的过程。域名绑定则是把域名与主机（即特定服务器）的空间 IP 进行关联的操作。

小提示

如果要通过域名来访问一个空间，就必须进行域名绑定和域名解析。

6. 文件传输协议

文件传输协议 FTP(file transfer protocol）是一种快速、高效和可靠的信息传输方式，借助该协议，用户可以将文件从一台计算机传输到另外一台计算机，实现资源共享。

三、域名的注册

1. 域名的分级

域名可分为不同级别，包括顶级域名、二级域名和三级域名。

2. 注册域名的步骤

域名注册遵循先申请先注册的原则，其注册步骤如下。

（1）寻找域名注册网站。

（2）查询拟注册的域名是否可以使用。如在万维网的首页的查询中，对域名“websiteweb.net”进行查询，如图 9–2–4 所示。

（3）购买域名后，可以登录会员中心查看域名的详细信息。

（4）购买域名后，需要进行认证，如图 9–2–5 所示。

四、虚拟主机的申请

1．租用虚拟主机时应注意的问题

在租用虚拟主机前，根据个人用户和企业用户的不同，需要考虑如下三个问题。

（1）网站应采用哪种开发语言，是 HTML、ASP、.NET、JSP 还是 PHP。

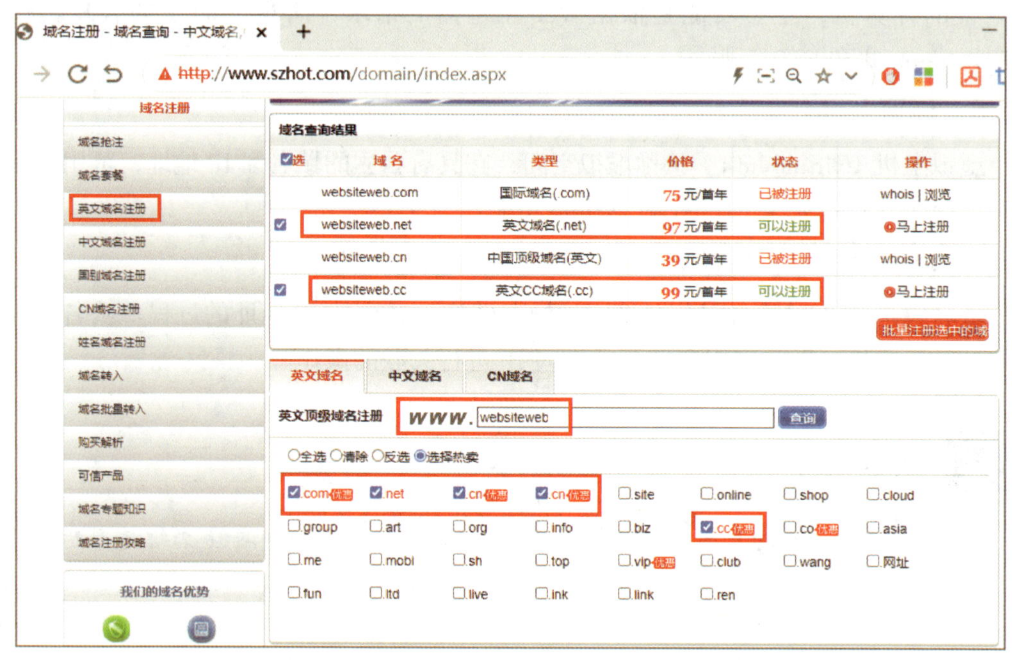

图 9–2–4　查询域名“websiteweb.net”是否注册和注册价格

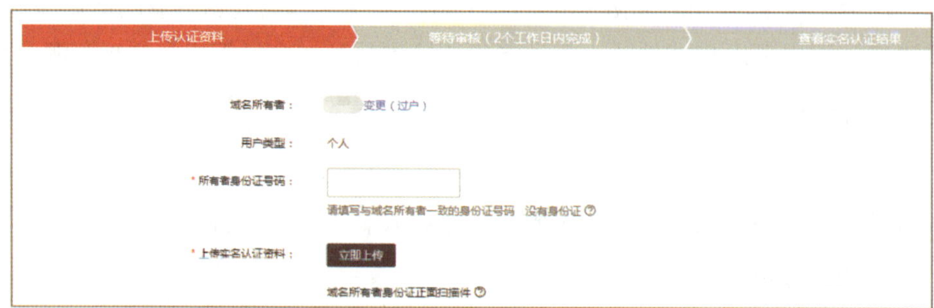

图 9–2–5　上传认证资料

（2）网站是否需要数据库，数据库应为何种类型，是 Access、Oracle 还是 MySQL 数据库。

（3）网站网页空间需要的大小。

2. 租用虚拟主机的步骤

（1）选择服务商，并注册成为用户。

（2）在主机服务商的网站上选择符合个人需求的虚拟主机产品并加入购物车，在填写相关信息后进入结算中心，采用网上银行或支付宝等方式支付相关费用，如图 9-2-6 所示。

（3）用户完成注册和缴费后登录，对主机进行管理，如网站首页名称的设置，默认的网站首页一般为“index.html”，可通过主机的管理面板修改。

（4）根据空间管理中的文件上传方式上传网站，一般采用 FTP 的方式上传。

图 9-2-6　选择符合个人需求的虚拟主机产品

五、网站的发布

1. 本地发布网站

本地计算机操作系统主要为 Windows 和 Linux 两种常用的网络操作系统。

目前流行的 Web 服务器主要有如下几种。

（1）IIS

Microsoft 的 IIS（即 Internet information services）是目前流行的 Web 服务器产品之一，很多著名的网站都建立在 IIS 的平台上。

（2）Apache

Apache 是一种免费、开源的 Web 服务器，世界上很多著名的网站都采用 Apache

作为 Web 服务器。

（3）Tomcat

Tomcat 是一个开放源代码、运行 Servlet 和 JSP Web 应用软件的基于 Java 的 Web 服务器。

2. 远程发布网站

如果租用网络服务商提供的虚拟主机，则可以通过文件上传的方式将网站的内容上传到主机上，也可以使用 Dreamweaver CC 中自带的文件 FTP 上传功能实现远程站点网页的上传。

六、网站的推广

网站推广的方式分为免费和收费两种，免费的推广主要是网站的拥有者通过搜索引擎推广、论坛和博客推广、微博和微信推广、电子邮件推广及与其他网站合作推广的方式，付费推广主要是搜索引擎推广和企业推广。下面主要介绍免费推广方式。

1. 搜索引擎推广

搜索引擎推广是通过登录各大搜索引擎网站，进行网站登记，用户在使用该搜索引擎进行搜索时，在结果中能快速地搜索到指定的网站。

2. 论坛和博客推广

可以在专业论坛或博客网站上注册成为用户，通过回答问题或发帖的方式进行网站推广。也可通过付费的方式，邀请名人撰写评论文章，或者在网站中投放广告或开展一些竞赛、话题等活动，实现网站的推广。

3. 微博和微信推广

近些年微博和微信发展得很快，可以通过创建微博和微信公众号的方式，实现网站的推广。

4. 电子邮件推广

也可以通过给用户发送电子邮件的方式推广网站，这些用户是网站所属企业的合作伙伴、普通客户或潜在客户，可定期推广企业的产品、服务、活动或其他动态。

5. 与其他网站合作推广

与其他网站合作推广是通过与其他网站的合作，在网站上相互设置为友情链接对象，以扩大网站的外部链接能力，通过参加一些活动，如竞赛、评论等方式，与其他企业实现互动并推广网站。

七、网站的维护

1. 网站的安全维护

网站的安全维护主要包括数据的备份和病毒的防护。

（1）数据的备份

应养成定期备份数据的习惯，网站一旦受到攻击或在修改资料时误操作导致资料被删除，若有备份数据，就可以减少很多麻烦。

（2）病毒的防护

在一般情况下，网站的病毒防护是由网站所在服务器提供商来负责的。但是，在网站上传前，要使用最近升级过的杀毒软件对网站进行全面的杀毒。还要考虑网站有没有漏洞，若有漏洞，就可能被木马类的文件移植病毒。

2. 网站的内容维护

网站的内容维护主要包括更新网站版面风格和网页内容、回复客户留言等。

如果网站的信息量很大，网页信息经常需要更新，一般要建立动态数据库系统，数据的维护由管理员完成。

3. 网站的系统维护

网站的系统维护内容很多，主要包括网站域名维护和网站空间维护。

（1）网站域名维护

如果要更换域名和虚拟空间，需重新对域名进行绑定和解析，在域名有效期到来前续费。

（2）网站空间维护

应掌握网站空间的变化情况，根据需要进行空间升级，并在虚拟主机有效期到来前续费。

一、测试网站

1. 用安装的多个浏览器进行网站兼容性测试

（1）在 Dreamweaver CC 的“文件”面板中选择要检查的站点，打开要检查的网页文件，单击“文件”→“实时预览”→“Microsoft Edge”命令，用 Microsoft Edge 查看网页效果，如图 9-2-7 所示。

图 9-2-7　用 Microsoft Edge 查看网页效果

（2）单击“文件”→“实时预览”→“编辑浏览器列表”命令，在弹出的对话框中单击“+”按钮，并在弹出的对话框中选择 Google Chrome 浏览器，在单击“确定”按钮后单击“应用”按钮，如图 9-2-8 所示。

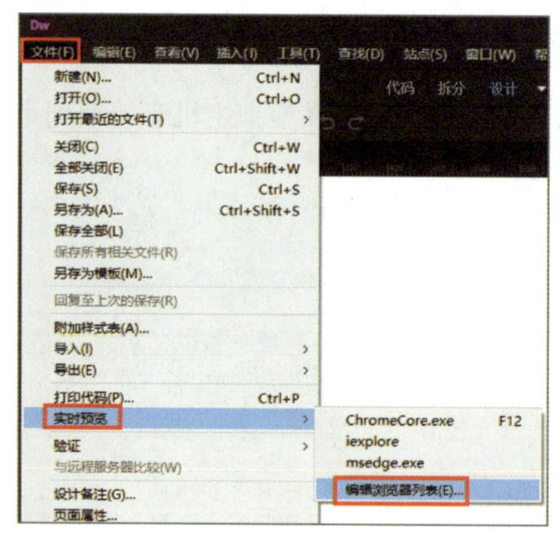

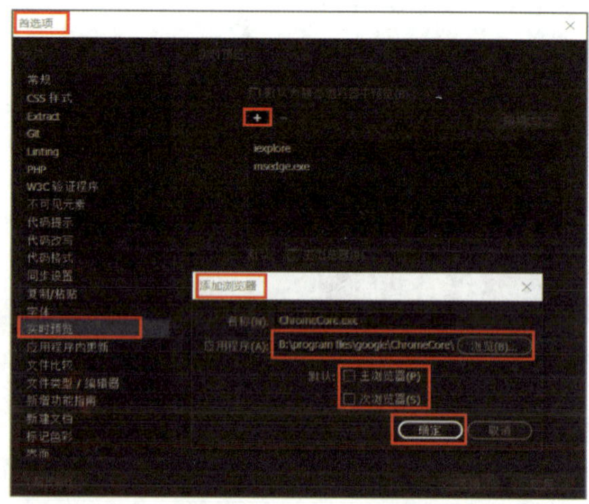

图 9-2-8　添加 Google Chrome 浏览器

（3）单击“文件”→“实时预览”→“Chrome.exe”命令，用 Google Chrome 查看网页效果，如图 9-2-1 所示。

比较在 Microsoft Edge 浏览器以及在 Google Chrome 浏览器中查看的网页效果，观察有无不同之处。

（4）采用类似的方法，在 Dreamweaver CC 中添加火狐浏览器，并预览同一网页效果，观察有无不同之处。

2. 检查网站中文件或文件夹的链接

（1）启动 Dreamweaver CC，在“文件”面板中选择要检查的站点后，选择要检查的文件或文件夹。

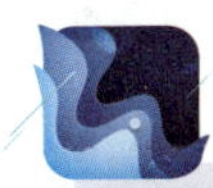

小技巧

要选择一组连续的文件或文件夹，可按住 Shift 键不放，然后分别单击第一个和最后一个文件或文件夹，再放开 Shift 键。要选择一组不连续的文件或文件夹，可按住 Ctrl 键不放，然后分别单击各个文件或文件夹，再放开 Ctrl 键。

（2）在选中要检测站点的文件或文件夹上单击鼠标右键，在弹出的快捷菜单中选择“检查链接”→“选择文件 / 文件夹”命令，在弹出的对话框中选择要检测的链接项目，如图 9-2-9 所示，检查效果如图 9-2-2 所示。

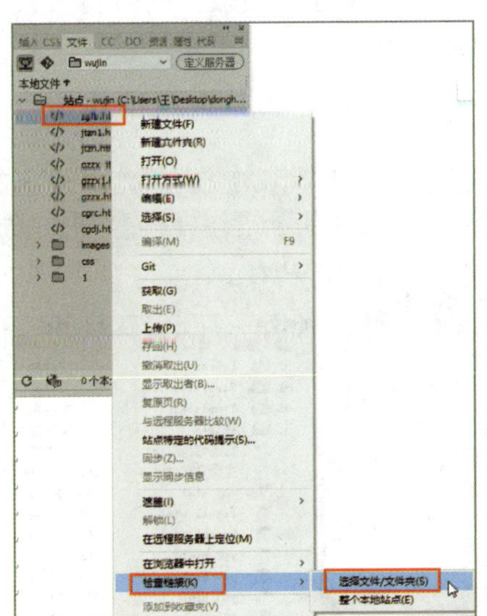

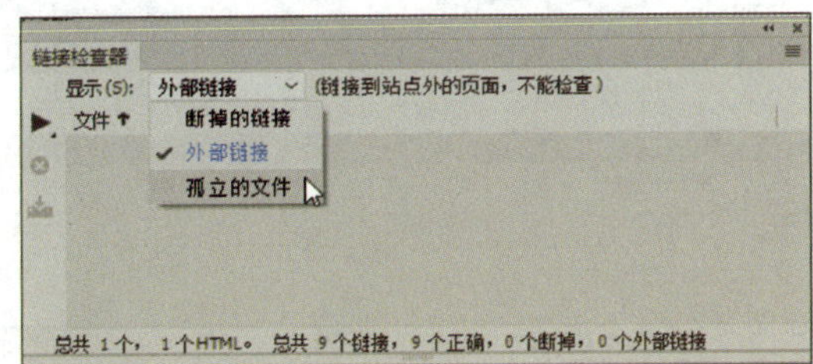

图 9-2-9 选择要检查网站中文件的外部链接

3. 检查整个站点的链接并修复

（1）在“文件”面板中选择要检查的站点，在站点根文件夹上单击鼠标右键，在

弹出的快捷菜单中选择“检查链接”→“整个本地站点”命令，如图 9-2-10 所示。

（2）检查结果将显示在“链接检查器”面板中，在其中的“显示”下拉列表中可选择要查看的链接类型，如图 9-2-11 所示。

图 9-2-10 选择站点和菜单

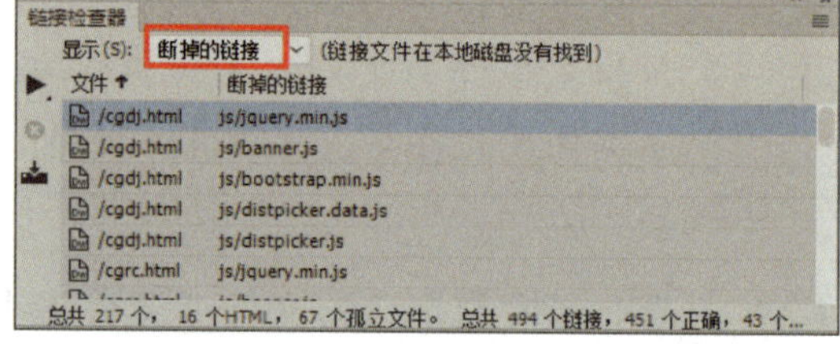

图 9-2-11 选择查看的链接类型

（3）在“断掉的链接”列表中双击文件名，打开“属性”面板，同时在文档编辑窗口中自动选择出错对象或打开出错对象，在打开的文档中找到出错的链接，检查是链接语句错误还是链接文件丢失，并根据实际情况进行修改，如图 9-2-12 所示。

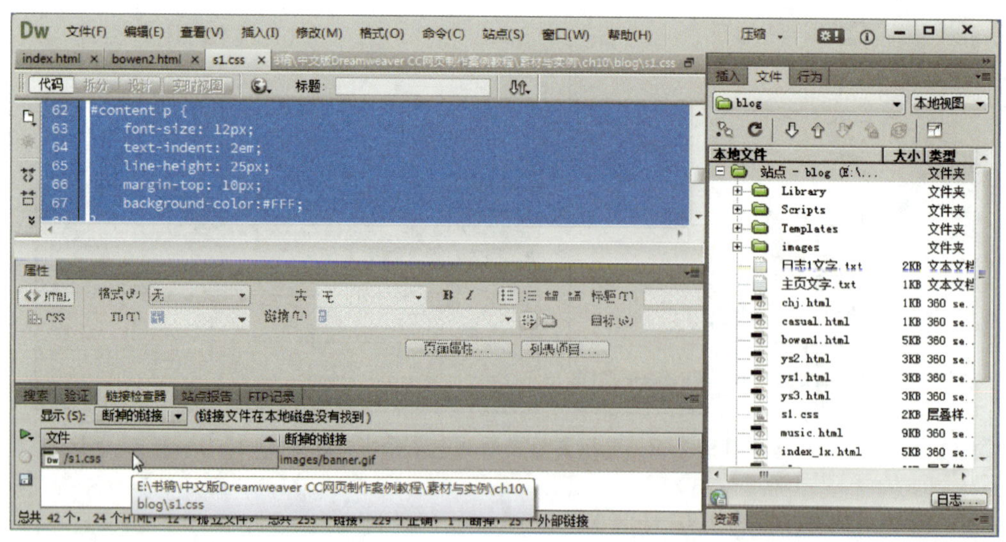

图 9-2-12 在打开的文档中找到出错的链接

（4）采用类似的方法，在“显示”下拉列表中选择“外部链接”，则检查结果中显示网站中的所有外部链接，对其进行逐一检查；在“显示”下拉列表中选择“孤立的文件”，则检查结果中显示网站中所有的孤立文件，对这些孤立文件进行逐一检查，看是否需要链接到其他网页，并根据实际情况修改。

（5）在检查并修改完所有链接后，保存文档，完成对网页的链接测试。

二、远程发布网站

1. 启动 Dreamweaver CC，单击“站点”→“管理站点”命令，打开“管理站点”对话框。

2. 选择站点，单击“编辑”按钮，弹出“站点设置对象”对话框，单击左侧的“服务器”链接，在右侧打开相关设置项，单击“+”按钮，如图 9–2–13 所示，输入有关参数，配置服务器信息，如图 9–2–14 所示。

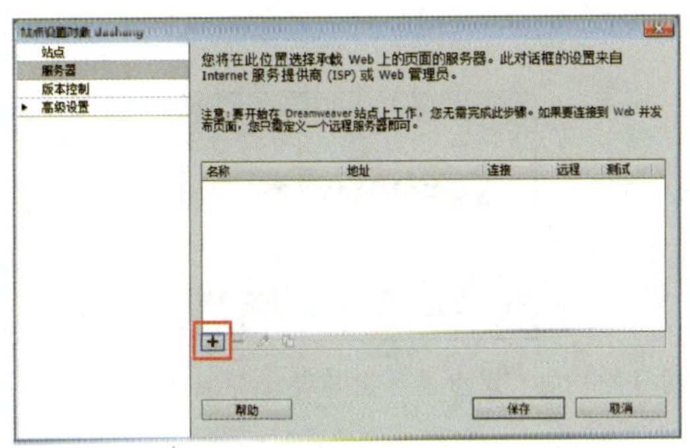

图 9–2–13　添加新服务器

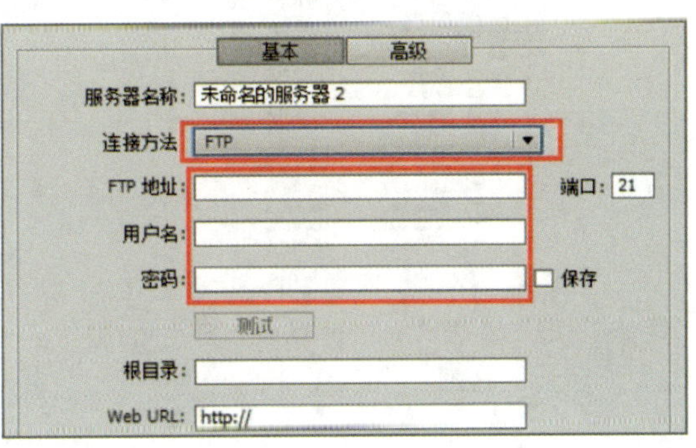

图 9–2–14　配置服务器信息

3. 在“FTP 地址”“用户名”和“密码”文本框中分别填入空间服务商提供的 FTP 上传地址、FTP 上传账号和 FTP 上传密码，之后单击“测试”按钮进行测试，若显示成功连接到 Web 服务器的提示框，则单击“确定”按钮，之后单击“保存”按钮进行保存，如图 9–2–15 所示，关闭“站点设置对象”对话框；这时会弹出“缓存重建”提示对话框，单击“确定”按钮进行缓存重建，如图 9–2–16 所示。

4. 回到“管理站点”对话框，单击“完成”按钮关闭对话框。

5. 从本地站点向服务器中上传文件，可直接单击“文件”面板中的“向‘远程服务器（iqe）’上传文件”按钮，如图 9–2–17 所示，此时系统会弹出提示对话框，询问用户是否上传整个站点，如图 9–2–18 所示。如果单击“确定”按钮，系统将连接服务器并显示上传进程。

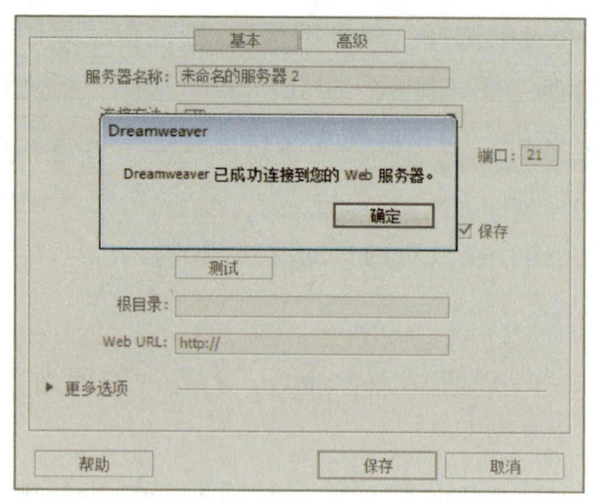

图 9-2-15 测试是否连接到 Web 服务器

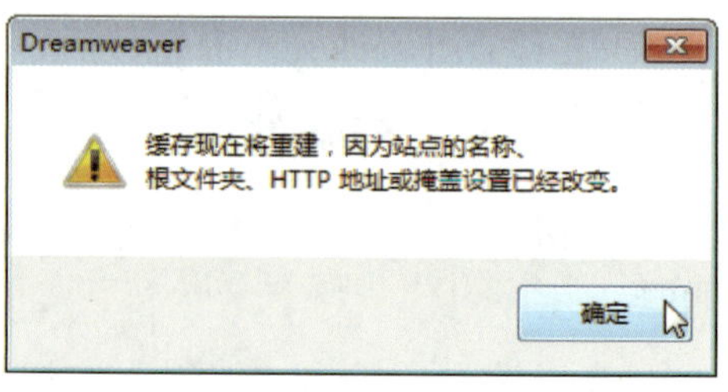

图 9-2-16 弹出缓存重建提示对话框

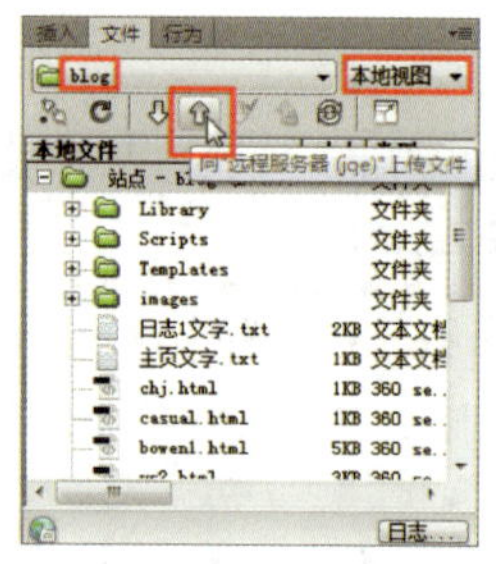

图 9-2-17 单击“向‘远程服务器（iqe）’上传文件”按钮

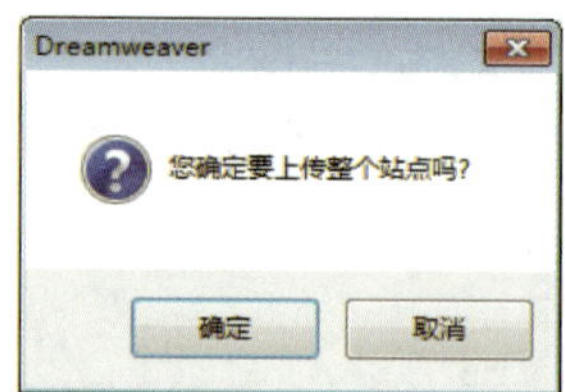

图 9-2-18 弹出是否上传整个站点提示对话框

单击“本地视图”下拉列表，在下拉列表中选择“远程服务器”，其中显示了远程服务器上的文件列表，如图 9-2-3 所示。

三、推广网站

1. 用百度搜索“百度搜索资源平台”，单击图 9-2-19 所示的链接进入该平台官网。

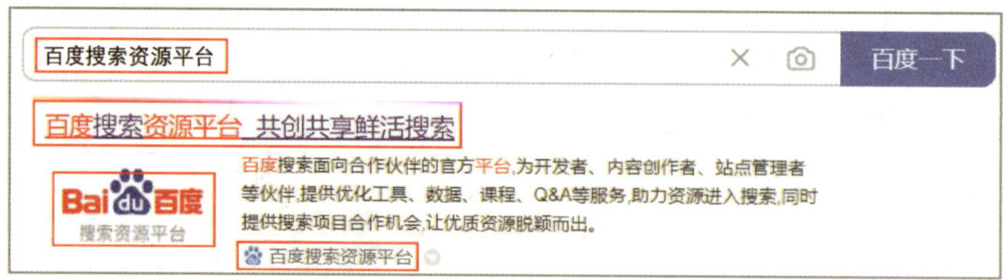

图 9-2-19 找到“百度搜索资源平台”超链接

2. 在该平台登录百度账号成功后，单击“用户中心”→“站点管理”，如图 9-2-20 所示。

图 9-2-20　在百度搜索资源平台中单击“用户中心”→“站点管理”

3. 单击“添加网站”按钮，如图 9-2-21 所示。

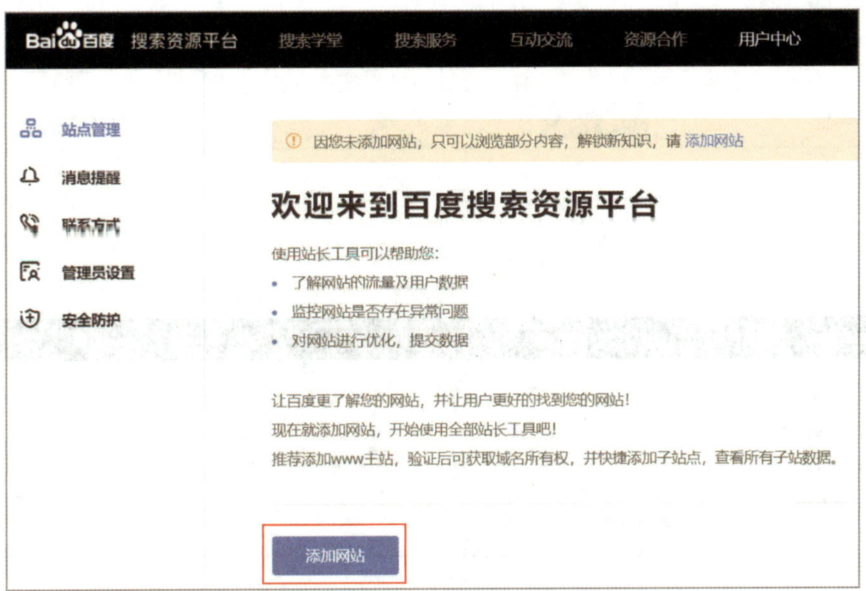

图 9-2-21　单击“添加网站”按钮

4. 单击“请选择协议头”文本框右侧的下拉按钮，选择协议头“https://”，如图 9-2-22 所示。

图 9-2-22　选择协议头“https://”

5. 单击“下一步”按钮，输入正确的网站地址，如图 9-2-23 所示。

图 9-2-23 输入网址

6. 设置站点属性（站点领域），如图 9-2-24 所示。

图 9-2-24 设置站点属性（站点领域）

7. 单击“下一步”按钮，验证网站是不是属于用户个人所有。可以选择“文件验证”，下载验证文件并上传到网站的根目录。上传完成后，单击图 9-2-25 中的“第三步：验证网站”中的蓝色字体“点击这里”，以确认验证文件是否可以正常访问，再单击“完成验证”按钮。如果访问中出现错误页面，就说明文件没有成功上传或放错地方了。

也可以选择“HTML 标签验证”，将代码“<meta name="baidu-site-verification" content="codeva-1hqBqnLaXN"/>”添加到网站首页 HTML 代码的 <head> 标签与 </head> 标签之间，完成操作后单击“完成验证”按钮，如图 9-2-26 所示。

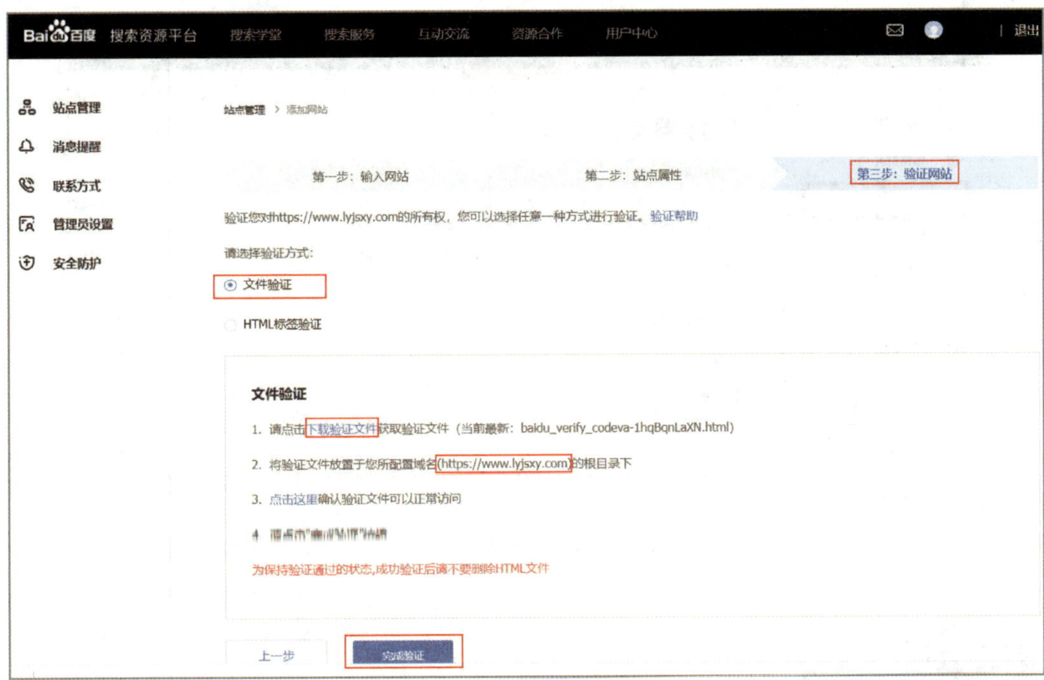

图 9-2-25　选择“文件验证”

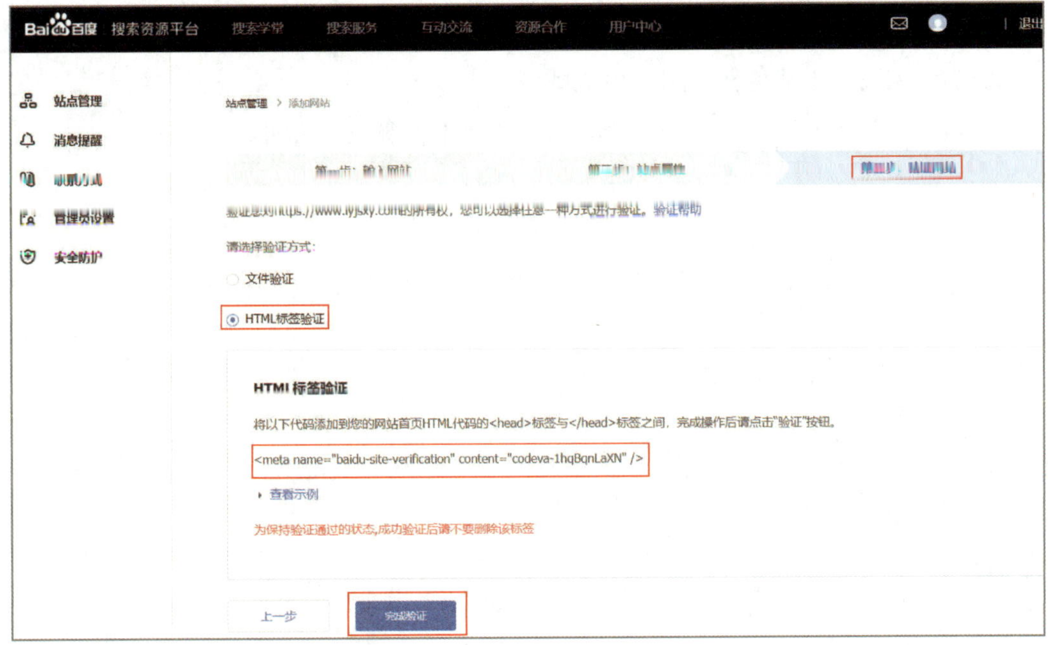

图 9-2-26　选择“HTML 标签验证”

8. 验证网站之后，单击“网站支持”，进行“链接提交”，提交网站地址，让百度搜索引擎收录下来，如图 9-2-27 所示。

图 9-2-27　提交网站地址

1. 测试一下个人制作的网站。
2. 为个人网站申请免费空间和免费域名。
3. 将个人制作的网站上传到免费空间，并使用收费域名访问。